U0264261

GRAND THEATER URBANISM

大剧院
城市主义

薛求理 孙 聪 主编

中国建筑工业出版社

审图号 GS京（2024）1939号

图书在版编目（CIP）数据

大剧院城市主义 = GRAND THEATER URBANISM / 薛求理，孙聪主编. -- 北京：中国建筑工业出版社，2024.

8. -- ISBN 978-7-112-30098-3

Ⅰ. TU242.2

中国国家版本馆CIP数据核字第2024L4Q174号

责任编辑：刘　静　徐　冉
文字编辑：郑诗茵
责任校对：赵　力

大剧院城市主义
GRAND THEATER URBANISM
薛求理　孙　聪　主编

*

中国建筑工业出版社出版、发行（北京海淀三里河路9号）

各地新华书店、建筑书店经销

北京锋尚制版有限公司制版

北京中科印刷有限公司印刷

*

开本：787 毫米×1092 毫米　1/16　印张：20　字数：484 千字

2024 年 8 月第一版　　2024 年 8 月第一次印刷

定价：98.00 元

ISBN 978-7-112-30098-3

（43494）

版权所有　翻印必究

如有内容及印装质量问题，请与本社读者服务中心联系

电话：（010）58337283　QQ：2885381756

（地址：北京海淀三里河路9号中国建筑工业出版社604室　邮政编码：100037）

21世纪始，中国城市建设浪潮澎湃，新区建设常常以文化巨构开路——博物馆、图书馆、少年宫、大剧院。剧院对观演功能和建筑造型本有较高要求，在国际设计竞赛的操作和推动下，大剧院的惊奇之作竞相拔地而起。我在世纪之交便开始关注改革开放后的中国建筑，2005年写成《建造革命：1980年来的中国建筑》一书之英文版（香港大学出版社），2006年出版《全球化冲击——海外建筑设计在中国》（同济大学出版社）。这两本书都注意到了文化巨构在中国建筑革命中的突出表现。而2017年李磷老师和我合编的《21世纪中国城市主义》（中国建筑工业出版社），则总结了21世纪在中国城市兴盛的多种建筑类型，包括大剧院、购物中心、大学城、摩天楼、门禁小区等。

中国的大中城市居民和建筑设计人员对剧院其实并不陌生。20世纪40年代，上海苏州河两岸密集排布着影剧院。我家住在虹口区，沿四川北路往南走，就有永安、群众、国际、胜利、乍浦、曙光电影院，工人俱乐部、邮电俱乐部里有可以放映电影和表演节目的礼堂，对外公开售票。类似的礼堂，在很多工厂和学校都有。1980年4月，我去同济大学建筑设计研究院报到，第二天就去上海戏剧学院"上班"。同济大学建筑设计研究院设计的上海戏剧学院实验剧院，舞台设52根吊杆，在当时的中国算是先进的舞台，并于1986年落成，成了中国莎士比亚戏剧表演的公认演艺中心[①]。在参加上海戏剧学院实验剧院设计项目的过程中，我有幸在各地参观、研习了一些剧院。

但21世纪开始的中国大剧院热潮，又远远超越了一般的集会和观演功能。这些剧院集中了城市和地区的财力与愿望，从动迁征地到设计建造，都是地方政府的首要实事——这些剧院，要迎接国际水平的演艺团体，要成为城市的名片，要为城市人才和投资环境作出贡献。到2010年，我已经记录下近50个新建大剧院的资料；到2022年，这个数字超过了180。中国虽然有近700个城镇，但这些大剧院的规模、形制和设备还是太超前了。这些大剧院虽然有观演设计，配备了观演设备，但令人瞩目的是其出新的形象、庞大、复杂的门厅，还有新闻报道和社交媒体里的文稿和图片。

2012年开始，来我这儿工作的研究员、研究生都或多或少地参与了大剧院的调查研究，如谭峥、肖靖、丁光辉、臧鹏、刘新、陈家骏、肖映博、常威等博士，孙聪、张璐嘉两位爱徒更以大剧院作为她们博士论文的选题。我们的研究员都是建筑学专业毕业生，对观演建筑的建筑设计和技术要求大体是了解的。我们的研究提及了观演厅和舞台

---

① 参见《建筑学报》1987年第11期的设计总结文章。

的技术问题，但更关注大剧院和城市设计的关系：大剧院如何嵌入新区规划的蓝图，如何引领周围建筑的发展，如何实现有关方面的预想目标、为城市品牌作出贡献。我们将这些中国城市21世纪的现象，都归结到一面旗帜下，姑且称之为"大剧院城市主义"（grand theater urbanism）。

从《21世纪中国城市主义》，顺理成章地过渡到"大剧院城市主义"，每一章以一个城市为对象，考察观演建筑在过去和现在对城市的贡献，而案例的终点，都是外国建筑师设计的大剧院。这些城市中有一线、二线、三线城市，分布于"东西南北中"。感谢剧场专家卢向东教授和褚冬竹教授的加入，提供北京和重庆的剧院情况，《大剧院城市主义——21世纪的中国城市》英文版（*Grand Theater Urbanism – Chinese Cities in the 21st Century*），2019年由施普林格出版社（Springer）出版，共10章，分述10个城市（5对）——北京、上海，广州、深圳，重庆、郑州，太原、无锡，台中、香港。该书自2019年出版到2024年7月，在出版社官网已经获得5,058次下载。据World Cat图书馆网站的不完全统计，世界各地171家图书馆收藏了该书的印刷本。这些数据，都超过了科技图书的一般传播量，也引起了海内外学界的注意，有的研究人员和机构效仿我们的方法，开展其他国家的类似研究。

《大剧院城市主义》的作者一直有意推出中文版，回馈我们的土地；出版中文版也是建筑设计、剧院策划等各界朋友们的殷切期望。四年后，我和爱徒孙聪博士共同负责，重新集结作者，在原有10个城市的基础上，再增加两对、4个城市——南京、武汉，台北、澳门，以期更全面、典型地表现中国城市的建设状况，而所有的城市都尽量更新2019年以来的情况，以考察公共和文化建筑的韧性和灵活性。蒙冯国安、朱宏宇和邹涵老师加盟，书写台北、澳门和武汉的剧院建设。

笔者团队在各地参观并拜访大剧院的管理部门时，得到各剧院管理人员的支持，特别要感谢深圳肖平医生和上海黄文福先生在两地的牵线和引介。感谢中国建筑工业出版社徐冉、郑诗茵老师对本书的精心编辑和出版引导。本书的出版，获得深圳市稳定支持面上项目，编号2022081109571001；国家自然科学基金项目，编号51878584；广东省哲学社会科学规划2024年度一般项目，编号GD24CYS15；深圳市新引进高端人才科研启动项目和深圳大学青年教师科研启动经费的支持。

演艺场所依然熙攘热闹，希望大剧院能让我们的城市更美好。

薛求理
2024年夏

作者简介

（按作者姓氏拼音排序）

陈颖婷 美国佐治亚大学景观建筑硕士，香港城市大学建筑学博士。曾任职于美国DTJ设计公司（DTJ Design）和香港贝尔高林设计有限公司（Belt Collins）。近五年参与多项大型景观、建筑及城市设计项目，如亚特兰大百年奥林匹克公园、奥兰多环球影城火山湾主题公园、成都麓湖生态城等。研究领域聚焦于现代建筑全球化、跨国建筑实践以及亲生命设计。在中外重要学术期刊和劳特利奇（Routledge）、施普林格（Springer）等国际出版社出版的书籍上发表论文10余篇，包括《建筑学报》（*Journal of Architecture*）、《城市设计学刊》（*Journal of Urban Design*）、《国际建筑学》（*International Journal of Architecture*）、《艺术与应用》（*Arts and Applications*）、《亚洲建筑与建筑工程》（*Journal of Asian Architecture and Building Engineering*）、《建筑实践》（*Architectural Practice*）等。

褚冬竹 重庆市设计院有限公司党委副书记、董事、总经理、总建筑师；工学博士、教授、博士生导师；国家一级注册建筑师；加拿大多伦多大学、荷兰代尔夫特理工大学访问学者，先后在KPMB（多伦多）、Claus en Kaan（鹿特丹）等建筑事务所工作。2002年起任教于重庆大学建筑城规学院，2012年评为教授、博士生导师，2021年8月起任现职。兼任中国勘察设计协会建筑设计分会副会长、重庆市勘察设计协会建筑设计分会会长、重庆市土木建筑学会副理事长、中国建筑学会理事、高层建筑人居环境专业委员会副主任委员、立体城市与复合建筑专业委员会副主任委员。长期致力于公共建筑、绿色建筑、城市设计、乡土建筑等领域的研究、教育与设计实践。曾获宝钢教育奖、中国青年建筑师奖、世界建筑新闻奖（WAN Awards）、ADA 年度亚洲设计大奖、加拿大杰出建筑师奖（Canadian Architect Award of Excellence）、Architizer A+奖、世界建筑社群网大奖（WA Awards）等多项国内外奖项，入选英国皇家建筑师学会评选的2020–2022 RIBA中国百位建筑师，作品参与第17届、18届威尼斯国际建筑双年展。主持国家及省部级多项科研课题，已发表学术论文100余篇，出版《精细化城市设计》《开始设计：建筑学专业基础读本》《荷兰的密码：建筑师视野下的城市与设计》《可持续建筑设计生成与评价一体化机制》《咫尺山林：建筑学践行与观察》《轨道交通站点影响域行人微观仿真方法与城市设计应用》《高校校前空间》等多部学术著作。

丁光辉 建筑历史与理论学者，英国诺丁汉大学建筑学博士，香港城市大学博士后。曾任北京建筑大学建筑系副教授。学术研究聚焦于当代中国的建筑生产与社会实践的互动关联，包括建筑批评、建筑期刊、建筑机构（设计院）以及援外建筑等。在《建筑与文化》（*Architecture and Culture*）、《建筑研究季刊》（*Architectural Research Quarterly*）、《建筑理论评论》（*Architectural Theory Review*）、《建筑学报》（*Journal of Architecture*）、《建筑史学家学会志》（*Journal of the Society of Architectural Historians*）、《国际人居》（*Habitat International*）、《战后建筑历史》（*Histories of Post-War Architecture*）、《Domus》等重要学术期刊和编撰书籍上发表相关论文40余篇。著有《建筑批评的一朵浪花：实验性建筑》；与薛求理教授合著《中国设计院：价值与挑战》，合作主编《输出中国建筑：历史、议题和"一带一路"》（*Exporting Chinese Architecture: History，Issues and "One Belt One Road"*）。兼任国际建筑学期刊《中国建筑与城市规划学报》（*Journal of Chinese Architecture and Urbanism*）副主编，《新建筑》杂志特约编辑。

冯国安　香港中文大学建筑学硕士，曾工作于北京非常建筑设计研究所与瑞士赫尔佐格和德梅隆建筑事务所（Herzog & de Meuron），2007年成立间外建筑工作室；英国皇家建筑师学会特许会员；香港设计师协会会员。现为东海大学建筑学系助理教授。间外建筑工作室作品曾在国内外获得多个设计奖项与媒体报道，包括2011、2016和2018年香港设计师协会环球设计大赛空间类优秀作品奖，2013年中国建筑传媒奖青年建筑师入围奖，2016年《Perspective》杂志建筑师奖，2017年广州国际设计周最佳设计酒店奖，2017年艾特奖公共建筑与文化空间金奖，2018年台北设计奖公共空间奖，中国设计权力榜社会创新服务奖，2019年深圳环球设计大奖室内设计银奖和2020年日本"中央玻璃"国际建筑概念竞赛第二名等。任教于香港中文大学、南京大学、深圳大学、四川美术学院、广州美术学院、新加坡国立大学。其作品在包括威尼斯双年展的各地展出。

伊　葛（Inge Goudsmit）　香港中文大学建筑学院助理教授，在建筑和城市设计方面进行教学和研究，重点是城市政治，拥有17年的实践经验。在加入香港中文大学之前，曾是大都会建筑事务所（OMA）的协理，负责设计和推动亚洲和欧洲各个开发阶段的著名城市项目，其中包括台北表演艺术中心。其研究兴趣在于建筑学和社会科学的边界，重点关注跨国和地方力量对建筑生产和使用的影响。研究重点是文化旗舰项目的开发，并分析其在施工前、施工期间和施工后的社会空间影响，致力于弥合学术与实践之间的差距，以建立对当代建筑和城市化权力关系的跨学科理解。

李　磷　毕业于纽约哥伦比亚大学建筑与城市设计专业，自1995年起在香港从事建筑设计工作，现任教于香港城市大学。曾发表合编学术著作《文化遗产与集体记忆》（2014年）、《21世纪中国城市主义》（2017年）。

刘新宇　香港城市大学—东南大学联合培养博士。研究方向为城市绿地与城市史、风景园林历史与理论，参与国家自然科学基金三项。研究成果曾在《中国园林》《风景园林》《新建筑》与《景观设计学》等知名专业研究刊物上发表。

　　卢向东　清华大学建筑学博士，哈佛大学设计硕士。长期在清华大学建筑学院从事教学、研究、设计工作，任副教授。学术聚焦在剧场建筑的设计实践和相关理论研究。曾经参与、主持多个重要剧场项目设计，建筑设计作品多次获得中国建筑学会、中国勘察设计协会、教育部颁发的优秀建筑设计奖，以及世界建筑节·中国（WAFC）等多个国际建筑设计奖项。著有《中国现代剧场的演进——从大舞台到大剧院》《多功能小型文化服务综合体设计》（合著）等数部著作、教材，已发表数十篇剧场研究的相关论文。参与多个重要国标、典籍的剧场内容编撰。主持完成数个国家、部委的剧场相关研究课题。

　　马凯月　武汉大学建筑学学士，现为中国科学院大学人居科学学院硕博连读生，香港城市大学建筑学与土木工程学系联合培养博士生。研究方向为现当代中国海外建筑实践及工程管理、中国地域建筑。重点关注中国在亚非拉国家及地区的建筑援助以及"一带一路"沿线城市建设发展潜力，主要以传统建筑研究方法与经济计量方法交叉分析中国援助建筑的文化价值、社会效益与经济效益。相关研究已在《亚洲建筑与建筑工程》、《土木工程杂志》（*Journal of civil engineering*）、《住区》等中外期刊发表。

　　邱　越　华南理工大学建筑学院博士研究生，香港城市大学建筑学与土木工程学系博士研究生。主要研究文化建筑、社区公共服务建筑，尤其是香港城市发展和规划建筑历史、深港对比与融合等方向。

　　孙　聪　香港城市大学建筑学博士。从事中国当代文化建筑和香港高密度建成环境的研究七年，曾在香港大学接受教育及进行城市相关研究。2022年起任教于深圳大学，硕士生导师。香港建筑师学会会员、城市设计学会会员。曾任职于香港凯达环球有限公司总部逾三年，参与大型项目多项。在中外期刊发表学术论文及篇章10余篇，相关研究成果被《国际城市设计》（*Urban Design International*）、《建筑学研究前沿》（*Frontiers of Architectural Research*）、《建筑学报》、《新建筑》等学术期刊，劳特利奇、施普林格等国际出版社发表或出版。近年主持省部级项目2项，深圳市稳定支持计划面上项目、深圳市"孔雀计划"科研基金、校级科研启动项目、校级研究生教育改革项目及本科生"聚徒教学"项目各1项。

　　肖　靖　英国皇家建筑师学会特许建筑师，英国建筑人文研究协会会员，美国文艺复兴学会会员，中国建筑学会建筑评论分会会员，中国城市规划学会会员，广东省住房和城乡建设厅重点建设项目技术专家库成员，担任《世界建筑导报》主编助理。近年来主持包括国家自然科学基金面上项目、广东省哲学社会科学规划一般项目在内省部级以上项目四项，主持或参与省级以上教学改革项目或平台建设五项。曾在包括《建筑学报》、《建筑师》、《遗产》、《时代建筑》、《国际住房》（*Open House International*）、《园林与设计景观史》（*Studies in the History of Gardens & Designed Landscapes*）、《国际人居》、《生态指标》（*Ecological Indicators*）等国内外学术期刊发表论文20余篇，相关研究成果被Routledge、Bloomsbury、Springer等国际学术出版社收录发表，目前正撰写著作《建筑与时间性》（*Architecture and Temporality*）将由Routledge近期出版。担任《建筑学报》《国际城市设计》等期刊评阅。

肖映博　北京大学深圳研究生院与前海建投集团联合博士后，香港城市大学哲学博士。研究领域聚焦于当代中国建筑实践、跨境基础设施与居民跨境职住行为分析。目前参与国家自然科学基金两项，主持广东省社科规划项目1项。研究成果在《城市》（*Cities*）、《建筑学研究前沿》、《世界建筑》、《时代建筑》、《深圳特区报》与《世界建筑导报》等国内外知名专业研究刊物上发表。其研究成果被施普林格·自然（*Springer Nature*）出版的两本专著收录。

薛　凯　四川资阳人，重庆大学建筑设计及其理论硕士研究生，现就职于重庆电子工程职业学院，助理教师。研究方向为城市空间设计利用、智能建造。

薛求理　香港城市大学建筑学专业教授。研究专注于中国现代建筑、跨国建筑实践和高密度环境设计。出版了13本专著和3本主编书籍，包括《1980年来的中国建筑》（*Building a Revolution：Chinese Architecture since 1980*）（2006年）、《营山造海：香港建筑1945–2015》、《中国设计院：价值与挑战》（2018年，和丁光辉博士合作）和《输出中国建筑：历史、议题和"一带一路"》。在国内建筑杂志上发表120多篇文章，在国际盲审学术刊物发表近40篇文章、中英文书之章节35篇。文章发表在《城市》、《国际人居》、《国际城市设计》、《建筑学报》、《建筑理论评论》、《城市设计学刊》、《建筑研究季刊》、《城市史杂志》（*Journal of Urban History*）和《规划视角》（*Planning Perspective*）。所写的香港建筑专著在2017年获得国际建筑评论家委员会（CICA）图书奖。担任《国际城市设计》杂志的编委，在六个国家的高校任博士论文考试委员。

张璐嘉　华南理工大学建筑学硕士，香港城市大学建筑学博士，2023年任教于郑州大学建筑学院。主要研究方向为全球化影响下的现当代文化建筑与城市主义及中国援外建筑与城市化，参与施普林格出版书籍《大剧院城市主义——21世纪的中国城市》和《输出中国建筑：历史、议题和"一带一路"》的写作，在《城市》、《建筑与城市规划学报》(*Journal of Architecture and Urbanism*)、《亚洲建筑与建筑工程》、《新建筑》、《时代建筑》等中外重要学术期刊上发表论文10余篇。

朱宏宇　深圳大学建筑与城市规划学院副教授，毕业于东南大学，获建筑历史与理论专业博士。长期从事外国建筑史的教学以及澳门历史建筑和遗产保护的研究工作，主持完成国家自然科学基金青年基金1项。出版专著《澳门巴洛克教堂》，在国内外期刊、书籍发表论文20余篇。坚持理论联系实践，主持和参与多项大型公共建筑，特别是教育类建筑的设计工作，曾获得深圳市勘察设计行业十佳青年建筑师。主持和参与的设计作品曾多次获得中国建筑学会、香港建筑师学会两岸四地建筑设计大奖，广东省住房和城乡建设厅、深圳市勘察设计行业协会的设计奖项。

邹　涵　湖北工业大学土木建筑与环境学院教授，建筑规划系主任，硕士生导师，东南大学建筑学院城乡规划学博士后，武汉理工大学与法国巴黎美丽城国立高等建筑学院历史城市与建筑修复工程联合培养博士。主要研究方向为历史建筑与遗产保护、城市规划历史与理论。任中国城市规划学会城市规划历史与理论学术委员会委员，中国建筑学会建筑史分会理事，湖北省历史建筑研究会理事，湖北省艺术设计协会理事。主持国家自然科学基金两项，教育部人文社会科学研究项目1项等数十项省部级以上科研项目，多年从事历史城市与历史建筑保护设计实践。担任数十种国内外期刊审稿人，发表学术论文70余篇。

目录

第1章

大剧院：助力中国城市发展

■ 薛求理　孙　聪

1998年8月27日，上海大剧院开幕，标志着中国剧院建设热潮的兴起。截至2020年的22年间，中国新建、改建的大剧院总数有480多家[①]，其中180多家为1200座以上的新建剧院。

中国人以"大"为尚，"大礼堂""大会堂"伴随着20世纪现代化的进程而出现，可作为群众集会和大型文艺演出的场所。首个称作"大剧院"的表演艺术场所出现在改革开放的特区——深圳大剧院于1989年在罗湖的中心地带建成，由大剧院、音乐厅和共享前厅组成。

1994年，"上海大剧院国际设计竞赛"在上海举行，法国夏邦杰建筑事务所（Arte Charpentier Architectes）夺标。四年后，这座剧院以透明玻璃和飞扬屋顶的形象矗立于上海的心脏——人民广场。上海大剧院的质量和形象真正达到了上海乃至中国人民认可的"大"（grand）。自那时起，从沿海大都市到省会城市，从地级市到村镇中心，中国的各个城市都开始规划和建造剧院，并尽可能地名之为"大"。

1.1　大剧院热在中国

笔者的团队从2005年起，便开始关注和跟踪中国大剧院的建设。本项研究所指的"大剧院"，为包含两个以上表演厅，其中一个厅为超过1200座的大型演艺建筑[②]。而各城市冠之以"大"的剧院，绝大部分有两个表演厅。根据这些定义，笔者搜集到1998年以来各地级市及以上行政级别城市建造的大剧院（1200座以上）181个。

在大剧院建设热潮中排名前十位的城市里，长江三角洲和珠江三角洲地区分别占有30%，20%位于环渤海地区。位于西南地区的重庆和海

---

① 笔者基于文化部于2014年发布的《我国新建剧场发展现状、存在问题及对策建议》中提到的：1998~2012年，全国新建、改扩建剧场266个，总投资约1千亿元；结合道略演艺产业研究中心于2017"演艺北京"博览会发布的《2016中国专业剧场年度报告》提到的：2016年新增剧场41个，创历史新高，2015年新增剧场31个，2014年新增剧场33个，2013年新增剧场34个；再加上笔者收集统计2017年及以后的新增剧场数目81个，得出估算结果。

② 根据住房和城乡建设部发布的行业标准《剧场建筑设计规范》，剧场建筑的规模按观众坐席数量进行划分，1201~1500座为大型剧场建筑，1500座以上为特大型剧场建筑。

峡西岸经济区的福州从中脱颖而出，并不在这三个城市群中。这些城市恰恰是中国经济发达的一线和新一线城市。而我国的港澳台地区也间接地受到文化建筑和大剧院建设热潮的影响。基本上，新建大剧院的数量与城市的GDP（国内/地区生产总值）排名、人口和城市建成区大小呈正相关（表1.1）。

笔者统计了大剧院落成的年份，整体来看，大剧院的建设从2005年后逐渐走向高潮，"十五"期间（2001~2005年），平均年增长12个；"十一五"期间（2005~2010年），平均年增长20个；"十二五"期间（2011~2015年），平均年增长33个，建设节奏明显加快（图1.1、图1.2）。

十个城市建成剧院的分析   表1.1

城市	所在地区	1998年来新建大剧院数量（个）	GDP排名	人口①（百万）	建成区面积②（km²）
上海	长三角	13	1	24.75	1,242
深圳	珠三角	9	3	17.66	1,217
北京	环渤海	7	2	21.84	1,599
杭州	长三角	6	9	12.37	829
广州	珠三角	5	5	18.73	1,366
重庆	成渝双城经济区	5	4	32.13	1,583
苏州	长三角	3	6	12.91	481
珠海	珠三角	3	70	2.47	153
青岛	环渤海	3	13	10.34	762
福州	海峡西岸经济区	3	18	8.44	410

据估计，我国新建的大剧院数量可能超过第二次世界大战以来西半球建造的类似建筑的总和，没有任何一个国家能在如此短的时间内建成如此多的大剧院等文化建筑，这种现象引发了人们的一系列关注。大剧院在国内盛行的同时，我国也向亚洲、非洲、拉丁美洲和大洋洲捐赠了约15个自行设计和建造的国家剧院[1]。

① 指2022年末常住人口。
② 指城市行政区内实际已经成片开发建设、市政公用设施和公共设施基本具备的区域，是直接反映一个城市大小的重要指标。

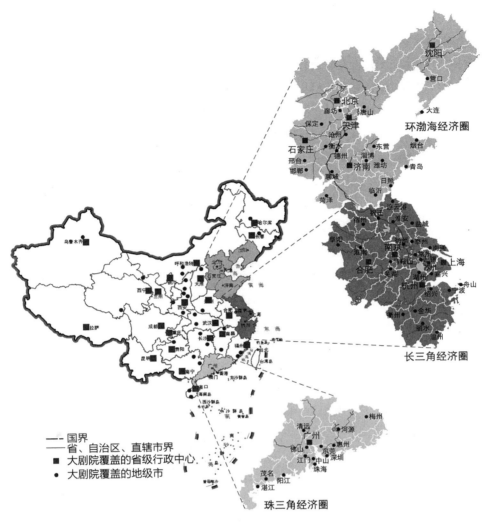

图1.1　中国大剧院分布图
图片来源：根据中国标准地图［审图号：GS（2019年）1067号］绘制

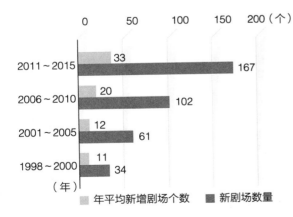

图1.2　1998～2015年，大剧院数量的增长情况
图片来源：根据文化和旅游部数据所绘制

1.2　从表演场地到城市标志

　　表演艺术自古以来便是人类娱乐活动的重要组成部分。从古希腊到莎士比亚时代，戏剧都是在开放或半开放的露天剧场上演。1861年建成的巴黎歌剧院，迅速成为巴黎的高级表演和社会生活场所，它的巴洛克形象直到现在依然是巴黎人引以为傲的文化遗产。20世纪上半叶，美国和欧洲的城市从工业化中积累了大

量财富，建造了装饰艺术风格的歌剧院和电影院，以适应蓬勃发展的电影业、满足期待惊喜的观众。在霓虹灯的装饰下，电影院被设计得像宫殿一般，充满炫耀和诱惑的意味[2]。纽约的卡内基音乐厅、无线电城音乐厅、林肯中心，伦敦的节日剧院、皇后剧院和南岸剧院，是这些全球城市的文化地标。

1957～1973年，悉尼歌剧院（Sydney Opera House）历经方案的惊艳、施工的挑战、财政的挫折和公众的质疑，终于在悉尼港的便利朗角（Bennelong Point）建成，市政当局和民众开始意识到文化地标对提升城市形象的显著作用[3]。50年来，悉尼歌剧院重塑了悉尼的形象，也吸引了各地的观众、参观者和周边的消费者（图1.3）。欧洲在第二次世界大战后出现了平衡资产阶级和工人阶级利益的趋势，文化馆（cultural halls）的广泛建设是"公共福利从以阶级为基础的民间社会倡议的集合，转变为在官僚国家主导下进行的大规模供应的结果"[4]。在法国，戴高乐总统认为，将高雅文化带给大众将有助于创造一个更具修养和生产力的社

会。20世纪80年代，密特朗总统在巴黎的国家项目复兴了这个欧洲经济和文化之都。卢浮宫等旧建筑的重建，以及巴士底歌剧院和法国国家图书馆等文化旗舰项目的兴建，令这座历史名城散发出焕然一新的活力。1997年，西班牙毕尔巴鄂的古根海姆博物馆（Guggenheim Museum）更是极大地振兴了这个人口仅有25万、濒临荒废的工业城镇，每年吸引超过100万的游客，创造了著名的"古根海姆效应"。而新加坡和韩国首尔，也制定了同样的策略，他们认为，"全球化的艺术城市"可以创造"易于销售的旅游产品"，"为工作和生活提供良好环境"。可见，文化建筑和剧院一直与城市现代化进程和城市地位密切相关，是城市升级的路径[5]。而这些建筑的出现，引领了城市从工业时代到后工业时代、从生产社会到消费社会的转型。

20世纪80年代，我国终于摆脱政治动荡，回归正常生活，这些海外地标、建筑事件和城市奇观启发了百废待兴的城市建设和发展。伴随着我国大剧院建设运动背景的，是持续的经济增长、快速的城镇化、新城镇建设和旧城改

图1.3　悉尼歌剧院

造。2017年，我国国内生产总值超过80万亿元人民币（合约13万亿美元），仅次于美国。同年，北京、上海、广州、深圳四个一线城市的GDP均达到2万亿元人民币以上，超过了彼时繁荣的香港。而到2022年，重庆的生产总值超过了广州；我国的国内生产总值上升到120万亿元人民币①。

省、市官员从建设新的基础设施和文化设施中获得了地方经济增长和政绩的回报，促使他们更加积极地想要通过建设更多更新的设施，来提高该城市在地区、省、全国乃至世界上的地位。在规划新城镇或新区时，通常会开发许多不同类型的公共建筑，如博物馆、图书馆、证券交易中心、办公大楼、购物中心和公共交通枢纽等。其中，大剧院通常以其独特和惊艳的设计、先进的技术和高昂的造价，成为最引人注目的存在[6]。

关于演艺建筑，中外文有大量书籍和文章论及，如关于演艺建筑功能类型的书[7-11]、讲到著名建筑实例的书[12-13]、用某一类经费新建和改建剧院[14]。此外，保罗·安德鲁（Paul Andreu）描述他在中国设计大剧院的艰难和欢欣[15]；李道增团队对于世界和中国剧院的建设作了总结[16]；程翌对中外案例作了更详尽的分析[17]；卢向东对中国近代以来130年剧场的演进作了准确的分段和定义[18]。而上海、天津、杭州、青岛、郑州、南京等地的大剧院等文化建筑建设，都由本地的建设委员会或业主对建设过程进行详细的追踪总结，整理成专著出版。各校硕博论文对文化建筑和演艺建筑设计中存在的问题，进行

了专门的讨论，主要是针对文化建筑及其公共性和设计策略的研究[19-20]，也有基于需求分析使用率、管理效率低的原因及改善策略的研究[21]；还有一些是针对使用后评价指标和框架的探索[22]。

但现有的中外文献，对我国21世纪的大剧院热并未作出正面回应和系统描述。尤其是针对我国21世纪大剧院建设热潮与城市空间结构、城市升级等的关系尚无深入的研究，国内学界并未太重视大剧院与城市发展的关联性。前文列举的我国各地大剧院建造数量，呈现出一种喷薄而出的现象和景观。作为市民和公共建筑使用者，人们不禁好奇，各地政府为什么要建造这么多大型文化设施包括大剧院？这些剧院是否如主事者所希望的，提高了城市的地位和竞争价值，丰富了文化产业设施和人民群众生活？这些新奇复杂建筑的建造，是否提高了我国建筑设计和施工的水平？

为了解答以上问题，本书的章节围绕以下几个突出的议题展开：

①城镇化与城市进步；

②全球化与竞争；

③文化产业和消费主义；

④外国建筑师的作用。

首先，人口涌向城市，对建筑和人为环境提出数量和质量上的要求。其次，全球化带来的城市竞争，促使城市各自追求名誉和国际领先地位。与此同时，消费主义为大剧院经营者和观众提供了文化产品，市场和需求相辅相成。最后，全球化使国际建筑师、新技术、顶级设施和演艺活动流入中国，有助于中国的现

① 2017年数据参见香港《大公报》2018年1月22日A6版新闻《经济五强城市，重庆或击落天津》，以及2019年1月20日A5版新闻《深圳2018年GDP突破2.4万亿元人民币》。2022年数据参见澎湃新闻网2023年2月13日新闻《GDP30强城市"洗牌"：武汉超杭州，重庆、福州、泉州、西安排位上升》。

代化建设、设施的升级更替和高端的国际交流。下文将对这几大表现作一一分析。

1.3　城镇化与城市进步：文化中心的城市设计

20世纪中期的中国还处于农业社会，毛泽东主席和中国共产党政府曾以建设强大的工业经济为目标。但1964年后，出于"备战、备荒"的目的，新建工厂大多设在偏远的"三线"山区，"大礼堂"这样的观演类建筑应运而生，用来满足开会、行政活动、文艺演出、放映电影等需求。但这一早期的工业化计划对城市的影响很小。到1978年改革开放时，中国城镇化率仅为18%，但在2009年便快速跃升至47%，2016年为57%，2022年超过了65%[①]。预计在不久的将来，将有10多亿中国人生活在城市地区。更多人口进入城市，需要更多的住房、更多的工作场所，有更多的文化生活需求，需要建造更多的文化消费场所。这是个简单的生活配套逻辑。这种独特的城镇化令人震惊的数据之一体现在水泥的消耗量。据美国地质调查局（USGS）统计，2011～2013年，中国混凝土的使用量（66亿t）便超过了美国整个20世纪的总用量（45亿t）[②]。

建设融入全球经济的城市是我国城镇化的最终目标，因此新的城市设计需要在适应城市人口爆炸性增长的同时，改善生活和工作环境。许多老城区的单层和多层居民楼已经无法为现代生活和商业提供足够的空间和配套设施。如今，无论是在新城还是老城区，高层住宅区、写字楼、商业区、购物和娱乐中心随处可见。例如，2018年，全球新建的143座200m以上高楼中，中国城市就拥有88座，占总数的61.5%；2016～2018年，深圳连续三年被列入"200米以上摩天大楼建造数量最多的城市"，其中在2018年完成了14个项目，继续保持其在全球摩天楼建设中的领先地位；截至2022年1月的统计，全球最高的20栋摩天楼，有10栋在中国；拥有最多摩天楼的10个城市，6个在中国[③]。这些数据，说明了我国巨大的建设量。

当城市更新在老城区面临瓶颈时，新城开发便成为许多城市广泛采用的有效手段。几乎每个省会城市都在规划新城或新区，而提供新的行政中心和文化中心也成为城市设计的主要课题。这些新城的面积从10～150km²不等，侵占了郊区原有的大量耕地。

在许多案例中，文化中心是构成新城镇市民核心区的重要元素，笔者调查的181个大剧院实例中，75%位于新城。例如，在广州、深圳、顺德、东莞、杭州、上海、郑州、天津、哈尔滨和太原，都至少有一个文化综合体与市民核心区紧密关联，这还仅仅只是其中的一部分。广州在珠江新城修建了博物馆、剧院、图书馆和少年宫；深圳在福田区市民中心修建了音乐厅、图书馆、少年宫和现代艺术博物馆；顺德在顺德新城修建了剧院、图书馆和博物馆；东

① 参见2021年9月5日网易新闻《我国城市化水平达 63.89%，城市数量687个》。
② 参见比尔·盖茨2014年6月12日的博文 "Have You Hugged a Concrete Pillar Today?"
③ 2016年数据详见CNN 2017年7月24日的报道 "Construction in China's Skyscraper Capital Shows Little Sign of Slowing"；2018年数据详见 "CTBUH Year in Review: Tall Trends of 2018"；2022年1月的摩天楼统计资料来源于The Tower Information网站，其中中国的十栋高楼包括了香港的环球贸易广场大楼和台湾的101 大楼。

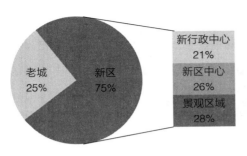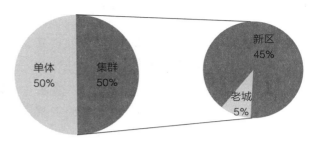

图1.4　大剧院区位和建筑形式分析

莞在中心广场修建了剧院、图书馆、会议厅和展览馆等八大文化设施；杭州在钱江新城市民广场修建了剧院、会议中心和地下商城；上海在浦东新区世纪广场修建了科技馆和东方艺术中心，歌剧院则建在世界博览会（简称世博会）一带；郑州在郑东新区中央公园修建了河南艺术中心和会议中心；天津在河西区修建了大型文化中心，包括剧院、图书馆、博物馆、美术馆和儿童活动中心等，在滨海新区文化艺术中心再建图书馆、演艺中心、科技馆、美术馆、艺术长廊等。

这些文化中心的典型设计通常为轴对称布局，中心广场被艺术和文化设施、公共建筑或政府建筑群包围。作为新区开发的前期基础设施和旗舰项目，哈尔滨和鄂尔多斯首先建设了包括行政综合体、文化设施和公共交通枢纽的城市核心，为后续的开发吸引潜在的投资、工程和人口。这些大剧院的具体坐落位置，有的在城市景观区域，如水边、山坡、公园，占28%；有的结合城市新行政中心布局，占21%；有的在新区中心，占26%（图1.4）。大多数大剧院加上其他文化设施，直接影响了城市新区的空间结构。大剧院的选址本来应该方便大众，但由于"在水边"的形象要求，和"带动新区"的重任，大剧院成了"郊区一日游"的地方，如上海保利大剧院、苏州湾文化中心、无锡大剧院、宿豫大剧院等。

1.4　全球化与竞争：文化软实力

自1860年鸦片战争以来，西方文明对中国的影响与日俱增。由于租界的设立和对外贸易，沿海通商口岸城市最早见证了现代化的生活方式，但也让许多中国人开始对自己的传统社会和文化产生怀疑。他们认为传统中国是落后的，应该向西方学习，以便在技术、经济、政治和文化全方位建立起一个现代社会[23]。社会主流始终关注着西方的文化和意识形态。事实上，在20世纪90年代初，当"全球化"这个概念为中国人所知时，它被认为是一种积极的趋势，并转化为一种"向外看"的态度。

全球化清除了国际贸易和商业面临的障碍，令资本、货物和人力资源可以自由流通。全球化对城市影响的评估，是将"全球城市"视为一种独特的类型以及对城市化的独特理解，实现所有城市向全球化经济体的发展[24-25]。为全球经济建设城市是城市化的最终目标。在全球化的背景下，时间和空间被大大压缩，降低了特定城市的地理位置和自然资源的重要性。从这个角度看，几乎每个城市都有可能成为经济、政治或文化中心，因此每个城市也都是其他城市的潜在竞争者。城市之间必然产生竞争，而全球化又进一步强调了建立和推广城市形象的重要性。正如约翰·R.肖特（John R. Short）所说，由于城市之间的激烈竞争，城市必须要有积极的新形象来吸引投资[26]。因此，全球化在塑造我国现代化的进程中起着至关重要的推动作用。

空间利用、城市营销、形象塑造三者之间有着密不可分的关系。基于政治和经济原因，通过城市形象的建设，进而将城市（或地方）推广到其他国家或地区，是各级政府城市治理的中心环节[27]。图书馆、博物馆、歌剧院等耀眼的文化空间对于城市升级和实现"国际接轨"不可或缺。当局者认为，当一个城市的硬件设施（如基础设施、文化建筑和住房等）准备充分后，国内外的投资和人才就会自然流入，激活和促进经济发展，营销城市。因此，各级领导人都迫切要求"与国际接轨"，即建设国际城市，按照国际规范办事。早在2005年，数百个中国城市都声称要成为"国际大都市"[28]。如果说"国际梦"太遥远，那么邻近省市的成果就是最好的参照范式。例如，如果A市和B市都有歌剧院，那么C市也必须有一座。

当商业活动大大增强了经济实力后，城市开始尝试通过建造宏伟的文化设施如图书馆、大剧院、博物馆等，来提升自己的声誉和知名度，以便有机会在中国和世界版图上得到更多关注。文化是大都市繁荣和魅力的最佳代言，也是"定义一个丰富的、共享的身份，从而产生地方自豪感"的一种手段[29]。随着老工业城市制造业的衰退，文化被视为一种弥补措施和救世主。文化和经济的发展可以相互促进和融合，这已经在过去几百年的世界历史中得到证明。正如伦敦的一份战略文件所述，"文化

是促进理解和形成城市身份的强大力量，它可以超越障碍，聚集不同背景的人，也可以在激发灵感、带来修养的同时，创造财富和无尽的乐趣"[30]。

2016年发布的《上海市国民经济和社会发展第十三个五年规划纲要》中，单独把"提升文化软实力"列为一个章节。文化软实力被视为增强城市凝聚力和核心竞争力的重要手段，通过充分利用重要设施、重大活动和艺术大师，促进文化、经济、社会更好地融合，旨在把上海打造成"国际文化大都市"。此外，2011年，上海与伦敦、纽约、东京、巴黎联合推出并发布了《文化监测报告》，这些世界城市同时记录了60多项指标，演艺场所和座位的数量便是其中之一[31]。在2021年发布的上海"十四五"规划中，构筑城市文化空间、扩大文化品牌的措施，在于建设文化场所和开展节庆活动。

"国际文化大都市"规划的实施，对文化设施建设提出了高质量、高数量的要求。除了修复老博物馆、大剧院、地方戏曲剧院和图书馆外，上海正在规划建设新的市政博物馆、图书馆和歌剧院等建筑。一些项目被安置在老城区中心，以巩固现有的文化设施，而更多新项目则被规划在浦东、临港和其他新区，以便艺术能够服务和促进这些新区的发展。

从"深圳歌剧院作为未来粤港澳大湾区最高标准艺术殿堂，将对标悉尼歌剧院，成为超越广州歌剧院①、珠海歌剧院的全球艺术殿堂"的剧院定位；2011年江苏省两会上对

---

① 在2010年建成之后，应地方官员的要求改名为"广州大剧院"。尽管招致一些反对声音，本书第4章为了论述建筑立项、设计和建设的过程，仍保留了此前"广州歌剧院"的名称。

于《加快江苏大剧院建设》的政协提案中，除了开篇提及如上海、北京、武汉、深圳均拥有标志性的观演建筑外，还重点提到江苏省的六个地级市以及邻近省份由当地政府投资建设的大规模、专业性强的剧院，来作为尽快完成江苏大剧院建设的必要性佐证；上海大歌剧院的"对标伦敦、纽约、巴黎、东京、悉尼等国际大都市"和"具备标志性和引领性"的设定。以上种种，都从侧面反映出城市间的竞争和高规格"引领性"发展的构想，是文化旗舰项目建设热潮的重要动因之一。

大剧院作为表演艺术的容器，首先要满足表演功能的需求，如观众人数、舒适的视线和声学效果、机械化和自动化的舞台设施等。此外，作为城市的标志，大剧院代表着这座城市的梦想和人民的希望，应当象征着地方的身份、自由的思想，并表现出一种进步的姿态。在一篇关于河南艺术中心提案的新闻报道中，当地媒体称"文化设施是开展文化活动、加强人民文化教育的场所。它们是国际文化交流所必需的，也是城市文化发展和品位的重要标志"[1]。20世纪八九十年代，地方政府和决策者关注的是"改善投资环境"，而进入21世纪，重心转变为"促进精神文化建设，活跃人民群众的日常生活"[1]。

为满足当地市民对剧院的具体想象，建筑师经常采用双层皮的策略——以鞋盒式的音乐厅满足声学和视线要求，同时用另一层表皮包裹"鞋盒"，形成大厅空间。外表皮由于其可塑性，令大剧院可以按"某种意象"进行打造。例如，北京国家大剧院的歌剧厅、音乐厅和多功能剧院都有独立的屋顶，覆以椭圆形的钛外壳，这个闪亮的"外壳"被比喻为"拉开帷幕"；而上海东方艺术中心的"外壳"则被设计成"五瓣玉兰"（上海市花），覆盖三个演艺空间；杭州大剧院是"西湖明月戏珠"；河南艺术中心是"恐龙蛋及古代乐器陶埙"；广州歌剧院是"珠江畔的两颗鹅卵石"；重庆大剧院是"孤帆远影"；江苏大剧院是"荷叶水滴"；无锡大剧院是"蝴蝶"；乌镇大剧院是"双莲"，而上海大歌剧院是展开的"中国折扇"等。这些剧院大多坐落在水滨，倒映水中的景观令人叹为观止。连基址原是农田的长沙大剧院，也人工凿田为"梅溪湖"，波光映出大剧院的惊艳身姿。最近的几个剧院项目——珠海大剧院、福州海峡文化艺术中心和苏州湾文化中心，也都建在水边（图1.5）。

这些文化建筑由于不同寻常的造型和大规模的装饰，往往建造成本高昂，有时甚至超出了城市财政的负担能力。20世纪80年代末，深圳市政府几乎把全部预算都花在了八大文化设施的建设上（见第5章）。20世纪末，上海在建设大剧院时也肩负财政压力（见第3章）。由于这些项目被市政府高层视为优先的政治任务，主事人下定决心，调动所有可用的财力、物力和人力。

阿娜尼娅·罗伊（Ananya Roy）和王爱华（Aihwa Ong）在谈到亚洲和中国的这种现象和政策时写道："囿于特定历史、民族抱负和文化流动的影响，城市一直是启动世界级项目的主要场所。城市的梦想和计划，与不断加速的机会和意外相伴，在不断扩大的螺

① 摘自河南省人民政府2004年发布的《河南艺术中心建设方案》。

（a）珠海大剧院，由陈可石和北京大学团队设计，于2017年1月1日开业；主体建筑以一大一小两组"日月贝"构成整体形象

（b）福州海峡文化艺术中心，由PES建筑设计事务所设计，于2018年10月10日开业；面向闽江，设计的灵感来源于福州的市花——茉莉花的花瓣造型

图1.5 滨水的两个大剧院

旋中循环。新兴国家通过组装玻璃和钢塔来行使他们的新权力，以投射出对世界的特殊愿景。"中国城市中的摩天楼、大剧院和其他文化建筑只是这些"世界戏法项目"中的一部分。两位学者进一步认为这只是亚洲特有的情况，"亚洲大城市的城市居民并没有将这些奇观解读为'资本主义的普遍审美'，而是将其作为大都市的象征，导致与对手城市不可避免的比较"[32]。

1.5 文化产业

文化产业，连同文化积累（历史遗产）、文化管理、文化潜力和文化交流，是衡量一个城市文化竞争力的要素①。在中国城市文化竞争力的排名中，北京、上海、广州、杭州和南京位列前五，这也与它们的人均GDP排名相符。

笔者调查的181个大剧院，从建设投入来看，抛开未公开数据的40家剧院及还在建设中未公开投资额的16家剧院，剩下的剧院中，34%的剧场建设总投资为1亿~5亿元；投资在5亿~10亿元和超过10亿元的分别占比35%和28%；而投资≤1亿元的剧院仅占3%。土地是政府划拨的，这里的投资仅指土建和设备投资。如以高房价著称的上海，以高层住宅的工程造价为3,488元/m²计算，一个投资10亿元的大剧院，相当于建设近28万m²的高层住宅小区，可以安置近3,000户家庭②。

大剧院造价昂贵，首先是面积大。一个观众厅一般2,000~3,000m²就够。但在调查的大剧院里，有65个大剧院（近总数的36%）建造面积却超过了5万m²，其中21个大剧院面积超过了10万m²。而据《今日美国》杂志2014年4月刊登的"世界上最好的10座歌剧院"（10 best opera house around the world）评比中，只有4座超过了5万m²③。其次反映在

---

① 摘自中国传媒大学文化发展研究院2017年8月的《中国城市文化竞争力报告2016》。
② 上海住宅造价参考了2021年上海市建设工程造价信息。安置房以90m²计，也考虑了公共建筑的配置。这种数据，只是给出一个大致的数量。
③ 笔者基于人民网有关《广州大剧院入选"世界十大歌剧院"》的报道中公布的榜单统计所得，http://culture.people.com.cn/n/2014/0421/c87423-24923899.html。

厅的组合上，在面积庞大的中国大剧院里，49%的剧院是以一个大型专业剧场辅以一个多功能的小剧场结合而成；23%的剧院有三个演出厅；5%有四个演出厅；五厅及以上的占3%。

在四个一线城市（北京、上海、广州和深圳）和香港，一些剧院每年可以安排300～400场活动，但在某些城市，一个剧院可能一个月都难以组织一场活动①。

对于数以百计的新建剧院来说，是否有这么多的演出空白需要填补？我国的剧院主要由两种团体进行管理，一种是国有的，另一种是有政府背景的。如以下章节所述，保利剧院管理有限公司（简称保利公司）管理着55个城市的75家剧院。该公司负责组织艺术表演、编排节目，并将其派往各个城市巡回演出。例如，一个外国交响乐团可能会在圣诞和新年期间从北到南前往15个城市进行表演。因为保利公司的平台运筹，加上政府形形色色的补贴，如演出剧目专项基金、政府采购、政府补贴，才使得许多大剧院可以持续地开放，每年演出200～300场②。保利公司自己也建了一些剧院，投资了一些节目，但数量不多。乡土戏（如京剧或粤剧，年轻观众较少）或本土表演艺术团体很难租得起豪华的大剧院，他们的活动只能局限在老旧的小型社区礼堂。

《中国共产党第十九届中央委员会第五次全体会议公报》提出，"十三五"时期文化事业和文化产业繁荣发展。中国文化产业纳入国民经济和社会发展规划虽只有二十多年的时间，与发达国家相比起步晚、基础差，但发展比较快，已成为文化建设、经济发展、民生改善和创新创业的重要力量。2007年，美国、德国、英国、法国、日本每百万人平均专业剧场数分别为1.8个、3.4个、4.0个、4.2个和4.4个；而2013年，我国每百万人平均专业剧场数仅为0.64个，在2019年每百万人平均专业剧场数就已经增长至0.87个③。2009年，国务院通过的《文化产业振兴规划》中，将发展文艺演出院线作为发展文化产业的八项重点工作之一；《国民经济和社会发展第十二个五年规划纲要》继续将演艺产业作为重点发展的文化产业之一；2004年首次颁布实施《文化及相关产业分类》，并于2012年、2018年对分类进行修订调整，目前执行的分类标准中与表演艺术及其场所相关的依然属于核心领域；2022年末，我国艺术表演从业人员约为41.52万人④，在政策导向、居民收入水平提高、文化消费理念提升的大背景下，随着新冠疫情得到控制，会有更多人投身到演艺事业。

1.6 中国城市的消费主义——新兴的精英和中产阶级

伴随着经济发展和向后工业时代转变，消费主义被视为资本主义社会的火车头[33]。只

---

① 演出排场量是笔者课题组通过统计各剧场网站或剧场年度报告书所得。
② 各城市剧场的经营状况源自笔者团队在深圳、上海、郑州和重庆的访谈。
③ 数据来源于2015年03月12日《全国专业剧场发展情况调研报告》，以及《中国文化报》和荆楚网（http://news.cnhubei.com/wenhuaxw/p/10498024.html）的新闻报道。
④ 数据来源于文化和旅游部发布的《2022文化和旅游发展统计公报》。

有当工人阶级成为消费者时，他们才会大量花钱购买消费品，从而刺激资本主义生产。消费主义行为表达了人们的欲望，为经济提供动力，并带来个人满足。根据皮埃尔·布尔迪厄（Pierre Bourdieu）的观点，消费区分和凸显了一个人的经济资本，以及他的教育、品位、生活方式、社会地位、身份和差异。在后现代时期，消费更多地被看作是一种象征性的活动，而不是效用和金钱[34]。购物中心和商业空间的蓬勃发展，体现了消费主义对城市设计和建筑的影响。

在1978年之前，国家提倡"先工作，后享受"。当时大多数城市都住房短缺，像样的演艺空间极为稀少。1990年后，政府管理的重点转移到"实现中国的现代化和提高人民生活水平"上。与此同时，公务员、各类机构和大公司也从每周六天工作制改为五天工作制。从那时起，城市高收入精英的数量逐渐增加，中产阶级出现了。他们对高端文化活动的需求和强大的购买力，推动了演艺事业的发展。1996年，中央政府发出指示，在全国范围内建设50个以上的文化设施，如图书馆、博物馆和剧院等，这些设施应"与经济水平相适应，代表国家和有关城市的形象"①。通过观看音乐会、戏曲、曲艺和其他类型的娱乐活动，观众展现了他们对文化和艺术的选择偏好和品位。据中国旅游研究院的调查，51.78%的受访者认为"文化消费能提高人的生活质量和幸福感，比衣食住行更重要"②。"当城市以服务经济为主导时，美学在空间的使用和生活方式中起着重要作用"[35]。

2016年，我国各类演出的票房收入达到470亿元人民币（75亿美元）。音乐会观众达到630万人次，舞蹈观众230万人次，戏剧观众320万人次，戏曲观众320万人次，儿童戏剧观众250万人次，杂技和民间艺术观众120万人次。票价从10~3,000元不等，取决于不同类型和等级的演出及剧团③。数据显示，2016年戏剧观众总数相当于我国人口的1/9。同年，英国有1,900万戏剧观众，接近其6,500万总人口的30%④。2016年，英国的人均GDP为41602美元，是我国的5倍⑤。虽然我国在2022年的人均GDP达到12,000美元左右，但财富在城市间的分配并不均匀。我国的恩格尔系数曾一度超过60%，但2017年下降到29%⑥。在"富裕"地区，一个家庭的文化和娱乐支出平均约占家庭总预算的11.4%⑦。北京、上海、深圳等一线城市的人均GDP达到2万~3万美元，已进入发

---

① 摘自2007年文化部发布的《2010年文化事业发展规划与展望》。
② 数据来源于中国旅游研究院发布的《2019上半年全国文化消费数据报告》。
③ 见2007年文化部发布的《中国表演艺术市场年度报告》。
④ 英国的观众数量来自2017年7月29日的报道"There is no business like show business"；英国的人口来自"UK Population 2017"；观众数量统计门票的数量。有些人如音乐教师，可能每年参加5次音乐会，这个数字并不能完全反映有多少人真正进入剧院。
⑤ 英国的人均GDP数据来自https://tradingeconomics.com/united-kingdom/gdp-per-capita；中国人均GDP数据来自新华社2017年4月20日的报道。
⑥ 恩格尔系数越高，通常代表着生活水平较低，且可能存在贫困的风险；同时，这也反映了消费者在食品上的支出较大，而在其他方面的消费可能会受到限制。
⑦ 参见2013年3月13日网易财经报道《全球22国恩格尔系数一览：中国已成富裕国家》以及国家发展和改革委员会于2018年发布的《2017年中国居民消费发展报告》。

达国家的经济水平。人们在衣食无忧之余有了更多闲钱，于是对演艺新空间产生了强烈的需求，尤其是有孩子的年轻父母对大剧院的建设寄予厚望。

上述统计只是提供了一个平均数字，以说明中国人均艺术的普及程度。然而，中国存在着巨大的社会差异，这一点可以从不同省市的人均GDP水平波动中得到证实。例如，根据文化和旅游部于2018～2020年发布的《文化和旅游发展统计公报》，每个场馆的演出总数量从2018年到2019年略有增长（表1.2）。然而，2019年，每个场馆每年90场演出量距离每年演出200场的正常水平仍有近55%的提升空间。尽管2020年单个场馆年均演出量为212场，但这包括针对新冠疫情的特殊安排所进行的在线演出和展览，并不能反映出场馆的正常使用频率，因此，与其他年份的数据进行比较没有太大的价值。值得注意的是，所有级别的文化和旅游机构所属的演出场馆（这些场馆通常是省市最大、最专业、最高级别的场馆）的年均演出量也比较低。作为对照，悉

尼歌剧院，每年演出400多场次[1]。显然，我国场馆的使用率还比较低。因此，快速的剧院建设并没有带来表演艺术的繁荣。文化消费的提高，有赖于经济的进一步繁荣、居民拥有更多的闲暇时间、去剧院和文化消费习惯的形成等。另外，在数字化、互动媒体等丰富娱乐形式的冲击下，夜晚舟车劳顿去剧场观剧的传统方式也在受到严峻的挑战。剧场如何重新吸入观众，是剧院设计管理和演出团体必须面临的课题。

1.7　外国设计与都市蜃楼

中国传统的戏曲是在戏台上演出，戏台前是观众坐或站的一片空地或对面的观戏楼。带有室内舞台和观众席的剧院在中国并不是一种常规的建筑类型，直到19世纪末民间戏曲流行时才出现。中国第一座西方风格的现代剧院——伯多禄五世剧院（Teatro de Pedro V）于1858年在澳门建成。20世纪初，随着外国尤

		2018～2020年演出数据分析[2]				表1.2
年份	综述			文化和旅游部所属的艺术表演场馆		
	场馆数量（个）	演出总场次	单个场馆平均演出场次（场次/年）	场馆数量（个）	演出总场次	单个场馆平均演出场次（场次/年）
2018年	2,478	178,900	72	1,236	60,200	49
2019年	2,716	245,400	90	1,202	61,900	51
2020年	2,770	588,400	212	1,111	33,800	30[3]

① 悉尼歌剧院的演出数据来自笔者2023年9月的现场调查。
② 数据源自文化和旅游部发表的2018~2020年文化和旅游发展的统计数据。
③ 2020年的新冠疫情使得数据显著下跌。

其是美国电影的传入和中国电影业的起步，电影院在中国普及。与此同时，用于集会、会议和表演的大型现代礼堂也开始出现，代表例子是20世纪30年代在广州建成的中山纪念堂和南京的国民大会堂。

作为国家的政治中心，北京在1954年建成了专门用于戏剧演出的首都剧场，并在1960年将一个电影院改建为北京音乐厅。而上海从租界时代起就组建起一支管弦乐团，南京大戏院于1959年正式更名为上海音乐厅。从1957年起，广州成为每年中国进出口商品交易会的主办城市，于1965年建成了友谊剧院，它是表演音乐、芭蕾舞等剧目的多功能音乐厅，其设计被纳入当时的建筑教科书。

1949年后，各级市政府、大型政府机构、国有企业、部队军营等曾在全国各地广泛修建过大大小小的会堂，主要用于召开集会、娱乐、演出和电影放映。这些会堂建筑有舞台和观众席，但舞台的基本功能是为主席台上的演讲者提供桌椅，而礼堂则是与会代表们的坐席，因此几乎没有什么声学设计（图1.6）。

两个人民大会堂项目是这类礼堂建设的典型代表。1954年建成的重庆市人民大礼堂是一座具有中国传统建筑风格的市政建筑；而1959年建成的北京人民大会堂则是一座国家级建筑，用于召开全国人民代表大会、政协会议、党全国代表大会和接见外宾等全国性立法和礼仪活动，其设计深受20世纪50年代建筑"民族形式，社会主义内容"的影响。北京人民大会

（a）1860年的伯多禄五世剧院

（b）伯多禄五世剧院室内

（c）1954年重庆市人民大礼堂

（d）1959年的北京人民大会堂，其礼堂可容纳10,000人

图1.6　历史上的剧院

堂拥有 10,000 座，也用于文艺活动，如在 1964 年 10 月 2 日晚，这里举办了"红色史诗"《东方红》的首映式，这是一部关于中国共产党革命历史的大型音乐剧。"文化大革命"期间，除了占主导地位的政治会议之外，"革命现代样板戏"也在人民大会堂隆重演出。

经历了"文化大革命"之后，中国的每一个行业都在渴望复苏。中国人民努力从各个方面改善经济、公民基础设施和生活水平，包括教育、艺术和文化发展。1981 年，国家城市建设总局（现为住房和城乡建设部）举办了全国性的中小型影剧院设计竞赛，征集在小城镇现有经济和建筑技术下可负担的方案。与此同时，中国开始邀请外国设计公司参加设计，海外设计逐渐渗入中国的城市。通过设计星级酒店和办公大楼，来自日本、美国和欧洲国家的建筑师树立了高标准设计技术以及高档生活质量的标杆。约翰·波特曼（John Portman）设计的上海商城和黑川纪章（Kisho Kurokawa）设计的北京中日青年交流中心都包含有影剧院。此外，中国也开始在发展新的艺术和文化项目方面遵循国际规范，组织向国际建筑师开放的建筑设计竞赛。

一方面，"学习外国的先进技术和经验"作为一种社会共识，伴随着对西方文化的向往，是邀请外国建筑师和专家参与歌剧院、音乐厅等文化艺术设施设计的背景。本地建筑师对这类建筑知之甚少，尤其是对构成剧院核心部分的大型厅堂声学和机械化舞台的设计及技艺不熟悉，而一些外国设计公司则在经验和技术方面表现出优势。

另一方面，改善和提升城市形象的迫切愿望、推进城市成为国际大都市的动机、建设可以比肩世界级文化设施的雄心，以及对非凡的外观和引人瞩目形式的渴望追求，是动员城市投资巨额资金开发大剧院的决定性因素和理由。某种程度上讲，人们对外国著名建筑师或"明星建筑师"的狂热痴迷，不仅是基于他们的才能和成功，更基于一种对"升值"的感知、预测和依赖，即一旦"明星建筑师"的设计建成，这个城市将成为公认的国际城市，为世界所瞩目。他们相信，外国大师的作品肯定是这座城市在 21 世纪值得拥有的东西，代表着这座城市在追求和创造财富之外，显得有雄心、档次、品位和修养。

伴随着城市更新和新城镇建设的浪潮，拥有一流博物馆、剧院、图书馆的文化区被提上了省市政府的议程，并得到了坚决支持。在对新"海市蜃楼"的诉求潮流中，知名的外国建筑师则因其能带来新奇作品而受到追捧和热烈欢迎。

的确，这种大型多功能大剧院项目预算充足、位置显要，需要高调和大胆的设计，它的挑战性吸引了一批有声望、有才华的外国建筑师，以及知名的国际业界龙头企业提交高质量和新鲜的作品参与竞赛。在原创性、创新理念，以及整合最先进的技术、系统、设施和设备方面，国际团队往往比我国本地建筑师更具优势。

国际设计竞赛邀请日本、欧洲和北美洲的知名设计公司参加，有些设计竞赛至少有 5 家公司入围，有些可能高达 40 家，如 1998 年在北京举行的国家大剧院设计竞赛。然而，在 21 世纪的前五年，只有几家设计公司能够在中国赢得项目，如法国巴黎机场集团建筑设计公司（Aéroports de Paris Ingénierie，ADPi）的保罗·安德鲁获得五个大剧院项目，日本的矶崎新（Arata Isozaki）获得四个项目，德国的冯·格康，玛格及合伙人建筑师事务所（gmp）获得六个项目，以及加拿大的卡洛斯·奥特（Carlos Ott）获得五个项目等。一些建筑师多次被选中设计大剧院，要么是通过竞赛获胜，要么是被直接邀请。此外，他们都是或曾经是国际知名、成就斐然的建筑师或事务所，其艺术才能、创意思维、建筑见解、专业知识和实践经验在他们设计的那些剧院中得到了充分体现。有的设计公司坚持一贯的设计理念和方法，有些则只是为了取悦中国的决策者。通信技术的创新将建筑生产从地域的限制中解放出来，实现了图纸在全球设计中心和施工现场之间的即时传输和合作[36]。在统计的181个案例中，35%为海外建筑师设计。海外设计公司作品相对平均地分布在一线城市、新一线城市和经济较为发达的二线城市中。外国建筑师几乎垄断了这些城市高端剧院的设计市场。北、上、广、深四大一线城市的最高级别演艺场所，均是由世界著名建筑师（事务所）设计。而新一线城市中只剩20%的城市如武汉、西安、昆明、合肥没有海外建筑师设计的大剧院（图1.7）。这些外国设计的剧院，虽然有一些存在争议，但大多项目都有其突出之处。

除了巧妙地利用高科技的建筑结构和特别的建筑材料来创造一个大型、壮观、迷人的剧院之外，外国设计方案往往比本地方案更能定义合理、诱人、包容、自由的公共空间和公共形象，这对旨在通过推出大剧院项目来提升自豪感的城市来说尤其有帮助。事实上，关于大剧院竣工的新闻和评论经常提到该项目如何提升了该城市。例如，广州歌剧院已经成为城市文化设施发展的催化剂，包括新的博物馆、图书馆和档案馆。这个歌剧院的设计是扎哈·哈迪德建筑事务所（Zaha Hadid Architects, ZHA）对城市文脉关系独特探索的最新实现，它将塑造广州历史的文化传统与创造广州未来的雄心和乐观精神结合在了一起。由佩卡·萨米宁（Pekka Salminen）设计的福州海峡文化艺术中心于2018年10月开放，《福州日报》将其视为城

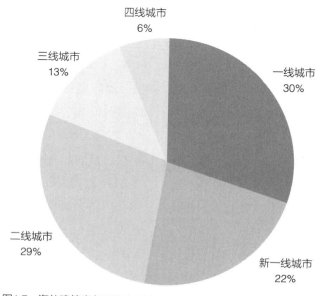

图1.7 海外建筑事务所的大剧院项目在中国各梯级城市的分布比例图

市文化新地标，"在表达文化自信、树立城市形象、提升软实力、完善市政设施、提升福州竞争力和地位、促进经济社会平衡发展等领域具有重要意义"[1]。而"法国著名建筑大师设计的苏州湾大剧院……法式浪漫与中式情怀撞了个满怀，流动的丝带线条勾勒出江南水乡的人文情怀……演出不断，高朋满座……苏州湾大剧院不断地向成为长三角文化艺术地标的目标迈进"[2]。

通过合作和近距离观察，这些来自外国的设计也积极促进了中国总体设计水平的提升和进步。中国建筑师在学习中成长，并于2010年后开始在合肥、西安、哈尔滨、南京等一些城市参与竞争大剧院的设计。这种建筑类型也成为"国礼"，由中国的设计院设计并捐赠给外国，如塞内加尔、斯里兰卡和阿尔及利亚的国家剧院（图1.8～图1.10），成为那些城市的地标和骄傲。

（a）合肥大剧院

（b）大唐文化区，包括2009年建成的音乐厅、影城和艺术博物馆，以及2017年建成的大剧院

图1.8 由项秉仁领导的上海秉仁建筑师事务所（DDB）设计的大剧院
图片来源：滕露莹 提供

---

① 摘自《福州日报》2018年10月11日的报道《福州海峡艺术文化中心开馆》。
② 摘自《苏州日报》2022年12月3日的报道《苏州湾大剧院：立江南而观世界》。

图1.9 哈尔滨大剧院（2016年），MAD建筑事务所设计

图1.10 斯里兰卡的莲池剧院（Nelum Pokuna Mahinda Rajapaksa Theater）

1.8 本书的方法论及结构

本书旨在探讨中国大剧院发展与城市设计之间的关系，由于国际建筑师在建造演艺场馆方面发挥了重要作用，本书重点关注外国设计。笔者从建筑、功能和施工技术的角度审视剧院项目，并将其置于城市发展的背景下[①]。如上所述，大剧院作为重点项目无疑被纳入城市总体规划，与其他文化设施一起组成新的城市中心，成为新城发展的催化剂。因此，本书暂且将这项研究命名为"大剧院城市主义"。有很多文章和书籍都讨论了城市化和剧院设计，但几乎没有人专门将这种建筑类型与城市设计联系起来，本书的目标就是填补这一学术空白。

什么是城市主义？它是指城市和城镇特有的生活方式，以及城市和城镇的发展及规

---

① 尽管本书没有进一步深入研究剧场设计技术，但笔者梳理了有关剧场设计的文献，如剧场设计专家艾森渥尔教授、哈蒙德、克罗嫩贝格和肖恩等人的研究。

划[①]。而英文"城市主义"（urbanism）和城市设计几乎是同义词。城市设计主要关心的是公共领域，具体操作经常在公共空间的设计。在观察文化建筑的建设过程中，笔者注意到市政府总是在发起和规划文化建筑以及大剧院方面发挥主导作用，这些文化建筑也通常位于新城镇的显要位置。尽管大剧院的实现离不开先进的技术，但笔者不打算深入这个层面，而是关注其周边的城市关系、"特有的生活方式"、"城镇的发展和规划"，以及公众如何使用和受惠于像大剧院这样的文化巨构建筑。

中国拥有众多城市，这些城市为了获得地区、国家甚至国际的认可，在经济和文化发展方面相互竞争，以求保持领先地位。这些城市根据自己的具体规模、位置和行政级别（或在城镇等级体系中的地位），发展出各自的方法和战略来推动城市建设，为笔者提供了方法论的基础。本书精选了14个城市，以代表21世纪中国城市的快速发展和不断变化的动态。它们的规模从大到小，从一线城市到二、三线城市，从首都、直辖市（中央政府）到省会和地级市，从北到南，从东到西，从境内到港澳台……为了便于比较，本书根据这几组城市的相似之处，对它们进行了配对：

①北京（首都，政治中心，一线，北部地区），上海（直辖市，金融中心，一线，东部地区）；

②广州（省会，一线），深圳（经济特区，一线），都是南方地区的大都市，改革开放的先驱；

③重庆（直辖市，新一线，西南地区），郑州（省会，新一线，中西部地区）；

④南京（省会，新一线，东南地区），武汉（省会，新一线，华中地区）；

⑤太原（省会，二线，西北地区），无锡（地级，二线，东南地区）；

⑥台北，台中（生活方式和政治制度有别于中国大陆）；

⑦香港，澳门（先后回归，文化旅游为其重要产业）。

这些城市的文化建筑在过去一百年中有着不同的发展轨迹和故事，但都以最近由外国建筑师设计的大剧院作为总结。由于国际设计竞赛是公共项目，尤其是文化项目开发的普遍做法，这可能已经成为全球化时代的一种时尚或惯例。笔者希望通过不同的城市背景、设计手段和技术方法来呈现丰富多彩的项目。

我国的台北、台中、香港和澳门与国内其他省市、地区处于不同的政治和行政体制下，由于规划政策和城市发展战略的差异，其修建新的文化综合体的原因或决策可能也不尽相同。除了公众对新的演艺空间的诉求和现实需要之外，在全球化的背景下，这几个城市或地区即使不直接参与国内城市的竞争，也无法避免来自东亚和东南亚城市的挑战。探讨它们在开发剧院项目方面采取的不同策略及开发机制，将是一个有趣的多元化议题。

本书每章选定一个城市进行案例研究，重点对1～2个关键剧院项目进行探讨。笔者们进行了现场调查，在一手信息和资料的基础上，从规划、设计、建设、运营、管理、使用者等不同角度对大剧院进行了剖析，并结合城市历史和社会背景来看待剧院的发展。大多数笔者都在所选城市出生、学习或工作，亲历或见证

───────────

① "城市主义"的定义摘自《牛津英语词典》。

了该城市的发展以及文化建筑对人们生活品质的贡献，对地区和案例的情况了如指掌。

第2章描述了北京从晚清到1949年后的发展。无论在封建社会、资本主义社会还是社会主义社会时期，北京都有两套演艺空间并存。一套是对公众开放的正式剧院和电影院，另一套则仅供官方或内部使用。20世纪50年代，社会主义运动取代了私营企业，国有公司、政府部门或事业单位开始经营自己工作和生活的小世界——"单位"。在这个小世界里，数以百计的多功能会议厅被建造起来。卢向东对这两套演艺空间系统进行了考察，他对国家大剧院从1958年到21世纪的叙述，阐明了40多年来国家领导人的意志、旧城改造、设计院、设计师、技术演变和全球影响之间的复杂互动，并追溯了在新建剧院中流行的"三厅法"的起源。卢向东本人作为国家剧院设计团队的一员，其分析紧密结合了个人经验。

上海长期以来一直是亚洲璀璨的文化之星，但却在1949年后暂落下风。第3章通过五个大剧院案例，描述了上海在改革开放后的尴尬、雄心和崛起。这些剧院都是由国际建筑师通过设计竞赛或邀请而设计的，典型地体现了不同的过渡时期以及剧院所承担的城市使命。文章提及社交媒体里各剧院出现的频率。在惊叹于上海在文化建设方面取得的巨大成就的同时，薛求理和陈颖婷质疑剧院公共空间的合理利用，强调公众应该有权更好地享用这些空间。

在第4章中，丁光辉进一步指出改革开放是一个不断调整"门禁"位置（物质、社会、政治、文化边界）的动态过程。第4章将广州的几个演艺空间从国民政府统治时期、新中国成立初期、改革开放时期，到21世纪的全球经济竞争联系起来。扎哈·哈迪德（Zaha Hadid）设计的广州歌剧院受到高度尊重并被寄予厚望，它的建成被视为城市新经济和文化中心的一个重要转折点。

如果说广州得益于自由的"南风"，那么与香港接壤的深圳，则是在1980年开始从一个渔村到大都市的征程。在第5章中，孙聪追溯了中国第一个大剧院的诞生。20世纪80年代中期，深圳市人民政府大胆地投入了一半的公共开支来打造八大文化设施。20世纪90年代伊始，市政府开展了规模相对较小、布局分散地沿城市边缘区自然扩张的第二轮文化建设热潮。20世纪90年代中期，当美国和日本建筑师在参与规划和地标性建筑的设计时，深圳通过对福田新区中轴线的规划，树立了一个城市设计的榜样。进入21世纪，"双中心+5个副中心"的城市结构结合新十大文化设施的规划部署，陆续开展了多轮国际竞赛，许多宏伟的文化巨构建筑正在施工推进中。深圳的案例提供了一个造城奇迹和快速发展的典范。

在中国经济快速发展的时代背景下，城市大型文化建筑的建设往往出于刺激经济增长、提升城市形象和丰富城市文化等多方面的目的。地处中国西南内陆的重庆，在经历了百年发展的蜕变之后，逐步从工业城市转变为准一线城市。在第6章中，褚冬竹、薛凯和张璐嘉以重庆大剧院和重庆国泰艺术中心为例，探讨重庆城市发展与文化形象提升的相互作用，揭示城市大型文化建筑"包容与排斥"的矛盾性。

郑州作为中国古代文明的发源地，有着两千多年源远流长的历史。然而在现代社会中，它的发展却相对滞后。在第7章中，张璐嘉和刘新宇介绍了河南的省会城市郑州如何从一个混乱而无足轻重的工业城市，崛起为华中地区火车头的过程。其驱动力来自于21世纪，日本建筑师黑川纪章在老城区旁边规划的郑东新

区。郑东新区不受老城区的肌理左右，采用了
自己的城市规划格局，其大胆的设计包括土地
分割形式和人工湖的修建。而河南艺术中心就
坐落在这里，相辅相成的表演和展览功能共同
营造出中央公园的欢乐氛围。在河南艺术中心
之后，郑州乃至河南持续以包括大剧院在内的
大型文化建筑重塑市区，形成新的副中心和发
展动力。

再往北上，就来到了"煤矿之都"太原。
第8章描述了太原地方戏曲及其演艺场所的发
展，与20世纪初的北京有诸多相似之处。肖映
博调查了山西大剧院的建设，以及文化建筑是
如何改变城市形象的。通过国际竞赛，来自巴
黎的法国理念和设计为中国中部城市的雄心和
抱负提供服务。笔者认为，文化建筑和执政者
的崇高理念可以带来产业的转变，从而复兴城
市的辉煌历史和信心。

如果说省会城市理应建造大规模的文化
建筑，那么无锡似乎就没有太多理由去进行效
仿。在第9章中，李磷讨论了由芬兰的PES建
筑设计事务所设计的世界级的建筑和设施，与
建成后寥寥无几的演艺活动形成了鲜明对比。
由于缺乏相应的文化氛围，一个为古典表演艺
术而建的大剧院在无锡自然无以为继。市政府
推行的大剧院项目，与其说是为了满足新演艺
空间的需求，不如说是对潮流的盲从。然而，
笔者仍然对这类超前开发的项目乐见其成，但
建成后如何改善其低使用率的现状，是城市面
临的一大挑战。实际上，这也是大多数二、三
线城市共同面临的问题。

南京是中国历史最悠久的城市之一，也
是中国近代城市的开端，在民国时期一度成为

国家的政治、经济、文化中心。第10章里，孙
聪按时间顺序回顾梳理南京新旧城市中心的标
志性观演建筑的发展历程，总结不同时期的剧
场分布特征变化，论述其布局与城市发展的总
体关系。具体来说，选取了民国、新中国、新
世纪三个重要发展时期的具有代表意义的观
演建筑进行分析，跨度从民国的首都建设到
青奥会①触媒下的新城市中心建设，从大会堂
到剧院巨构，通过对比几轮大剧院建设的投资
主体、建设动因和选址、与城市空间结构的关
系、建筑尺度与风格、生产机制，以期捕捉南
京这样有着丰富历史、双中心共生的城市空间
结构演化，和不同年代文化空间生产机制和产
品的变化。希望南京的观演旗舰项目助力构建
城市双中心发展格局的经验能给其他对城市历
史空间有着保护和复兴需求的老省会城市提供
参考范本。

千年楚天文化，孕育了东西南北通衢的武
汉，演艺建筑随定居点和民众娱乐产生，并在
城市更新中演化。邹涵在第11章中，扫描了武
汉百年来各个时期演艺建筑的面貌。武汉的路
径和北京、太原类似。

在台北和高雄之前，台中是最早参与全
球建筑设计的城市。市议会大厅和广场通过竞
赛，由国际建筑师进行了重建和设计。由日本
建筑师伊东丰雄（Toyo Ito）设计的台中歌剧
院，击败了包括扎哈·哈迪德在内的众多竞争
对手。肖靖通过回顾这座城市从日据时期、联
合国援助到全球化时代的历史，描述了这个项
目的起起落落，以及它是如何在克服了众多技
术挑战后站起来的，使空间和技术臻于完美。
台中歌剧院的建成极大地巩固了台中市作为台

———————
① 为夏季青年奥林匹克运动会简称。

湾岛宜居城市的地位。

自2012年以来，台北一直在其繁忙的老城区修建演艺中心。由雷姆·库哈斯（Rem Koolhaas）设计的剧院引发了争议，在建造过程中遭遇重重困难。但大都会建筑事务所（OMA）的台北表演艺术中心的出现，不单为台湾带来新的剧场体验，也为居民创造了公共生活的容器。台北表演艺术中心从竞标到完成经历了12年多的时间，中间遇到许多建造中的困难与当地规范的挑战。冯国安和伊葛在第13章里，探讨两个围绕剧场的课题。一是基于艺术与日常的剧场，如何提升剧场公共体验？第二是新时代的剧场建筑类型。笔者调查了业主（政府）、建筑师和本地商贩对剧场的预想和态度，自上而下的大型旗舰项目，难以统一多方的意愿。

澳门是中国最早接触西方文明的地区之一。1858年，中国第一个西式剧院——伯多禄五世剧院在澳门岗顶建成。联系葡萄牙人在澳门的管理和经营，朱宏宇在第14章中，仔细考察了岗顶剧院建设的背景、形成过程和技术条件，并和同时期的欧洲剧院作比较。140年后，葡萄牙建筑师再设计新填海区域的文化中心，现代建筑技术在当代条件下发挥，文化中心展现了中葡文化交融的结晶。

相较于中国内地的快速发展，曾经被称为"亚洲四小龙"之一的中国香港，在文化设施建设方面显得有些寒酸。虽然来自世界各地的一流表演团体经常造访香港，但它最"先进"的场馆却是1989年建成的文化中心。在受殖民统治时期，政府主要关注的是解决更紧迫的社会问题。在第15章中，薛求理和邱越阐述了香港公共建筑的演变，公众与这些文化建筑的充分互动同其他中国城市的情况形成了鲜明对比。

14个章节或许难以完全反映中国众多城市"大剧院热"的全景。本书在梳理中国城市的大剧院建设之余，在第16章列举了我国在海外援建的大剧院，马凯月从150多个案例资料中，呈现了中国援外会堂和剧场的类型和趋势，使得"中国现代建筑"的范畴，超越国界。

通过这本书，可以了解21世纪中国城镇化的快速发展、决策、动机、雄心和现象，它不断推动着中国的城市发展，促进了中国的经济效益。城镇化改变了中国人的生活，形成了一种对社会既有积极又有消极影响的发展模式。文化巨构的建设以及全球化和城镇化的进步，归根结底是由个人本能和集体认可的愿望所驱动。

在章节的末尾，笔者们给出了一段自己在城市中的个人体会以及在影院或剧院的经历描述。演艺建筑终究是为人服务的，个人感受为中国城市和日常生活赋予了生动的场景。如果说中国的大剧院城市主义是独特的，是否可以借鉴这些实践和经验，在文化综合体的发展中探索一条更加合理和可持续的道路？

■ 参考文献

[1]　DING G, XUE C Q L. China's architectural aid: exporting a transformational modernism[J]. Habitat International, 2015, 47(1): 136-147.

[2]　BLUNDELL J P. Architecture and ritual: how buildings shape society[M]. London: Bloomsbury Academic, 2016.

[3]　MURRAY P. The saga of the Sydney Opera House: the dramatic story of the design and construction of the icon of modern Australia[M]. New York and London: Spon Press, 2004.

[4]　CUPERS K. The cultural center: architecture as cultural policy in postwar Europe[J]. Journal of the Society of Architectural Historians, 2015, 74(4): 464-484.

[5]　KONG L, CHING C, CHOU T. Arts, culture and the making of global cities-creating new urban landscape in Asia[M]. Cheltenham: Edward Elgar, 2015.

[6]　XUE C Q L. Grand theater urbanism: Chinese cities in the 21st century[M]. Singapore: Springer, 2019.

[7]　APPLETON I. Buildings for the performing arts-a design and development guide[M]. Oxford: Architectural Press, 2008.

[8]　STRONG J. Theatre buildings: a design guide[M]. London: Routledge, 2000.

[9]　LEITERMANN G. Theater planning: facilities for performing arts and live entertainment[M]. New York: Routledge, 2017.

[10]　刘振亚. 剧场建筑设计原理[M], 北京：冶金工业出版社，1989.

[11]　项端祁. 音乐建筑：音乐、声学与建筑[M]. 北京：中国建筑工业出版社，1999.

[12]　BERANEK L. Concert halls and opera houses[M]. New York: Springer, 2004.

[13]　HAMMOND M. Performing architecture: opera houses, theatres and concert halls for the twenty-first century[M]. London and New York: Merrell Publishers Limited, 2006.

[14]　SHORT C, BARRETT A, ALISTAIR F, et al. Geometry and atmosphere: theatre buildings from vision to reality[M]. London: Ashgate Publishing Ltd, 2011.

[15]　ANDREU P. National center for the performing arts[M]. Beijing: China Architecture and Building Press, 2009.

[16]　李道增. 西方戏剧·剧场史[M]. 北京：清华大学出版社，1999.

[17]　程翌. 多维视角下的当代演艺建筑[M]. 北京：中国建筑工业出版社，2015.

[18]　卢向东. 中国现代剧场的演进——从大舞台到大剧院[M]. 北京：中国建筑工业出版社，2009.

[19]　王明洁. 当代中国文化建筑公共性研究[D]. 广州：华南理工大学，2012.

[20]　王凌. 文化娱乐设施集聚区建设研究[D]. 广州：华南理工大学，2014.

[21]　杨施薇. 渗入日常生活的文化建筑末梢设计研究[D]. 北京：清华大学，2014.

[22]　陈向荣. 我国新建综合性剧场使用后评价及设计模式研究[D]. 广州：华南理工大学，2012.

[23]　XUE C Q L, DING G. A history of design institutes in China: from Mao to market[M]. London and New York: Routledge, 2018.

[24]　WU F. Globalization and the Chinese city[M]. London and New York: Routledge, 2006.

[25]　JAYNE M. Chinese urbanism-critical perspective[M]. London and New York: Routledge, 2018.

[26]　SHORT J R. Global metropolitan: globalizing cities in a capitalist world[M]. London and New York: Routledge, 2004.

[27]　BROUDEHOUS A. The making and selling of post-Mao Beijing[M]. New York: Routledge, 2004.

[28]　XUE C Q L. World architecture in China[M]. Hong Kong: Joint Publishing Ltd., 2010.

[29]　LANDRY C. The creative city: a toolkit for urban renovators[M]. London: Earthscan, 2008.

[30]　JOHNSON B. Cultural capital, the mayor's cultural strategies[Z]. London City Hall, 2010.

[31]　OWENS P. World cities cultural report[M]. Shanghai: Tongji University Press, 2013.

[32]　ROY A, ONG A. Worlding cities: Asian experiments and the art of being global[M]. Malden: Wiley-Blackwell, 2011.

[33]　FEATHERSTONE M. Consumer culture and postmodernism[M]. London: Sage Publications, 2007.

[34]　BOURDIEU P. Distinction: a social critique of the judgement of taste[M]. London: Routledge, 1986.

[35]　ZUKIN S. Landscape of power: from Detroit to Disney World[M]. Berkeley: University of California Press, 1993.

[36]　REN X. Building globalization: transnational architecture production in urban China[M]. Chicago and London: The University of Chicago Press, 2011.

第 2 章

剧场与北京城市空间变迁

■ 卢向东

2.1　剧场与北京

　　剧场与北京，对应的是两个很有意义的建筑与城市概念。剧场是北京城内一种重要的建筑类型，而北京城作为明、清两朝的国都，形成特殊的城市空间结构。在成为中华人民共和国的国都之后，北京的城市空间经历了持续的变化。在不同时期，由于剧场以及城市自身的发展，产生了一系列有趣的剧场建筑与北京城市空间的关系变化。在本章中，笔者主要讨论的是1949年之后这种关系的变迁。不过，在此之前，需要简单了解一下1949年之前，也就是清末民初的北京城与剧场的基本概况，这将作为讨论后面问题的基础（图2.1）。

　　清末民初北京剧场的要点如下[1]。

- 清末，茶园剧场成为一种成熟的室内剧场建筑类型，俗称戏园[2]。
- 清末的北京剧场大致有几类：皇家的戏台、官宦府邸的戏台、民间的茶园剧场、民间会馆戏园、寺庙的戏台。
- 不同类型的剧场，位于相应的城市区域。皇家的剧场主要位于宫城和皇城之内，当然城外的皇家园林颐和园也有皇

家戏台（图2.2）。官府的戏园则位于内城的各个王公贵族与官员等的府邸之内，比如恭王府的戏园（图2.3）。会馆戏园主要位于外城，由士绅、商人、官员集资兴建（图2.4）。民间的商业性茶园剧场主要位于外城，后期向内城扩散（图2.5）。

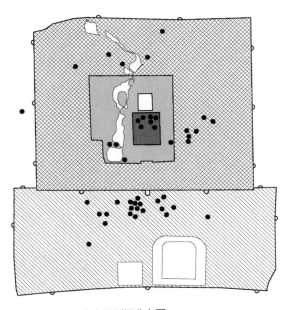

图2.1　清代北京主要剧场分布图
图片来源：李畅. 清代以来的北京剧场［M］. 北京：燕山出版社，1998.

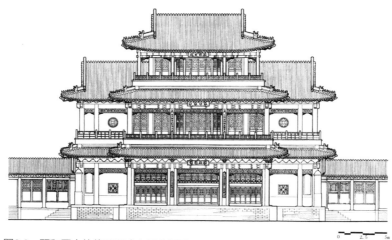

图2.2　颐和园中的德和园戏台正立面图
图片来源：薛林平. 中国传统剧场建筑［M］. 北京：中国建筑工业出版社，2009.

（a）恭王府总平面图　　　　　　　　　　　　（b）恭王府鸟瞰图（戏台位于后花园）
图2.3　恭王府
图片来源：清华大学、清华大学建筑设计研究院2002年12月编制的《恭王府保护规划》

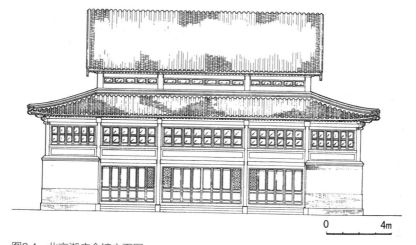

图2.4　北京湖广会馆立面图
图片来源：薛林平. 中国传统剧场建筑［M］. 北京：中国建筑工业出版社，2009.

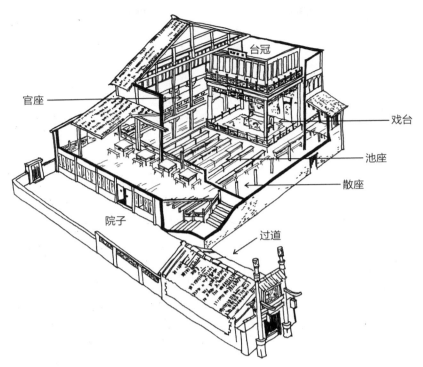

图2.5　清代民间商业剧场示意图
图片来源：薛林平. 中国传统剧场建筑［M］. 北京：中国建筑工业出版社，2009.

- 19世纪末，受到西式剧场的影响，民间的商业性剧场开始出现了大舞台类型剧场；之后，在民国初年1920年左右，西式剧场开始在北京出现，比较著名的有位于王府井的真光剧场（现中国儿童剧场，图2.6）、珠市口的开明戏院等。

- 清末民初，北京是中国最重要的演艺中心，拥有大量的剧场（戏园）。

- 北京城，直至民国初年，仍然保持了相对稳定的城市空间结构和范围：主要城市在一个"凸"字形的范围内（也就是现在二环路之内的区域），城市空间结构由内城、外城、皇城、宫城构成，有明确的城市中轴线[3]。

- 清朝早期，皇帝曾颁布过禁止在内城建剧场的命令，主要基于戏曲可能造成伤风败俗的影响，因此造成了民间戏园子主要聚集在南城一带的结果。但是，由于清末统治者衰弱，民间戏园逐渐扩展到内城[4]。

- 民间剧场在城市的扩散，形成了几个主要的剧场聚集区域，分别在前门大栅栏地区，前门以南片区、宣武门外至菜市口以北地区、东安市场一带、天桥及香厂一带和西单牌楼一带。以上区域都是城市的商业区域，说明商业剧场与城市商业区的关联。商业性剧场成为北京的主导剧场类型。

- 不同类型的剧场，对于北京城的影响也不一样。皇家和贵族的戏台，深藏在自己的领域内，基本与城市外部是隔绝的，不为一般市民所知。与城市关系密切、最具活力的是民间商业戏园子。

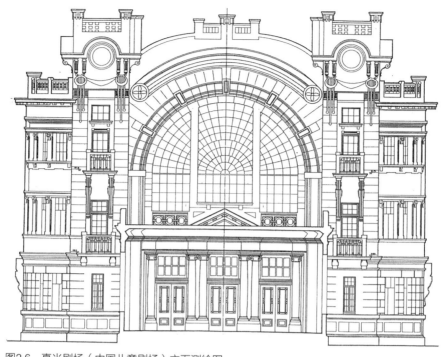

图2.6 真光剧场（中国儿童剧场）立面测绘图
图片来源：清华大学建筑学院1987年编的《中国儿童剧场改扩建设计》

2.2 20世纪50年代：北京剧场的分水岭

北京的剧场在经历了清末民初的一段发展之后，1949年新中国成立，成为北京剧场发展的又一个分水岭。新政权将表演艺术的地位提升到重要位置。作为新政权的首都，北京城开始了历史上的一次持续变迁。剧场作为一种重要的建筑类型，被赋予了新的使命，在北京城市发展中充当新的角色。此后，无论剧场建筑还是剧场与城市的关系，都与之前有了根本性差异。这种差异，来源于1949年之后的政治制度改变，导致了商业性民间剧场的终结，产生了政治因素主导的国有剧场。剧场从之前的商业娱乐建筑，转变成为政府服务的艺术和宣传阵地。剧场过去的民间属性和娱乐属性被根本性地改变了，而成为与政府关系密切的一类重要建筑。由于得到政府的支持，此后的剧场与清末及民国的剧场相比，在诸多方面均发生了显著的变化，无论是剧场的规模、形式，还是剧场在城市的空间位置，都彻底摆脱了过去民间商业娱乐剧场的地位，成为城市里的主要建筑类型，占据了城市主要的空间位置。剧场的地位前所未有地得到提高。

在整个20世纪50年代，北京的剧场发展经历了一次历史性的短暂建设高潮。作为新政权的首都，剧场的建设随即开始了。推动此时剧场发展的动力，除了表演艺术的需要外，更多来源于政府对艺术的政治和宣传需要，以及一种新的社会管理的空间模式——单位大院的功能需求。此时产生了两种类型的剧场，一种是专业性、公共性都很高的城市剧场，另外一种是多功能、单位所属的礼堂和俱乐部（表2.1）。

20世纪50年代北京两类剧场对比 表2.1

	城市公共剧场	单位大院剧场（礼堂、俱乐部）
空间分布	城市公共空间	单位大院内
形式	正式	非正式
规模	较大	不定
用途	专业演出为主	多功能为主
拥有者（使用方）	表演艺术院团	党政军机构，企事业单位
观众	社会大众	单位内部人员，偶尔向社会开放
投资量	较大	一般、较少
技术	较高	一般、较低
设备	完备	简陋

显然，对于城市剧场而言，过去以戏曲表演为主的戏园子不能满足新的歌舞、话剧等表演艺术的需要，而且表演艺术作为一种宣传方式，需要有更多更大的剧场。同时，社会变化产生了新的工作、生活单元空间——单位大院，需要一种相应的剧场来满足开会、娱乐的需要。这两类剧场，有着明显的空间分布和身份的定位，在形式、规模、投资、技术、设备等各个方面都有区别。

这个时期开始，传统戏园基本停滞。新的剧场基本上都是采用西方的镜框式台口剧场，而且对于剧场的现代舞台机械设备和技术有强烈的渴望和需求，尤其是城市公共剧场更是如此。剧场建筑的变化与北京城市空间的变化是同步进行的。一方面，剧场建筑的形式、尺度、场地都发生了很大变化；另一方面，北京城市空间的持续变迁，从老城开始，逐渐向外扩散，持续至今。

2.3 城市剧场与北京城

20世纪50年代是北京历史上的剧场建设热潮时期（表2.2）。这些城市剧场建设的动因，一是为了满足随着新政权进入北京的多个表演艺术院团和艺术院校的需求；这一类剧场的数量居多，在学习了苏联剧场和表演艺术院团合一的制度之后，这种对于剧场的需求更加合理；二是为了满足国外艺术院团来京演出的需要，以及一些特殊接待任务的需要；三是满足一些重要政府部门会议的需求。

由这三种需求产生的剧场，举例如下：第一种如北京人民艺术剧院使用的首都剧场（图2.7）；第二种如满足当时苏联艺术院团访问演出的需求而兴建的天桥剧场（图2.8），以及满足对外宾接待任务的友谊宾馆及其配套的剧场；第三种如满足全国政协开会（兼作演出）而兴建的全国政协礼堂。

20世纪50年代北京新建的剧场 表2.2

序号	剧场	建成时间	地址	现况
1	中央戏剧学院小经厂剧场	1950年	东城区西便门交道口以西小经厂胡同内	已毁
2	解放军总政治部文工团排演场	1953年	西城区北二环德胜门南	已重建为解放军歌剧院
3	天桥剧场	1953年	西城区天桥	已重建
4	北京展览馆剧场	1954年1959年改建	西城区西直门外大街以北	仍使用
5	北京友谊宾馆剧场	1954年	海淀区中关村南大街以西	仍使用
6	北京人民剧场	1955年	西城区护国寺路南	仍使用
7	北京工人俱乐部	1956年	西城区虎坊桥十字路口西南	仍使用
8	全国政协礼堂	1956年	西城区阜成门内白塔寺大街南侧	仍使用
9	首都剧场	1956年	东城区王府井大街以东	仍使用
10	中国戏曲学院排练场	1957年	西城区里仁街中国戏曲学院校内	已拆另建
11	人民大会堂	1959年	天安门广场西侧	仍使用
12	民族文化宫剧场	1959年	西城区复兴门内大街以北	仍使用
13	五道口工人俱乐部	1959年	海淀区五道口成府路北	仍使用
14	中央音乐学院礼堂	1960年	西城区中央音乐学院校内	仍使用
15	二七剧场	1962年	西城区复兴门外大街以北	已拆重建

图2.7 1956年北京首都剧场（左）与苏联塔什干人民剧场（右）首都剧场模仿的对象
图片来源：清华大学建筑学院资料室

图2.8　1954年拍摄的天桥剧场
图片来源：清华大学建筑学院资料室

这些剧场在北京城的分布，并无特别的规划，主要是由这些剧场所属的机构在北京城占据的区域地段所决定的。重要的政府部门占据了过去的皇城区域，因此新的城市剧场不可能在此区域兴建。内城和外城区域成为此时兴建城市剧场的首要选择。延续过去的习惯，天桥剧场、首都剧场和人民剧场，都选择在老城内的旧商业区。这种用地选择并未成为北京城市剧场的主流。后来的城市剧场越来越多地选择了城市行政区域。但是由于老城内用地紧张，一些新建的城市剧场已经开始在老城外的区域兴建，同时选择在紧邻老城且交通方便的区域。此时老城外的西侧也成为许多政府机构的

建设用地，比如三里河、百万庄一带。老城内的政府行政区域主要占据了过去的皇城，以及后来的天安门广场和长安街一线。可以看出，城市剧场在老北京城外的拓展，与新行政区域的拓展是一致的。

这些城市剧场的规模，比1949年之前的那些民间商业性剧场要大得多，而且多数城市剧场都是独立式的，与周边建筑保持一定的距离，并尽可能留出外部广场，完全有别于过去的商业性剧场。这些剧场基本跟商业性无关。

20世纪50年代，剧场综合体也开始出现。剧场建筑与其他建筑综合设计的几个案例分别是北京展览馆剧场、北京友谊宾馆剧场、民族文化宫剧场。在这些综合体建筑中，剧场都不是主体——无论其规模、功能、形式。这些剧场综合体也同样是官方主导的、非商业性的。由于它们是综合体，建筑整体的体量较大，而且都是比较重要的建筑，因此成为北京的区域性地标建筑。只不过它们的剧场都是相对隐蔽的。剧场与所属机构大致可以分为两类：表演艺术院团驻团的剧场（表2.3）与政府单位的剧场。

表演艺术院团驻团的剧场　　　　　　　　表2.3

编号	剧场名称	剧团名称	备注
1	天桥剧场	中央实验歌舞剧院（现为中央芭蕾舞团）	20世纪50年代建设
2	北京人民剧场	中国京剧院	
3	首都剧场	北京人民艺术剧院	
4	二七剧场	铁道部文工团	
5	青年宫	中国青年艺术剧院	
6	北京工人俱乐部	北京京剧团	
7	大众剧场（天乐园原址）	中国评剧院	原有剧场
8	西单剧场（哈尔飞戏院原址）	北方昆剧院	
9	北京剧院（真光剧场）	中国儿童艺术剧院	
10	庆乐剧场	北京杂技团	

2.4 礼堂与北京城

还有另外一类剧场，它们是北京各个企业、事业、部队等单位内部的礼堂。其数量非常多，没有一个精确统计的数据。据估计，此类剧场至少比那些专业性剧场多出20%。由于与城市的公共空间相对隔离，这类数量庞大的礼堂成为北京城市隐秘剧场的存在。礼堂与单位大院几乎是共生的。

1949年之后，北京城出现了所谓单位大院的聚居空间模式[5]。所谓单位大院就是党政军所属的各级机构，以大院的空间模式占据北京城市空间的单元，在北京城形成了若干单位大院。这种空间聚居单元一度主导了北京的城市空间。起初，这些单位大院主要分布在皇城外围附近的区域。这些单位大院俨然一个独立的小镇，通常在封闭的院墙之内，布局了生活、工作、娱乐等建筑设施和空间。后来，除了党政军的单位大院之外，工厂、学校、科研机构等单位也形成大小不等的大院，分布在北京城市的不同区域。一般认为有这样几种单位大院：政府机关单位大院、部队单位大院、工厂单位大院、学校单位大院。比较著名的北京单位大院有很多，如三里河、和平里附近聚集的国务院多个部委大院（三里河及周边一带有计委①的礼堂、一机部②礼堂、物资部礼堂、国家建委③礼堂，图2.10）；沙滩后街的文化部大院；府右街南口附近的统战部④大院；地安

门附近、西郊的军队大院。在东郊，比较著名的有京棉二厂⑤的大院；西北部有中科院⑥大院，以及北京大学、清华大学等高校大院。在这些单位大院里，空间的相对封闭性明显，以围墙围合的大院划分了明确的领域界限。单位大院成为北京城市一种主要的空间单元。但是对于城市公共空间的贡献而言，单位大院的空间是缺乏的。这篇文章主要讨论的不是这个问题，而是关注剧场这样一类建筑物在单位大院的存在方式。在单位大院里，礼堂往往成为一个主要的建筑，是一种与单位大院结合在一起的特别剧场类型（图2.9）。当然，单位大院里的礼堂通常都比较简陋，除了开会，也用于演出、放电影等。比较著名的礼堂有地质部礼堂、物资部礼堂、政协⑦礼堂、计委礼堂，对社会开放的程度相对高一些。

紧邻内城之外西侧的三里河、百万庄、沙滩等区域被称为北京另一处重要的行政区域，甚至有人称之为北京的隐形中心。在这片区域内有许多重要的政府部委，如计委、地质部、重工业部、一机部、二机部等。

前面提到了三里河的计委礼堂，也被称为红塔礼堂。这个礼堂是1953年按照苏联图纸设计的、国家计委大院众多建筑中的一个。这个比较典型的单位大院，集中了办公、居住、娱乐等多种建筑设施。红塔礼堂在改革开放初期，还作为北京一处音质较好的场所接待过日本著名指挥家小泽征尔的访问演出，曾经是北

---

① 全称为中华人民共和国国家计划委员会。

② 全称为中华人民共和国第一机械工业部。

③ 全称为中华人民共和国国家基本建设委员会。

④ 全称为中国共产党中央委员会统一战线工作部。

⑤ 全称为北京第二棉纺织厂。

⑥ 全称为中国科学院。

⑦ 全称为中国人民政治协商会议全国委员会。

图2.9　1954年拍摄的中央广播事业局^①礼堂

图片来源：清华大学建筑学院资料室

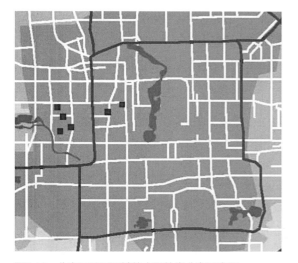

图2.10　北京三里河区域的主要礼堂分布示意图

京城内一著名的演艺场所。

　　单位大院的礼堂通常建设在各个单位内部以供自用。由于隐蔽于单位大院之内，而且有些单位大院还位于城市郊区，很难在城市街道等公共空间看到这类剧场。部分这类礼堂布置在城市公共空间，且对社会开放，参与到城市公共设施的服务之中。例如，五道口工人俱乐部这个原本属于北京市总工会的礼堂，实际上成为当时海淀区的一个主要剧场，经过数次改造，至今还在使用。

　　20世纪80年代之后，随着改革开放，北京的单位大院空间开始出现了瓦解的倾向，伴随着城市更新和房地产开发，许多单位大院逐渐向城市开放，重新融入城市。而那些20世纪50年代兴建的众多礼堂建筑也在这个过程中巨变：有的被拆除，有的另建，还有不少保留至今仍在使用。"礼堂"这个词，对于北京而言意味着单位大院时代一种特殊的公共建筑，现在正成为北京一段特殊的剧场史。

　　整个20世纪50年代，北京的剧场建设数量还是惊人的^[6]。但是，专业性的剧场数量并

————————————————

① 现为中华人民共和国广播电影电视部。

不算多。据学者统计，礼堂一类的建筑有200座之多，很多都有1,000坐席以上的规模。在称谓上，一般把工厂的这类建筑称作俱乐部。礼堂与单位大院结合的模式，几乎成为所有社会机构的空间存在形式。无论政府部委，还是工厂、学校、科研院所，都采取这种模式。以至于有人用礼堂文化来形容这段时期北京的剧场发展。这种"礼堂+单位大院"模式，目前在北京的一些高校、军队大院等内仍有完整的保留。

2.5 未建成的国家大剧院

国家大剧院是20世纪50年代北京最大的城市剧场计划。由于它是国家性的剧场，在诸多方面有别于其他的城市剧场。1958年的国家大剧院事件，并非一个孤立事件，而是计划中新中国成立十周年的庆典工程之一。同时还必须注意到，当时中国正在进行"大跃进"运动。中国加入以苏联为首的社会主义阵营，北京采纳了苏联规划专家对规划方案的主要建议，据此制订了一个北京城市规划。这个规划设计的核心是基于旧城，对旧城进行更新、改造。规划方案中设计了未来北京的行政区、文化区等，包括北京核心区的构建，如天安门广场及长安街的规划等[7]。国家大剧院项目被纳入到构建北京核心区的主要建筑之一（图2.11）。

在此城市规划中，国家大剧院被布置在国家政治中心象征的天安门广场附近，与代表最高权力机构的建筑——人民大会堂毗邻，形成一个由政治与文化建筑构建的中心。这个方案得到当时最高领导人同意并决定实施。在紫禁城外，塑造了北京城一个新的城市中心，这逐渐成为一种城市中心区的模式。在20世纪90年代后，可以清晰地看到，这种模式在中国各地城市被广泛模仿，基本上成为官方指定的一种

图2.11 1958年国家大剧院模型（右五为清华大学校长蒋南翔）
图片来源：清华大学建筑学院资料室

城市核心空间的做法。现在，关于这种城市中心的模式，在民间的通俗说法是"三菜一汤"或"四菜一汤"。所谓"汤"就是指广场，所谓"菜"就是指广场周边的那些建筑，主要包括政府大楼、剧场、博物馆、图书馆、纪念馆等。

1958年的国家大剧院项目选择位于人民大会堂西侧、邻近长安街的地段，这个区域原本是紫禁城南侧一片明清两代的行政区域，由传统合院构成。在新北京城的规划中，旧城的很多区域被大规模地拆除。目前，该区域的主要建筑如人民大会堂、天安门广场，都是在拆除原来皇城的旧建筑后新建的（图2.12）。国家大剧院项目参与到这个城市改造的进程中，相比人民大会堂而言，它不过是作为次一级的角色而已。这些尺度巨大的建筑物与过去的传统合院建筑乃至皇宫相比，都是非常悬殊的，这种形式和空间的悬殊对比，被当成了新时代进步的象征。

主张保护北京旧城的著名人物是梁思成，他对于拆除北京城内的城墙、城门、牌坊、街巷等持反对态度，包括对于天安门区域的改造。梁思成的主张被官方当作是不合时宜的，甚至是资产阶级的学术观点而被点名批判。他的处境使得他这样一位著名建筑学家无缘参与主持国庆工程的设计，只是作为设计顾问而已。梁思成是清华大学建筑系的创始人，也是当时的系主任，而清华大学的国家大剧院设计团队中并没有他，主持人是他的学生、年仅27岁的青年建筑学教师李道增，他领导着一群跟他年龄相仿的青年教师和学生。这群年轻人在"大跃进"运动的鼓舞下热情高涨，在很短时间内完成了国家大剧院的设计方案，并获得官方的认可（图2.13）[8]。

这个方案设计灵感的主要来源是民主德国的德绍剧院。关于这个剧场的资料获得，其实具有一定偶然性。1957年，由中国政府派出的一个文艺团体在苏联等东欧社会主义国家巡

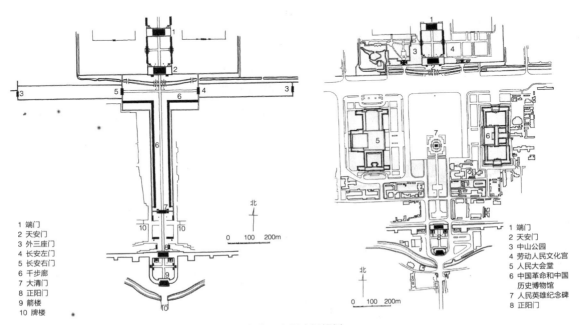

1 端门
2 天安门
3 外三座门
4 长安左门
5 长安右门
6 千步廊
7 大清门
8 正阳门
9 箭楼
10 牌楼

1 端门
2 天安门
3 中山公园
4 劳动人民文化宫
5 人民大会堂
6 中国革命和中国历史博物馆
7 人民英雄纪念碑
8 正阳门

图2.12 清末天安门广场平面图（左）与20世纪50年代天安门广场规划
图片来源：清华大学建筑学院资料室

图2.13　1958年清华大学设计团队与天安门广场规划模型
图片来源：清华大学建筑学院资料室

演，访问了民主德国的这个剧场，其中一位年轻舞美设计师李畅及其同事记录下来并介绍给国内同行。民主德国的这个剧场，配置了巨大的舞台空间和先进的舞台设备，这是中国演艺人员从未见识过的。它被认为是先进剧场的代表，并得到中国官员的高度认可。今天，我们知道德国剧场以及欧洲大陆的剧场是一种上层社会主导的剧场建筑类型，它与纽约百老汇和伦敦西区的商业性剧场有很大差别，无论是建筑规模、形式还是城市设计，都是如此。

而国家大剧院所追寻民主德国的剧场，则是典型的独立式欧洲歌剧院类型。在这个设计中，这种欧洲歌剧院的建筑及其与城市空间的关系模式，一并被第一次引入中国。这个选址，基于的不是商业因素，也不是城市设计、城市规划的技术层面因素，而主要是政治因素。这种将剧场与政治性议会建筑

（代表最高权力机构的建筑——人民大会堂）并置成为一种城市中心的做法，它背后的逻辑是什么？解释这样一种目前在中国各地城市大行其道的城市中心模式，可能要回到关于剧场属性与其城市空间关系问题的讨论。而剧场的属性不能脱离开它承载的功能——作为戏曲、戏剧等演艺的场所。在中国传统观念中，关于正统戏剧作用的定位并非是娱乐，而是教化，即通过演艺来教育底层民众。在"五四"启蒙运动期间，这个观念再一次被许多知识分子阶层强化，比较著名的有陈独秀言论，大致上是说剧场可以成为教育、启蒙人民大众的课堂。这一观念，其实被后来的执政党所继承。关于文艺的作用，毛泽东有很多论述，其中的核心就是文艺是用来宣传、教育人民的工具，剧场当然就是用表演艺术教育人民的阵地（场所）。

当然，中国历史上还广泛存在着另外一类

娱乐性为主的剧场，即民间的商业性剧场，它与之前提到的教化剧场，构成了有关剧场属性的二元关系。娱乐与教化，或者商业与政治，这种剧场的二元属性，导致了剧场建筑形式与其城市空间关系两种截然不同的现象，可以说，在北京有两种城市空间关系的剧场。一类是与政治中心构建城市核心空间，另一类是与商业中心构建城市核心空间。

国家大剧院在北京城市发展的历史上，准备第一次将这个模式实施，剧场的政治地位升到前所未有的水平，表现在空间上就是国家大剧院的选址——毗邻过去的政治中心紫禁城，并与新的政治中心人民大会堂及天安门广场一起，共同构建了北京城市的核心空间。清代，紫禁城内并无正式的戏台，虽然也存在供皇帝娱乐的小型演出场所，但是并非正式的剧场建筑，隐藏在紫禁城内庄严的序列空间之中。皇家的大戏楼在颐和园中，虽然颐和园也有皇帝办公的空间，但不是正式的政治性建筑空间。

关于1958年国家大剧院方案在形式上的分析。

它采用了西方古典建筑的某种形式，并明显地与当时苏联建筑界所倡导的建筑风格一致。在中国的建筑学术杂志上也开始讨论所谓的建筑的社会主义内容问题[9]。在20世纪50年代，中国的建筑学界出现了一系列关于建筑艺术方向性的官方指示和规定。这些官方的建筑艺术政策并非总是一致的。总的说来，西方现代主义建筑被当作资本主义的产物被当局批判；20世纪50年代初，提倡传统建筑形式的梁思成也被批判，被视为严重的经济浪费和代表过去的旧时代。诡异的是，在1958年新中国成立十周年的庆典项目中，官方又许可了中国传统建筑风格和西方古典建筑风格。这类建筑融合了社会主义内容、民族形式的建筑风格。国家大剧院、人民大会堂及中国国家博物馆的建筑风格是一致的，都是采用了西方古典形式。1958年清华大学设计团队的国家大剧院方案，在设计过程中提出的若干立面方案，都是采用了西方古典建筑的形式。

官方的最高领导人直接介入到设计的指导中。

有一些关于国家大剧院设计历史的回忆和叙述，如介绍周恩来总理如何指导国家大剧院的设计。例如，对于由清华大学设计团队设计的国家大剧院方案，周恩来总理多次听取汇报，并进行具体指导，如建议将剧场的台塔四周立面装饰上柱廊，甚至规定观众厅的内部空间设计等。周恩来总理曾经带领访华的朝鲜领导人金日成参观清华大学设计团队设计的国家大剧院方案，得意地告诉他：这是我指导设计的。不仅如此，整个北京城市的改造及主要建筑的设计，都经过了最高领导人的认可。

1958年的"大跃进"运动导致了灾难性的后果。

"大跃进"运动直接造成国家大剧院项目停滞，当时工程施工已经开始了，挖掘了大量的土方，现场留下来一个巨大的基坑。这个场地现状一直维持了约40年，一堵围墙封闭了场地，成为很长一段时间内长安街的一处界面。而人民大会堂作为最高权力机构的象征，其中的万人大会堂也跟其他礼堂一样，除了开会之外，也作为演出场所使用。事实上，很长一段时间内，它是地位最高的演出场所。在之后的长安街规划中，如1964年的规划，一度将国家大剧院选址在了长安街的西侧、远离人民大会堂的地方（图2.14），但最终并未实施。

64K032
2027-17

图2.14　1964年由清华大学提案的长安街规划方案（民族文化宫剧场的模型照片）
图片来源：清华大学建筑学院资料室

20世纪50年代北京的新建剧场都是非商业性剧场，是政府主导的具有明确政治因素的剧场。这与1949年之前北京商业性剧场的发展动力完全不同。二者无论在建筑形式、规模、尺度、选址等方面都有所不同，这种分野都是源于其主导者官与民的差异。由于官方重视并介入剧场建设，导致了20世纪50年代北京的剧场在资金、技术方面的提升，形成了中国剧场历史上一次新的起点，成为北京城剧场发展的分水岭。20世纪50年代北京剧场的格局维持了很长一段时间。这是因为"大跃进"运动之后，遭遇了20世纪60年代初期中国大范围的饥荒，再后来，进入了"文化大革命"，整个国家陷入经济困难。政府颁布了全国范围内禁止兴建包括剧场在内的公共设施的文件。这一时期，几乎是北京

乃至中国剧场建设的空白期，一直维持到了改革开放。

2.6　20世纪80年代：北京的剧场复苏

1978年，中国实行改革开放政策。20世纪80年代开始之后，北京的剧场建设迎来了又一个高潮期[10]。这个时期兴建了大量现代化剧场（表2.4），无论规模、投资都远远超过了之前的剧场。城市扩张和旧城改造为新的剧场发展提供了契机[11]。而改革开放政策导致了国外资本、技术、艺术、观念的引入，城市自身的土地政策调整、房地产开发也大力促进了剧场建设。

1950年至今北京各区的主要剧场　　　　表2.4

剧场名称	建成时间	行政区划
北京展览馆剧场	1954年	西城区
北京人民剧场	1955年	
全国政协礼堂	1955年	
民族文化宫剧场	1959年	
二七剧场	1962年	
北京音乐厅	1985年	
青年宫	1995年	
解放军歌剧院	2005年	
国家大剧院	2006年	
梅兰芳大剧院	2008年	
中山音乐堂	1942年（1997年翻建）	东城区
人民大会堂	1959年	
首都剧场	1956年	
中央戏剧学院实验剧场	1982年	
北京保利国际剧院	1990年	
中国儿童剧场	1990年	
长安大戏院	1996年	
天桥剧场	1953年	东城区、西城区
北京工人俱乐部	1953年	
天桥剧场（翻建）	2001年	
北京天桥艺术中心	2015年	
中国国家话剧院	2011年	
五道口工人俱乐部	1953年	海淀区
中国剧院	1994年	
国家图书馆音乐厅	1989年	
国安剧院	1994年	
北京大学百周年纪念讲堂	1998年	
海淀剧院	2003年	
清华大学新清华学堂	2011年	

剧场名称	建成时间	行政区划
北京剧院	1990年	朝阳区
世纪剧院	1990年	
中国木偶艺术剧院	1995年	
北京朝阳剧场	1984年	
国家大剧院台湖舞美艺术中心	2017年	通州区（副中心）
北京艺术中心	2023年	

位于北部的海淀区、朝阳区逐渐成为北京城市发展的重点区域。剧场的发展明显契合了这些新兴区域的建设。北京保利国际剧院处于东四十条的使馆区；世纪剧院处于燕莎商务区；北京剧院处于亚运村；海淀剧院处于中关村商务区[12]。

20世纪80年代之后，北京剧场发展出现一些新特点。剧场的政治性有所下降，商业性有所恢复。尽管如此，这一时期剧场的商业性与1949年之前北京大量民间商业剧场相比有了很大不同。这是因为20世纪80年代剧场建设的主体依然还是政府管辖的机构而不是民间机构，其拥有更多的资金和土地。北京开始出现了另外一种与商业建筑结合的剧场，也就是剧场与旅馆或者办公楼等建筑结合的综合体。需要说明的是，剧场综合体早在20世纪50年代就曾出现，民族文化宫剧场、北京友谊宾馆剧场也都是综合体剧场，完全是官方主导的非商业性建筑。

这一类剧场模式产生的缘由，就是在城市更新和城市扩张过程中，社会资本与过去单位大院用地结合，在进行地产开发过程中谋取更高价值的结果。同时，反映了改革开放之后，北京城的单位大院空间模式的瓦解。尤其是原来划拨在老城区的文艺院团单位，其土地价值剧增，与资本结合进行开发的动力很大。另外一类商业地产开发，为了增大吸引力而配建剧场，也导致了剧场商业综合体的出现。这种剧场与商业性建筑结合的综合体类似于拉斯维加斯很多剧场与酒店结合的综合体建筑。由于追求土地开发强度和商业价值，这一类剧场综合体建筑往往有较大的规模并占据显要的城市位置，且有明确标志性，它们几乎都成为北京城市重要节点的著名标志建筑。只不过这类剧场综合体建筑中更为显眼的大尺度部分是商业性高层建筑，剧场成为形式上附属甚至藏于建筑的内部。这类剧场在形式上完全有别于政府主导的独立式剧场。

改革开放之后，北京第一个与商业建筑结合的剧场项目是东方歌舞团剧场。这是一个商业与剧场结合失败的案例。在这个项目的实施过程中，起先只是一个供东方歌舞团驻团使用的剧场项目，由于引入香港资本投资，增加了一个高层建筑——希尔顿酒店作为投资补偿，在酒店完成后，投资方希望将此剧场变成酒店的一个娱乐设施。此意图与政府行政管理部门产生冲突，导致剧场停工。若干年后，该剧场已经被改造成为一处办公楼，而当初拟建的剧场消失了。相似而成功的例子则是北京保利国际剧院、梅兰芳大剧院。这两个剧场结合酒店的项目是基于商业地产开发的另一类剧场模式，其他类似的案例还有长安大戏院等。

另一个与高层办公楼结合的剧场案例是中日交流中心的世纪剧院。这是20世纪80年代由日本政府捐赠的一个项目，由日本建筑师黑川纪章设计。这个综合体建筑形式上类似于之前提到的酒店高层与剧场结合的综合体，但是这个项目不是商业开发的产物。

改造更新的剧场项目也是这个期间发生的又一类事件。具体而言，有的老剧场建筑保留立面、改造其他所有的部分——中国儿童剧场；有的则完全拆除原来的剧场，在原地重新设计新的剧场——天桥剧场（图2.15）。它们构成了北京城市剧场的另外一种存在。

至于单位大院的礼堂建筑，在改革开放过程中也出现了巨大的变化。不同的单位大院命运并不相同。总体而言，单位大院空间模式在瓦解，多数礼堂也就衰败了。有的拆毁，有的改作他用，有的完全变成了城市剧场。但是，并非所有的单位大院都是如此，大学校园的单位大院模式依然保持完好，而且剧场建设还有新的进展。比较著名的两个大学剧场是北京大学百周年纪念讲堂和清华大学新清华学堂。这是两个规模很大的剧场，座位数都超过了2,000个，拥有良好的设施，并且也对社会开放（图2.16），各自都成为其校园的一个中心。

此外，还有一些军队大院依然保持并且也同样兴建了剧场。个别的甚至成为城市剧场，完全对社会开放，如解放军歌剧院、中国剧院。

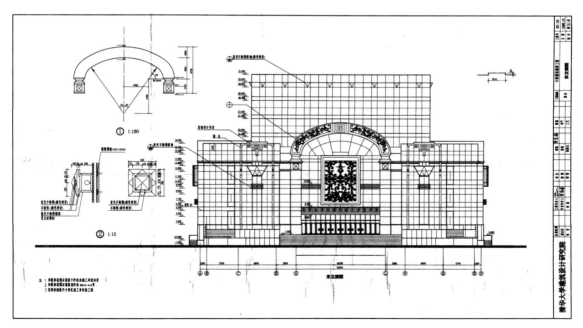

图2.15　1994年天桥剧场改建方案立面图
图片来源：清华大学建筑设计研究院

图2.16　清华大学新清华学堂

2.7　国家大剧院

　　1958年国家大剧院项目停滞的20多年后，1986年，文化部开始重启国家大剧院项目的准备工作。由于时过境迁，政府需要重新审查这个项目的可行性。此时西方国家的剧场发展已经有了很大变化，出现了一些新建完成的著名剧场。自1978年中国实行改革开放之后，向西方学习成为政府主导的政策，这与20世纪50年代有了很大差异。学习西方现代建筑成为一种新的潮流。1988年，文化部的一个专门小组，访问了加拿大、美国、英国、法国、意大利、日本等国家的众多剧场，收集了很多剧场资料（图2.17）[13]，最终选择了美国的肯尼迪表演艺术中心作为学习模仿的对象。这种源于1958年的德国剧场的模式又一次回到了北京市政府的视野中。

　　1990年，文化部委托多个设计机构和研究机构进行了国家大剧院的可行性方案设计（图2.18），其中，清华大学李道增教授的方案或值得一提。这个方案的平面明显与肯尼迪表演艺术中心的平面存在相似性：三个主要的剧场并列。但是也有差异，李教授的方案中，三个剧场的主入口分别朝向南、北两方向，保罗·安德鲁（Paul Andreu）的设计方案与此完

图2.17　建筑师魏大中访问美国剧场总结的手稿照片
图片来源：清华大学建筑学院资料室

全一致。这样布置的理由是考虑建筑的南北立面设计以及可达性，建筑的南北两向主入口有助于建立与城市空间更加密切的联系。此外，该方案另一个值得一提的是立面设计依然维持了20世纪50年代的想法，采用了与人民大会堂相似的建筑风格。1997年，官方举办了全国范围国家大剧院的设计招标，李教授参加并又一次提出了一个相似的方案（图2.19）。但是在改革开放的背景下，政府主导向西方学习成为一种风气，彻底改变了天安门附近国家大剧院的建筑风格。1998年，官方举办了国家大剧院设计的国际招标。可以看到，国家大剧院项目在推进的历程中，始终重视引入源于欧洲的歌剧院、音乐厅和实验剧场等剧场建筑类型。至于最终被采用的安德鲁设计方案，其平面布局遵循了美国肯尼迪表演艺术中心的模式，形式上则遵循了悉尼歌剧院模式——形式与功能的

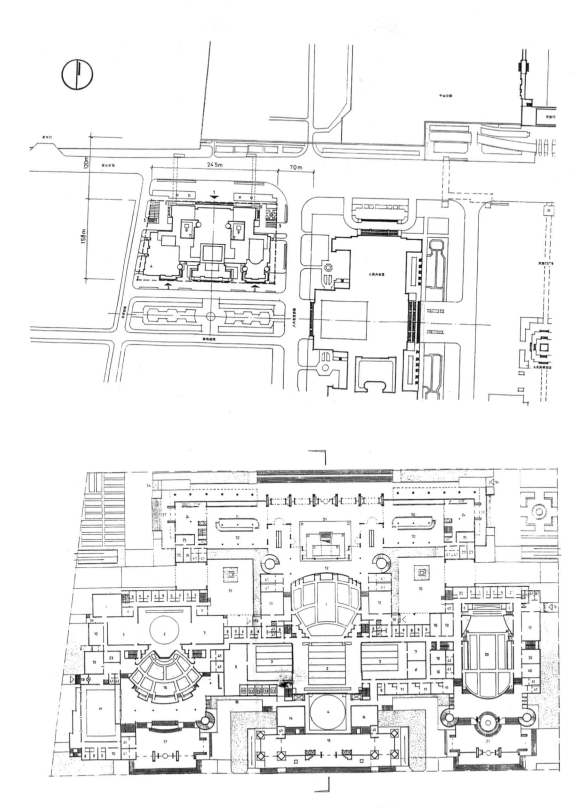

图2.18　国家大剧院可研方案总平面图（上）与国家大剧院首层平面图（下）
图片来源：清华大学建筑设计研究院

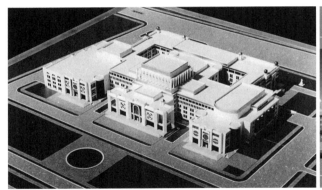

图2.19 1993年国家大剧院可行性研究方案模型（左）与李道增国家大剧院1997年方案（右）
图片来源：清华大学建筑设计研究院

分离，将一个巨大的外壳覆盖在三个剧场之上。这是一个奇妙的组合！

在国家大剧院设计竞赛的过程中，地段范围发生了很大变化。地段范围不断向南扩张，使得剧场建筑能拥有更多的室外空间，剧场建筑与城市周边环境的关系发生了很大变化。从开始时的临街剧场，逐渐变成较大北侧广场的剧场，最后变成四周拥有开阔空间并且与人民大会堂形成东西轴线贯通关系的剧场建筑。国家大剧院建筑在此过程中强化了自己独立建筑的地位，同时也强化了与人民大会堂的关联。这个结果，完全符合官方对于国家大剧院身份的认定，即国家大剧院是表演艺术的殿堂；另外也隐含了对于国家大剧院政治性的强调，也符合传统文化中对于剧场教化功能的定义。值得一提的是，保罗·安德鲁在设计过程中大胆地将剧场建筑布置在与人民大会堂西立面正对着的东西轴线上，使得二者的东西轴线重合并被官方采纳。官方因此决定向南扩大用地范围，拆迁了更多原来用地南侧的旧建筑。

保罗·安德鲁的国家大剧院建筑形式曾引起了巨大争议[14]。用一个巨大外壳笼罩在三个剧场上的做法，强化了剧场的巨大尺度和

形式的独特性。与周边的其他过去的重要建筑相比，如故宫、人民大会堂等，国家大剧院无论在尺度还是形式都有巨大的差异。接纳这个带有未来感的西方现代建筑，或许体现了官方在改革开放时代的态度。巨大的外壳与内部剧场的分离，实际上代表了该建筑在形式和功能两个方面不同的价值目标：建筑形式方面，巨大的外壳使得该剧场成为北京的地标之一，它与周边的故宫、人民大会堂、胡同、四合院形成强烈的形式对比，无论在尺度、材料、颜色，还是几何形态方面都是对比强烈，使其能够作为北京城市改变的又一个时代性标记物；建筑功能方面，国家大剧院采用了源于美国的表演艺术中心模式，将不同的专业性剧场类型设计为一个综合体建筑，与改革开放后官方提倡的"现代化""先进"等理念一致。肯尼迪表演艺术中心被认为是先进剧场理念的代表。这种观念是导致国家大剧院规模大的直接原因，使它成为北京（乃至中国）前所未有的最大剧场建筑，又一次改变了这个区域的城市肌理。

此后，国家大剧院区域的城市设计，成为中国城市中心区的设计模式，开始流行并被全国各地城市模仿。很多城市都将演艺建筑

与其他类型的文化建筑、政府大楼及城市广场加以组合，形成城市中心区，出现了一批文化艺术中心与行政中心毗邻的城市核心区域。总之，它对于中国城市中心区的设计影响巨大。

2.8　北京城市副中心的剧场

早在2012年，北京市人民政府就开始酝酿将城市东侧的通州区打造成北京城市副中心的想法；2018年之后开始落实北京城市副中心的规划[15]。北京的城市空间格局开始出现重大调整，这是城市发展的又一次重要变化，一方面是为了缓解老城区的发展局限与压力，另一方面也希望能借此带动周边地区的发展（图2.20）。北京城市副中心的出现，一定程度上定义和区分了北京城市与首都二者在空间功能上的差异——原有的中心城区主要承担首都功能，而副中心主要承担北京的城市功能，二者在职能上有明显的级差，这将具体体现在城市与建筑的多个方面。随着2019年北京市人民政府等市级行政管理机构纷纷迁入通州区，新配套的各种城市功能设施也逐渐浮出水面，其中也包括演艺建筑等文化设施。

其实，位于通州的国家大剧院台湖舞美艺术中心（图2.21）于2012年就开始建设，2017年便落成使用。这是国家大剧院为了实现自身的艺术生产（制作剧目）、存储、交流等功能

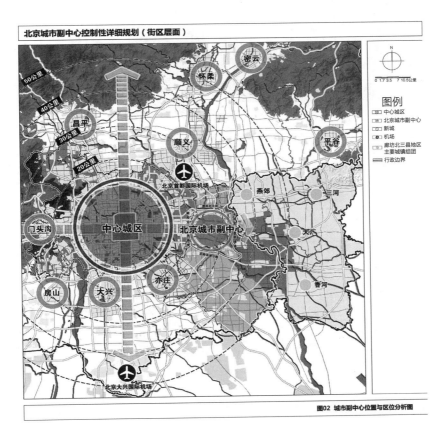

图2.20　北京城市副中心位置与区位分析图
图片来源：北京城市副中心控制性详细规划（街区层面）（2016—2035年）

而打造的一个大规模（约6万m²）基地，也是目前世界最大的舞美基地之一，其中包含了一个与国家大剧院的歌剧院舞台同等规模的室内排练剧场，主要适于排演国家大剧院的同类剧目，有观众席831座；还有一个约600座的室外剧场（基地内还有舞台美术的生产工厂、存储库房，艺术交流的设施、演职员的住宿设施等）。这个基地借鉴了国际上艺术生产型剧院的做法，将演出空间（国家大剧院）与生产空间（舞美基地）分离，契合城市不同用地的空间价值。就其发挥的作用而言，该基地早已超越了作为一个单纯艺术生产设施的功能，实际上承担了北京城市副中心一段时间以来区域演艺中心的角色。从2018年开始演出到2022年，

已经上演了超过180场节目；2020年以来，每逢5月，在露天剧场举办爵士音乐节，吸引了不少年轻人前来观看。

政府希望将这个舞美基地作为副中心文化创意产业发展的龙头，依托另外一个商业娱乐项目——北京环球度假区（环球影城）的辐射影响，带动此区域文化项目的合理布局。据了解，政府还有打造台湖演艺小镇的想法：希望围绕这个舞美基地的周边，改造利用一些运营不佳的办公楼、仓库、商场等设施，打造一片新的演艺区域。目前，这些都还处在前期概念、策划阶段。

在副中心的中心区域绿心，构建了一个由博物馆、图书馆、演艺中心组成的核心区

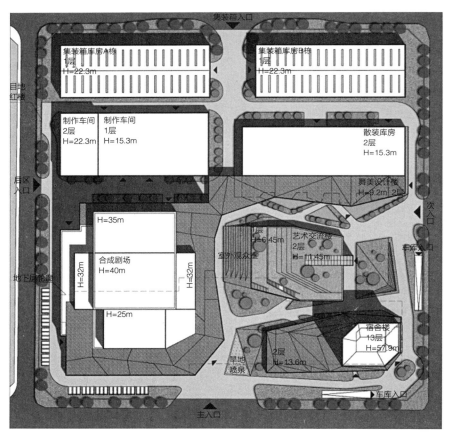

图2.21 国家大剧院台湖舞美艺术中心总图
图片来源：徐奇 提供

（图2.22）。这是副中心真正重要的剧场所在地，最近已经正式命名为北京艺术中心（之前有过一些非正式的名称，如绿心剧场、文化粮仓剧场、副中心剧场等），也将由国家大剧院进行管理，成为国家大剧院"一院三址"的重要成员。北京艺术中心规模约12.5万㎡，包括歌剧院、音乐厅、戏剧场、小剧场、室外剧场等核心观演设施，与国家大剧院的构成基本相似，只是规模略小。北京艺术中心在选址上毗邻通州大运河岸，与国家大剧院毗邻政治中心不同，采取了与其他文化设施和城市绿地（绿心区域）结合、共同构建该区域文化中心区的方式，强化了该区域空间的文化艺术性质。这类做法在其他一些城市早已有之，成为一种大剧院在城市布局的空间模式之一。北京艺术中心的设计者是丹麦的SHL建筑事务所及美国的Perkins & Will（帕金斯威尔）建筑设计事务所，依然延续了外国建筑师设计国内大剧院的潮流。虽然在设计布局上类似国家大剧院，三个主要剧院一字排开，但是方案设计在形式上比较功能化，没有额外的外壳笼罩，标志性不强，符合其副中心剧场的定位。在设计概念上，设计引用了通州运河的古代粮仓，引申为文化容器的概念，获得官方认同。该中心的建造工程已于2023年底正式开始演出。

北京环球度假区是北京副中心的一处主题公园，是美国环球主题公园及度假区集团在

图2.22 北京城市副中心核心区：①北京艺术中心；②北京城市图书馆；③北京大运河博物馆
图片来源：魏冬 提供

北京开设的项目，严格来说不属于剧场。考虑到它是基于影视产业的衍生项目，包含了大量的娱乐表演内容，笔者也姑且将其列入一种宽泛的演艺建筑类型。这个2021年开始运营的项目，代表了商业性演艺空间在北京的新发展。由于这类项目通常占地巨大，往往作为一种开发城市新区的手段，通过主题公园的设置，推进城市新区的开发，由此可以吸引人口、增加就业、发展交通、增加文化旅游、增值土地价值等，它的辐射作用将带动通州区向更多方向发展。这也是政府的意图。刚开业期间，正值新冠疫情暴发时期，经营一度受到严重影响，但疫情缓解后，环球度假区运营火爆，一票难求。

北京城市副中心作为北京城市空间新的拓展，我们从中看到了两种演艺建筑类型的新进展：一类是北京艺术中心，也包括国家大剧院台湖舞美艺术中心，它们是政府主导的官方公益剧场；另一类是北京环球度假区，它是民间（国外）主导的商业性项目。它们在拓展城市发展方面正承担着不同的角色，分别在城市的文化艺术区和商业旅游区完成各自的任务，都成为政府发展城市空间的有效工具。

2.9　结论

20世纪50年代，北京的商业性剧场终结，一个完全不同的剧场时代开启。官方的政治性因素主导了剧场的建设，剧场在北京城市的空间布局基本遵从了行政权力的空间分布，从顶级的国家大剧院布置在天安门附近，到众多文艺院团的剧场布置在内城和城西，都体现了这种特征，它们的分布基本与商业性无关。而单位大院礼堂的空间分布同样也遵循了这一原则，

根据单位自身的等级和规模而得到不同区位的划拨土地，成为礼堂在北京城隐秘分布的基础。

西式剧场成为这个期间北京的主导剧场。剧场的尺度明显大于过去的传统戏院。在城市中，多数新建剧场以独立剧场状态存在，显示了剧场地位的提升。20世纪80年代之后，北京的剧场进入了另一个时代，剧场建设的主导因素除了过去的政治性和行政性之外，商业性开始逐步回归和介入。由于改革开放的背景，更多西方剧场文化涌入，首先是官方认可的德国模式剧场大行其道，成为北京的主流剧场。其次，商业性剧场在一定程度回归，结合城市开发，出现了大型的剧场商业综合体建筑，形成了北京新的区域标志和节点。国家大剧院成为这个时代北京剧场发展的顶峰，是政治性主导的剧场的典型，代表官方的剧场价值观，在空间上完成了20世纪50年代末未实现的北京城市中心的构建，形成了演艺建筑与政治中心相结合的一种城市核心模式，极大地影响了中国其他城市。

21世纪以来，基于文化旅游和地产开发，北京不同城区的政府还在大力推动各区的文化建设。例如，西城区正计划在天桥一带打造新的天桥演艺区和天坛演艺区，兴建一大批剧场群落，复兴这一北京城著名的戏园区，形成类似于百老汇或伦敦西区那样的剧场聚集区域。北京的其他行政区也有类似打造剧场的计划。北京城市副中心的建立，继续拓展了北京剧场的发展，演艺小镇的计划如能顺利实现，则可能构建北京新的演艺空间。未来还有一些计划中的剧场建设，如中国杂技艺术中心、北京歌剧舞剧院、京南艺术中心，是为了北京数家表演艺术院团服务的剧场，表明了某种程度场团合一体制的回归，也将为北京剧场的发展提供一类新的动力。一些民间演艺新方式也在改变

商业演出的空间，比如秀场一类的文化旅游剧场、演艺新空间一类的剧场……凡此种种，将会再一次改变北京剧场与城市空间的关系。

个人场景

1984年，我成为清华大学建筑系的一名学生，从西南家乡贵阳首次来到北京，这是在改革开放初期。我第一次在北京看到的剧场是20世纪20年代美国建筑师亨利·墨菲设计的清华校园礼堂。清华大学南门外是一片菜地。五道口如今的是号称"宇宙中心"的繁华地带，而当时却是一条普通而狭窄的街道，两侧都是简陋的棚户、店铺。穿过铁路，就是五道口工人俱乐部，这是一座建于20世纪50年代的剧院（电影院），有趣的是我后来知道这是我的导师李道增先生年轻时设计的。我们学生偶尔会来这里看电影，暂时摆脱繁忙的校园生活。

本科五年期间，我多次骑自行车逛老北京城。那时北京很多地方都很平静。在著名的王府井，我看到了首都剧场，一座建于20世纪50年代的苏联风格剧院，著名的北京人民艺术剧院在此驻团演出，可惜那时作为一名学生的我没能进入剧场观看那些著名的剧目演出，而且首都剧场距离清华校园很远。城南有大栅栏商业街，在那里几座清代的"茶园剧场"仍然存在，但令人遗憾的是，它们都被遗弃了。在颐和园，我参观了清代皇家德和园戏楼。这些是我对北京剧场的早期印象。很多国企、政府部门都有自己的礼堂，但我当时并不知道。

1993年，我在读硕士时参与了由著名剧场建筑学者李道增教授主持的天桥剧场重建设计。这座用于芭蕾舞表演的剧场原建于20世纪50年代，位于北京南城。当时中国和北京正在进行快速扩张和城市建设。许多摩天楼拔地而起，剧场建设激增。东三环外是世纪剧院，由日本建筑师黑川纪章设计，是北京当时最先进的剧场之一。那时我参观了它的舞台台仓和台塔的天桥，对其复杂的舞台机械设施深感震撼。位于东二环北京保利国际剧院的舞台和机械设施更加完善。这些剧院代表了一种趋势，这种趋势在2007年国家大剧院开业时达到了顶峰。北京剧场建设的30年来，我有幸经历了许多重要事件。我是清华大学设计团队的成员，与法国的保罗·安德鲁合作。我在巴黎目睹了保罗·安德鲁设计的国家大剧院的早期方案，并聆听了他的介绍。看到他在天安门广场附近的那个"巨蛋"，我感受到了时间与空间、过去与未来、西方与东方之间激烈而魔幻的碰撞。最近三年，我作为专家多次应邀参与了北京城市副中心北京艺术中心（绿心剧场）的方案设计、施工图设计优化的咨询会，一些意见建议有幸被采纳。这个新剧场标志了北京城市发展的又一个新阶段。然而，这并不是北京与剧场故事的全部。如今，民营商业剧场遍布北京的胡同、商业综合体、老工厂，新的表演艺术形式结合这些灵活多样的艺术空间，满足了众多观众的不同需求。剧院的发展正在悄然改变北京的城市版图。

■ 参考文献

[1]　侯希三. 北京老戏园子[M]. 北京：中国城市出版社，1999.

[2]　侯仁之. 北京历史地图集[M]. 北京：北京出版社，1988.

[3]　连晓刚. 单位大院：近当代北京居住空间演变[D]. 北京：清华大学，2015.

[4]　王栋岑. 北京建筑十年[J]. 建筑学报，1959，Z1：13-17.

[5]　赵冬日. 天安门广场[J]. 建筑学报，1959，Z1：18-22.

[6]　李道增. 李道增选集[M]. 北京：清华大学出版社，2011.

[7]　赵深. 创造中国的社会主义的建筑风格[J]. 建筑学报，1959（7）：4-6.

[8]·　赵冬日. 北京的当代建筑[J]. 建筑学报，1989（10）：2-6.

[9]　清华大学建筑系城市规划教研室. 对北京城市规划的几点设想[J]. 建筑学报，1980（5）：3-4，6-15.

[10]　吕僡. 清末以来剧场在北京城市空间的变迁研究[D]. 北京：清华大学，2006.

[11]　卢向东. 中国现代剧场的演进[M]. 北京：中国建筑工业出版社，2009.

[12]　周庆琳. 在争论中生存——国家大剧院工程[J]. 建筑学报，2001（1）：21-25.

[13]　李秀伟，路林，赵庆楠. 北京城市副中心战略规划[J]. 北京规划建设，2019（2）：8-15.

[14]　于润东，恽爽. 北京城市副中心"城市绿心"全周期协同式规划探索[J]. 北京规划建设，2020（6）：29-32.

[15]　艾伟，庄大方，刘友兆. 北京市城市用地百年变迁分析[J]. 地球信息科学，2008（4）：489-494.

第3章

上海大剧院建筑：构建文化之都

■ 薛求理　陈颖婷

中国为何以及如何在短时间内迅速建起了为数众多的大剧院？在决策过程中，设计方案是如何选定的？这些剧院如何影响城市氛围，为市民生活提供公共空间和便利设施？相较于其他建筑类型，大剧院又具有什么样独特的设计语言？

本章以上海为例来解答上述问题，探讨大剧院在城市更新和新城镇建设中所承担的特殊使命，以及它们如何在全球化浪潮中发挥作用。笔者首先回顾了上海的历史，然后选取五个大剧院为代表，结合20世纪末至21世纪初中国城市建设的特点，探究中国城市的发展轨迹。

所选取的五个剧院造价高、人气旺、设计引人瞩目，代表着21世纪剧院建筑的趋势。本章阐述了上海演艺空间的产生过程如何与现代中国历史进程及建设框架高度契合，其所处环境及肩负的特殊使命共同构成了21世纪中国社会和建筑的蓝图。最后，笔者提出了对这一现象的质疑和结论，讨论了公共建筑为人民服务的问题。本章旨在揭示亚洲城市快速发展的背景、机会和表现，并探讨这些文化地标建筑所面临的问题和挑战。

3.1 重现旧日荣光

作为中国最早一批"全球化"城市之一，上海在19世纪末20世纪初便开始与西方文明接轨。伴随着开埠，部分城区被划与英国、美国、法国和日本作为租界。得益于现代管理模式和物质生活的提升，这座城市迅速走向现代化，吸引了数百万来自邻近省份乃至海外的人口。在两次世界大战间隙，上海一跃成为远东地区的焦点，被誉为"东方巴黎"，星罗棋布的现代化港口、工厂、花园住宅、百货公司、酒店和公寓大楼便是最直观的宣言[1]。由于租界区管理有序、环境安全整洁，知识分子、作家和艺术家纷纷云集于此，令上海早在20世纪20年代便成为电影、交响乐、话剧和中国戏曲的发展中心。太平洋战争爆发前，日本军队已占领中国大片土地，但外国租界在政治庇护下暂时无损，使这个犹如"孤岛"的地区在1938～1941年战火纷飞之际，仍得以进一步繁荣发展。

在上海租界区的鼎盛时期，演出厅和电影院如雨后春笋般涌现。赵深与范文照携手打造的南京大戏院（1929年建成，现为上海音乐

图3.1 赵深与范文照设计的上海音乐厅（原南京大戏院）

厅）是其中佼佼者，可容纳包括交响乐在内的各类音乐演出。此外还有中外建筑师合作设计的美琪大戏院、国泰大戏院和大光明电影院，其装饰艺术风格与欧美同类建筑的设计手法一脉相承。这些文化设施、舞厅、豪华酒店和百货商店共同演绎着老上海的十里洋场、歌舞升平，为这座都市的繁华增色添彩（图3.1）。

1941～1945年太平洋战争期间，日本军队入侵租界区，上海全面陷入战火。1949年新中国成立后，上海被规划为工业基地，文化馆和电影院零星分布于城市外围的工人居住区。1959年，为庆祝新中国成立十周年，中央政府修建"北京十大建筑"。在这股宏大工程的建设浪潮中，上海也曾计划建设可容纳3,000名观众的大剧院，1964年基本定稿，但随着"文化大革命"开始，工程搁置。

1978年，中国实行改革开放政策，积极学习西方的技术和管理[2]。当时的上海破败老旧，仅余的魅力和骄傲来源于20世纪30年代

外国租界区的遗产。改革开放初期，上海在落后几十年后，正忙于为居民提供住房，以及为蓬勃发展的市场经济兴建酒店和写字楼。直到1990年，随着浦东开发，上海再次腾飞，人均GDP（国内/地区生产总值）于1993年达到1,500美元①。尽管仍处于中低收入水平，文化设施的建设仍被提上政府议程。在这个过程中，表演艺术空间成为实现这一目标的重要手段和表征，具体体现在以下几个案例中。

3.2 案例一：上海大剧院

1978年中国实施改革开放政策，当时尚为边陲小镇的深圳，凭借其毗邻香港的地理优势被划定为经济特区。1984年始，深圳开始投资兴建"八大文化设施"，而"大剧院"这一名称也应运而生。五年后，深圳大剧院便在深圳东西向主干道——深南中路北侧揭幕。该剧院

---

① 数据来源：《2012年上海统计年鉴》。

由歌剧院和音乐厅组成，共用入口大厅和室外下沉花园。深圳大剧院与邻近的图书馆、科学馆一起，环绕荔枝公园，在对外开放时期成功地提升了深圳作为经济发展和新文化驱动的形象[3]（见第5章）。

　　相较深圳的崛起，曾被誉为"东方巴黎"的上海略显失色。1990年浦东的发展为上海带来了新的生机。1994年初，小提琴家伊扎克·帕尔曼（Itzhak Perlman）和以色列爱乐乐团来到上海巡演，当时最高级别的演出设施是福州路上的上海市人民政府大礼堂，音响效果差强人意。面对这一现状，时任市长黄菊明确指出，文化建设必须与经济建设同步进行。为此政府计划打造一个大剧院，市政府对大剧院的定位和管理提出了一系列要求：一要为提高上海的声誉、加强上海与世界主要城市的交流，吸引全世界更多的目光关注上海、关注中国作出贡献；二要成为国际认同的优秀演艺中心和国际交流的窗口；三要为丰富上海市民的精神文化生活、提高他们的艺术欣赏水平作出努力（具体讲，要常年有演出，每年上演250场节目；节目形式以歌剧、芭蕾舞、交响乐为主；演出主体为国外、国内、本市三类剧院团，各占1/3）；四要进入市场，企业化运营，自主经营、自负盈亏，自己养活自己[4]。

　　靠近市政府、面向人民广场的地点被选作上海大剧院的建设地。在社会主义时期，首都北京修建了天安门广场，其他城市纷纷仿效这一模式，创建自己的政治中心。上海也打造了与北京天安门广场同一功能的人民广场。20世纪50~80年代，市政府曾驻扎于外滩汇丰银行大楼。随着改革开放的推进，该大楼归还给了银行业，而新的市政大楼则选址于人民广场以北的中轴线上，与上海博物馆相对而建。这两座建筑于20世纪90年代初完工，均由上海民用

建筑设计院设计（今为上海建筑设计研究院有限公司）。大剧院矗立在政府大楼的西侧，而上海城市规划展示馆则坐落于东侧。将大剧院和博物馆有意置于市政府所在的核心区，赋予它们崇高的地位，体现了政府利用软实力和文化力量治理城市的决心[5]。当时这块市中心的地皮插满了旧楼和各种经营企业。动拆迁工作，申请水、电、煤气的工作，阻力重重，筹备工作每天在软磨硬泡的琐事、烦事中艰难推进[6]。

　　在1992年陆家嘴中央商务区（CBD）规划的特邀咨询过程中，上海市人民政府从国际顾问们的新颖构想中获益良多。对于高规格的上海大剧院而言，通过竞赛寻求一流设计方案无异于一条捷径。为此，上海于1994年初举行了一次国际设计竞赛，法国夏邦杰建筑事务所（Arte Charpentier Architectes）最终胜出。夏邦杰的设计以一个由桁架支撑的起翘大屋顶为特色，屋顶下置入一个晶莹的白色玻璃盒子。大剧院包括一个1,631座的歌剧院、一个575座的话剧院和一个220座的小剧场。由于背靠当时的上海图书馆（原上海跑马总会大楼），场地长度有限，因此前厅仅与歌剧院相通，其他两个剧场位于后方，巧妙利用剩余空间，但入口在侧面，不设宽敞的大厅。因此，堂皇的大门入口只有歌剧院，厚重的屋顶里还设有餐厅和咖啡厅。上海大剧院的起翘拱顶如一只展向天空的手掌。经过3年的紧张施工，上海大剧院终于在1998年8月正式对外开放（图3.2、图3.3）。

　　深圳大剧院由广州本地一家公司设计，其设计理念沿袭了20世纪80年代的岭南建筑风格。而上海大剧院是中国首个通过国际文化建筑设计竞赛遴选方案的项目，为其他城市树立了榜样。法国夏邦杰建筑事务所在法国并非最前卫的事务所，却善于洞察客户需求。上海市人民

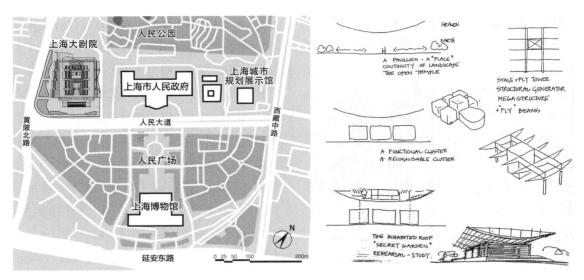

图3.2　上海大剧院总平面图及设计草图
图片来源：陈颖婷 绘制（左）；法国夏邦杰建筑事务所（右）

图3.3　上海大剧院：外立面、大厅及礼堂
图片来源：傅兴 摄（左）

政府领导视法国人为"高级艺术创造者"，欣赏能够展现中国文化意向的设计。法国夏邦杰建筑事务所主设计师安德鲁·霍布森（Andrew Hobson）在上海大剧院方案中细致阐述了面向人民广场的建筑立面设计，所提出的"天"与"地"的概念赢得了上海决策者的青睐。

走入上海大剧院，仅歌剧院与大堂之间有自然的联系；话剧院和小剧场则被安排在后侧剩余空间内，用不到门厅。售票处位于西侧一层，观众购票后需要先走出去，再从大台阶上至二层大厅，而非直接进入大厅。大厅下方的地下一层包括咖啡店、书店和展厅。2014年的改造解决了这一问题，观众可以通过新开辟的一楼与二楼间的楼梯，从售票处直接进入一楼，然后顺利上至二楼大厅。大剧院采用了德国进口的玻璃幕墙和希腊出产的白色大理石包柱。晶莹的玻璃和白色的大厅营造出高贵的气质[7]。

1998年开业的上海大剧院与位于南京西路的大光明电影院有着内在的联系，它们的英文名都叫"大剧院"（grand theater）。后者是一座建于1931年的电影院，由匈牙利建筑师拉斯洛·邬达克（Ladislav Hudec）设计。尽管相隔近六十多年，这两座建筑都分别在各自的时代达到了国际水准，共同缔造了上海的辉煌。上海大剧院可视为大光明戏院的再生，是上海在全球化时代重新确立地位的重要标志。

龚学平副市长在任期内创办了视觉艺术学院和许多文化项目，由此被称为"文化市长"。然而1996年，上海遭遇了经济危机，导致许多项目被迫暂停，上海大剧院的建设也面临着资金紧张的问题。为解决这一困境，龚学平建议上海市广播电视局购买主要股份，以进一步为剧院筹措资金。同时，他还积极参与了许多重要建筑细节的决策。例如，美籍华裔艺术家丁绍光曾希望捐赠一幅大型画作，但找不到合适的展示墙面。经龚学平和同事们的共同努力，最终决定拆除二楼的部分阳台，为这幅画腾出了展示空间。后来，这幅画被华裔法国艺术家朱德群的作品《复兴的气韵》所取代。

上海大剧院的建设无疑是一项令人瞩目的成就[6]。自1998年8月开业以来，它成功举办了来自全球各地的众多精彩演出，包括音乐剧《悲惨世界》《猫》《狮子王》《音乐之声》和《歌剧魅影》等。曾经对落后设施而感到失望的小提琴家伊扎克·帕尔曼和以色列爱乐乐团重返上海舞台，柏林爱乐乐团以及其他许多著名艺术家和音乐剧团也纷纷回归。剧院的演出频繁，平均每三天便有两场，空余的时间则用于布景搭建、拆卸以及排练。在财务方面，上海大剧院每年可获得政府补贴，约占总资金的8%。大约70%的收入来自于票房，其余则来源于场地租赁和企业赞助，如别克汽车公司、可口可乐中国公司、上汽通用汽车有限公司（简称上汽公司）等。剧院年收入近7000万元人民币，主要用于支持运营，包括演出、员工工资和维修费用。300多名员工中，有事业编制的管理人员占10%，其余皆为合同聘任[4]①。

3.3　案例二：东方艺术中心

凭借浦东强大的发展势头，上海重掌中

———————

① 信息源自2017年7月2日对上海大剧院总经理、工程师和执行董事的采访，以及上海大剧院《2015–2016演出季年报》《2019–2020演出季年报》。

国经济的领导地位，崭新的CBD落户浦东陆家嘴。浦东一端与宽达100m的中央大道相接，使城市的东西轴线得以跨越江面向东延伸。浦东新区规模宏大，甚至超越了黄浦江西岸城区，高级公寓、甲级写字楼和科技园区在这片土地上竞相拔起。在1994年上海大剧院的规划中，明确设定其功能为歌剧和芭蕾表演。几年后，浦东陆家嘴计划兴建一座由日本建筑师设计的东方艺术中心。然而，在后来的实际操作中发现，原场地规模无法满足需求，东方艺术中心遂迁至浦东行政区，这里有浦东区人民政府大楼和上海科技馆。浦东区人民政府紧紧抓住这一契机，期望东方艺术中心能成为一座超越音乐殿堂本身的多功能文化地标，进一步丰富浦东的文化底蕴（图3.4）。

原有的音乐厅设计，扩展为三个共享同一屋顶的表演空间。这座建筑由设计上海浦东机场航站楼和北京国家大剧院的法国建筑师保罗·安德鲁（Paul Andreu）执笔，于2002年3月举行奠基仪式、2005年初落成。保罗·安德鲁钟爱曲线和圆形造型。在东方艺术中心的设计中，保罗·安德鲁以上海市花为灵感，画出五瓣白玉兰的形态。其中三个较大的半球形花瓣分别为音乐厅（2,000座）、歌剧院（1,100座）和演奏厅（300座）；另外两个较小的则为入口与展厅。三个表演厅相对独立，余下的空间则供公众使用。这样的设计使室内公共空间能更好地服务于三个表演场所。表演空间被坚实的混凝土墙包裹，钢管支撑着优美的外部曲线幕墙。外墙采用凸起的玻璃幕墙，内墙则装饰以温暖色调的瓷板。屋顶上安装了880个嵌入式顶灯，傍晚时分随着音乐声起，这些灯光

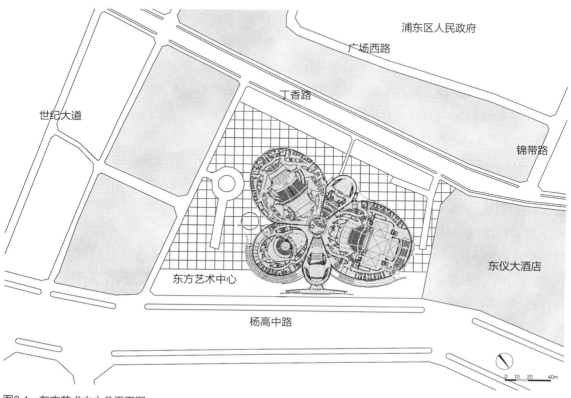

图3.4 东方艺术中心总平面图
图片来源：张璐嘉 绘制

如同夜空中闪烁的繁星。东方艺术中心具有鲜明的标志性，有力推动了新区的发展。

　　世界上几乎所有知名乐团都在东方艺术中心进行过演出。根据东方艺术中心委托进行的一项统计调查，大量观众来自黄浦江西岸，横跨杨浦大桥和南浦大桥前来观演[①]。高档的表演中心以及周边的图书馆、体育馆等设施，吸引

了全球各地的富裕人群在此安家，尤其CBD附近聚居了众多高收入白领。东方艺术中心的建成极大地提振了浦东新区人民政府的信心，成为上海特别是浦东新区的文化地标（图3.5）。

　　上海大剧院位于老城区，紧邻人民广场，交通十分便利。相比之下，东方艺术中心作为浦东新区人民政府设施的一部分，与政府办公

图3.5　东方艺术中心：建筑、大厅及剧场
图片来源：傅兴 摄（上）

————————————

① 东方艺术中心的相关情况来自于2017年7月4日与该中心副经理进行的访谈以及笔者的实地调研。

大楼和上海科学馆一同规划在一片空地上，周边环境主要为公园和宽阔的道路。尽管在总体规划中它们呈现出如同独立雕塑般的美感，但却并未充分考虑到行人的便利性。乘坐地铁是抵达东方艺术中心的主要公共交通方式，但地铁口距离艺术中心还有约500m，给行人带来诸多不便。此外，由于东方艺术中心周边步行范围内缺乏餐厅和美食广场，观众需在其他地方用餐后才能前往观演。更为突出的问题是，由于远离市中心和黄浦江西岸的主要居住区，为赶上回家的最后一班交通工具，观众往往需要在演出结束前就提前离场，严重影响观演体验。

3.4 案例三：上海文化广场

上海大剧院所在的人民广场，曾为英租界的跑马场。而两次世界大战之间，上海的繁荣则主要体现在这座繁忙港口城市中的一块异国飞地——法租界。由于英法租界在地理上紧邻，因此被作为上海公共租界（Shanghai International Settlement）共同管理。20世纪20年代，逸园跑狗场的兴建带动了法租界中心地带休闲娱乐产业的发展，酒店、舞厅和电影院等配套设施纷纷涌现。

1949年以后，赌博活动被严厉取缔。1954年，逸园跑狗场改建成可容纳1.5万人的文化广场，转型为半开放性的集会场所。1954～1966年，该广场共举办了600多场大型集会（主要为革命教育），参与人数超过200万。1969年，文化广场在一场意外火灾中被毁。为了重建这一重要的集会场所，1973年，一座崭新的三向管式网架结构构筑物竣工，舞台净高19m，作为当时国内领先的演出空间，上演了来自中国和朝鲜的众多革命歌剧。1988年，随着中国股市的复苏，文化广场曾一度被用作证券交易。后来，证券交易所迁至浦东CBD，文化广场改为精文花市，营业额占全市花卉年消费量的70%（图3.6）。

1998年，上海大剧院开放后获得热烈反响，市政府很快就意识到有必要修建一个专业的音乐剧礼堂，于是将目光投向了文化广场。考虑到广场地处老法租界和风景秀丽的瑞金花园，管理层希望新剧院能融入更多的绿化空间，实现"绿色文化"的愿景。2005年，经过一场国际设计竞赛的激烈角逐，美国纽约的贝

| 1948年 | 1979年 | 2017年 |

图3.6 文化广场：场地变化历史
图片来源：张璐嘉 绘制

耶·布林德·贝尔（Beyer Blinder Belle）与上海现代建筑设计（集团）有限公司联手，共同斩获竞赛冠军。

为了保护传统的法租界风貌，中标方案巧妙地将建筑融入宽敞的花园之中，24m的主体部分隐藏于地下，地上高度仅为10m。观众通过位于地面水平（±0.00m）的大堂进入，可直接走入观众厅三楼挑台。中庭大厅和2,000座次的观众厅入口设于−7.50m的水平高度。吸引人的设计是大厅中央的巨大玻璃漏斗，光、水、气在此交汇，与墙上的彩色玻璃壁画相映成趣。剧院周边设有紧急车辆通道（EVA），通过缓坡自街道向下倾斜，形成一个下沉广场，便于观众进出。得益于这一独特的下沉式设计策略，占地50,000m²的建筑群恬静地隐匿于繁茂的花园中，附近街道上行人目之所及的是一片绿意盎然的花园，

而非突兀的建筑物。原有的空间桁架在后侧部分保留[8-9]。

文化广场作为上海大剧院的补充，特别是在音乐剧领域，为观众带来了丰富的百老汇音乐剧盛宴，如《灰姑娘》《吉屋出租》《长靴妖姬》等。2016年，上汽公司成为冠名赞助商，在经济上为剧院提供了有力支持。花园与剧院共同延续了这座城市始于20世纪20年代的文化辉煌。这一场地不断更迭的历史，生动反映了上海在过去100年所经历的政治与经济变迁（图3.7）。2011～2021年的10年间，文化广场共举办演出726台（2,647场），平均上座率73%，接待观众3,013,102人次[10]。在新冠疫情前的2018年，文化广场演出326场，其中音乐剧演出239场，占73%[11]。2022年演出季的主题词就是"到花园去"，场外是市中心难得的花园，花园可以治愈人们的心灵[12]。

图3.7　文化广场：融入花园的设计策略

3.5 案例四：上海交响乐团音乐厅

1922年，上海在公共租界内创立了中国最早的管弦乐团。在拥有专属音乐厅之前，音乐家们只能挤在一间狭小的房子里练习，深受街头和隔壁噪声的困扰。哪怕在炎热的夏天录制音乐时，也不得不关闭空调。2009年，上海市人民政府将复兴中路上的原跳水池拨给乐团，用以建设音乐厅。这个场地位于市中心，正好在地铁10号线上方。业主首先邀请了曾参与设计东京三得利音乐厅和洛杉矶迪士尼音乐厅的日本声学顾问丰田泰久（Yasuhisa Toyota）作厅堂研究。在随后举办的设计竞赛中，日本建筑师矶崎新（Arata Isozaki）的方案在四个竞争者中脱颖而出，而同济大学建筑设计研究院则作为本地建筑师合作。

沿着内部道路，一个2,000座的音乐厅和一个300座的多功能演奏厅兼录音室纵向排列在一个方盒子中。一条长廊将这两个大厅串联在一起，并通向一个下沉花园。音乐厅内的礼堂采用葡萄园式布局，阶梯层叠而下，自然延伸至舞台。为了确保良好的隔声效果，建筑师设计了双层混凝土墙，每层250mm，间隔400mm。如上所述，地铁10号线正好从这座建筑的地下穿过，为了隔绝地铁列车的噪声干扰，地基上设置了168根混凝土短柱，顶部安装了德国生产的阻尼器。因此，地板和建筑实际上坐在一排弹簧上，即使地铁从下方飞驰而过，建筑也不会产生晃动。在高密度老城区，设计必须如同外科医生般精湛而细致（图3.8）。

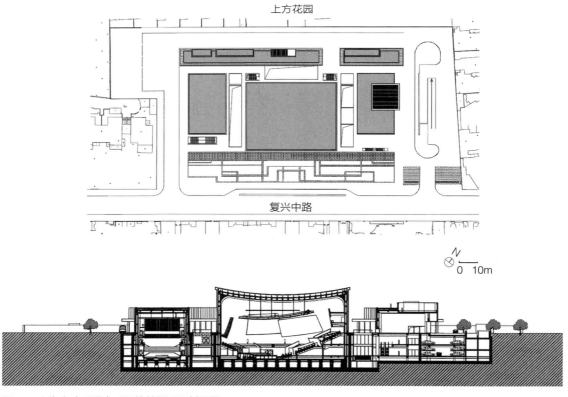

图3.8 上海交响乐团音乐厅的总平面及剖面图
图片来源：矶崎新+胡倩工作室

上海交响乐团于2013年迁入新馆。该场馆位于上海音乐学院附近，使得艺术教育、学习和表演之间的互动交流得以在步行范围内更加广泛而便捷地进行。音乐厅不仅供上海交响乐团排练和演出，还接待国际乐团的巡演。这座标志性建筑大大提升了上海交响乐团的地位，进而吸引了更多杰出音乐家和赞助商的关注（图3.9）[13-14]。

矶崎新以其建筑设计变化的手法和表现而闻名，曾被誉为"后现代主义"的代表人物之一，自20世纪90年代起便一直活跃在中国。2001年，他在中国获得了第一个项目——深圳文化中心，其中包括一个图书馆和一个音乐厅。此后，他相继设计了中央美术学院美术馆、上海喜马拉雅中心以及哈尔滨音乐厅，其中大部分作品均在他的合作伙伴——胡倩领导的上海工作室的实施下完成。矶崎新略微出格的设计理念为那些渴望创造新形象的客户提供了具有吸引力的选择。他设计的上海交响乐团音乐厅在拥有卓越的声学效果和建筑品质的同时，展现出一种亲和力，让使用者和行人都感到舒适自在。

图3.9　上海交响乐团音乐厅的礼堂、建筑及长廊

3.6　案例五：保利大剧院

在城市忙于修建地铁、摩天楼和文化建筑的同时，郊区城镇也在用自己的方式追赶现代化。毕业于同济大学的孙继伟博士，负责上海青浦和嘉定两个区在21世纪的规划与建设。他和同事深信，杰出的建筑可以点亮老城区。在青浦任职期间，孙博士为众多建筑师创造了机会，让他们有机会在这一地区建造实验性的建筑。与拥挤的城市相比，农村、城镇拥有宽裕的土地资源，这为设计师的创新提供了更大的自由空间。后来调任嘉定时，孙继伟为该地区规划了全新的CBD、公园和景观，并邀请国内外知名的建筑师来设计公共建筑。剧院土地给保利剧院管理有限公司（简称保利公司）后，集团出了设计方案。然而，孙继伟始终怀揣着邀请世界级建筑师来"点亮地区"的愿望。基于这一信念，他与保利公司邀请了日本建筑师安藤忠雄（Tadao Ando），因为他"既了解中国的建筑环境，又具备足够的灵

活性"[15]。

安藤忠雄自2004年起在中国开展项目，至今已在各大城市设计了近20个作品。他的建筑设计备受赞誉，获得了市领导和业主的热烈好评。保利大剧院坐落于道路中轴线的尽头，面朝一片宽阔的公园和湖泊。其基本建筑形式为一个边长100m的正方体，在这座34m高的方形建筑内，沿对角线布置了一个1,575座的观众厅，中轴线指向建筑一角的主入口。四组直径为18m的圆筒被巧妙地镶嵌在方形建筑中，彼此相互咬合，构成了错综复杂的内部空间，并通过一个戏剧性的开口在外墙上打造夺目的视觉效果。通过这个开口，公园里的行人得以窥见宛如一座"文化万花筒"的剧场内部。湖面延伸至剧院脚下，与

一个开放式的水景舞台相接，室内与室外的远山湖水浑然一体。圆筒内巨大的双曲面表皮采用铝条覆盖，经过热处理呈现出类似木材的质感。据安藤忠雄所述，在这些相互勾连、交错的复杂空间中，清风与光线共同谱写了一部别致的交响乐章[16-17]。保利大剧院延续了安藤忠雄的设计语言，大量运用清水混凝土，混凝土墙外以另一层幕墙贴面，使外墙在白天呈现出柔和的效果，夜间则有泛光照明。安藤忠雄的设计在城市环境中可能显得强烈，但在郊区宽敞的公园环境中却展现出了雕塑般的美感（图3.10）。

许多世界城市都欢迎这样一位普利兹克建筑奖得主的设计，而嘉定作为一个位于上海和江苏之间的古老乡镇也慕名而来。嘉定拥有

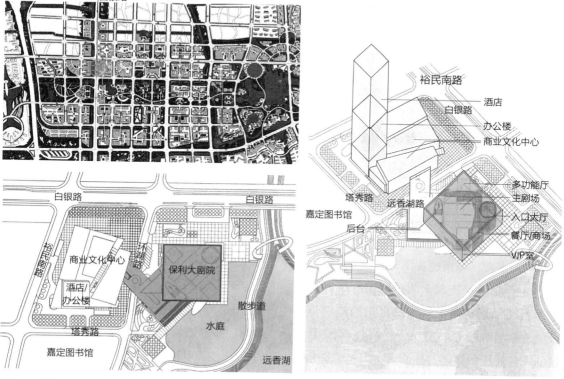

图3.10　上海保利大剧院的场地设计
图片来源：安藤忠雄建筑研究所

大众汽车生产线、德国小镇①、一级方程式赛车场和一些珍贵的历史遗产，是上海郊区升级改造的几个新城之一，规划可容纳100万居民。在嘉定新城迅猛发展的过程中，安藤忠雄的名字和手笔为这座城市注入了新的活力与光彩。此前从未设计过大剧院的安藤忠雄抓住这次机会，发表了这个标志性的设计作品，为他已经辉煌的作品集锦上添花。尽管保利大剧院距离市中心有28km之遥，但自2014年开业以来，它一直为附近地区的居民提供优质的表演场所。保利公司的主要业务领域之一是房地产，其许多住宅小区都围绕剧院而建，使居民和上班族都能享受公园、剧院和CBD的优美环境。此外，保利公司还涉足剧院管理业务，借助其演出策划网络，国内外演出团体得以在包括嘉定郊区在内的各个城市之间进行巡演。携手旁边马达思班建筑设计事务所设计的图书馆，保利大剧院作为嘉定新城的地标，在城市现代化发展中发挥着更为重要的作用（图3.11）。

3.7　谁的大剧院？

在短短不到20年的时间里，上海成功修复了老音乐厅、1949年前的众多老剧场（有些剧场专门针对某一剧种，如京剧、沪剧、滑稽戏等），同时还新建了10余个大剧院、一座舞剧院、一座戏院、一座音乐厅以及一座马戏城。过去，苏州河以北为贫困地区，高档剧院主要集中在苏州河以南。然而，自2014年大宁剧院在闸北老工业区开业以来，情况发生了变化。在离上海交响乐团音乐厅不远的地方，上海音乐学院的歌剧院已经建成。上海大歌剧院自1960年就开始筹备，现在终于在世界博览会会址的后滩湿地公园建造，由奥斯陆歌剧院（Oslo Opera House）的设计师斯诺赫塔（Snøhetta）和上海华东建筑设计研究院有限公司携手打造。如今，随着城市重心逐渐向黄浦江东岸转移，更多大型剧院跨越黄浦江，选择在浦东区落户。各行政区纷纷积极规划自己的剧院和文化设施，使得表演空间不再局限于苏

图3.11　上海保利大剧院外观及大堂

───────────────

① 德国小镇是2001年上海市人民政府推出的"一城九镇"之一，除了由德国建筑师设计的德国小镇、英国建筑师设计的泰晤士小镇，还有意大利小镇、荷兰小镇、斯堪的纳维亚小镇等[18]。

州河南岸。尽管香港的人均GDP是上海的两倍，但上海的表演艺术设施数量和总座位数均远超香港①。

本章讨论的五个大剧院案例中，有四个是市政府或区政府直接投资的成果。保利大剧院由国资企业保利公司建设，但土地仍由政府提供。保利公司同时获得了附近地块，用于兴建写字楼和住宅楼。与中国大多数大剧院相似，这五个剧院都受到政府直接或间接的资助，纳税人的资金理应惠及更多民众。然而，这些剧院白天通常关闭，仅在晚上对持票观众开放。除了个别剧院如东方艺术中心常年演出外，许多剧院的关门时间远多于开放时间。这使得它们的受益群体受到了一定限制。多数大剧院在设计阶段曾引起大众期待，但在真正运营后，参与活动和享受建筑的群众还是少数。

上海大剧院面向人民广场，一道铁栅栏围住了室外的草地，路人只能在远处观赏这个水晶雕塑般的建筑，许多周边地区的居民从未有机会踏入剧院。对此，管理人员解释称，由于广场上人流众多，难以确保秩序和安全。另外，如果拆除围墙，旅游巴士可能会停靠在剧院前，损坏人行道铺装，向公众开放大厅更是难以想象②。而在东方艺术中心，人们只有通过保安检查随身物品后才能进入购票处，购票后方可进入连接三个表演空间的大厅。由于距离市区和地铁线较远，加上严格的入口安全检查，白天很少有人愿意在大厅内闲逛。

文化广场周边的花园别致可爱，向公众敞开怀抱，然而剧院仅在演出前45分钟向持票观众开放。保利大剧院的管理更加苛刻，大厅仅在每月第二个周日向公众开放4个小时，即使是这样的开放，也经常取消。位于老法租界的上海交响乐团音乐厅与街道上的其他建筑并列，是全天候向公众开放大厅和展览馆的少数剧院之一，展示各类乐器和互动音响设备。不同于其他大剧院的富丽堂皇，上海交响乐团音乐厅展现出了相对朴实亲切的气质。

这些剧院的票价通常在80～1,800元人民币之间，取决于座位和演出级别③。2015年，上海大剧院的平均票价为人民币207元，2020年为246元。尽管剧院竭力争取赞助以降低票价，然而对于月薪为6,500～11,000元的大多数工薪阶层居民来说，门票价格仍然颇为昂贵④。若剧院能免费向公众开放室内外公共空间，其社会功能将得到更好的发挥，有助活跃市民生活。

3.8　结语：追求城市与人的共融

本章简要回顾了过去二十几年来上海五个大剧院的发展历程。通过探讨这些剧院的情况和特点，我们得以解答本章一开始所提出的问题。

众多大剧院项目的启动与建设，旨在解决

---

① 根据笔者的初步统计，上海有超过1.8万个剧院座位，香港有超过1.5万个。2016年，香港人均GDP为4.36万美元，2021年为4.94万美元，2022年为4.91万美元，数据来源于香港特别行政区统计处；而2016年上海市人均GDP为1.68万美元，2021年为2.40万美元，数据来源于上海市统计局。
② 管理情况摘自2017年7月3日对上海大剧院管理层的采访。
③ 上海大剧院的平均票价数据来自《2015–2016演出季年报》《2019–2020演出季年报》，其他四个剧院的票价来自笔者对2014～2017年在线门票销售的统计。
④ 数据来源于上海人社局。

城市当下的迫切需求：提升城市在国内外的地位，为吸引（外国）投资创造理想的环境，以及为高雅艺术提供合适的场所[19]。在完成主要剧院、其他文化设施和长达831km的地铁网络建设之后，上海计划从2020年实现的"国际大都市"目标，向2040年的"全球城市"目标迈进，拥有国际资源配置、影响力和竞争力[20]。2023年11月，习近平总书记在视察上海时提出，聚焦建设五个中心（国际经济、金融、贸易、航运、科技创新），同时要"激发文化创新创造活力，大力提升文化软实力……推进书香社会建设，全面提升市民文明素质和城市文明程度"①。对于一个有着全球抱负的城市而言，上海大剧院等文化场所是不可或缺的元素。虽然在人均GDP方面，中国整体仍属发展中国家，但上海、北京、深圳、广州、重庆等城市正迅速赶超香港和东京②。这些中国城市拥有充足的资源投入到文化设施的建设上，而文化和演艺建筑也成为官方和媒体宣传中的城市名片之一。

快速城镇化推动了经济增长，吸引了大量人口汇聚到城市。随着越来越多的人逐年富裕起来，对丰富多彩文化生活的需求也与日俱增③。因此，富有创意的文化建筑应运而生，彰显着城市文化对全球影响力的追求。日益高涨的后工业消费主义浪潮为文化景点的运作提供了支撑，使其得以蓬勃发展。这些变化与莎伦·佐金（Sharon Zukin）描述的士绅化过程

类似[21]，然而在中国，这是政府主导下中产阶级化的结果。

除了文化建筑的生产和消费特征外，中央政府努力保持经济发展的强劲势头，而地方政府则争夺资源以推动各自的发展。在城市竞争中，"全球城市"和"完善的城市文化设施"被视为取胜的关键指标。在行政主导下，决策过程自上而下，公民层面的反馈意见较为微弱。这使得选址、勘探、筹备、立项、设计和建设过程相对顺畅和快速。即便在财政困难的情况下（如建设上海大剧院和文化广场的时期），政府也能够调动社会力量（主要是国有企业）来解决问题，规避了阻力和干扰。大剧院建设成为中国城市的新奇观，得益于雄心、集中的权力和金钱。正如大卫·哈维（David Havey）所指出："这是一种按照我们的心愿改变和重塑城市的权利……当人们在重塑城市的时候，他们也在间接地重塑自己"[22]。

这一独具中国特色的现象正在创造奇迹。悉尼歌剧院历时17年才得以落成；我国香港西九文化区的建设则讨论了20年，历经数轮规划和立法会辩论，其第一座建筑——戏曲中心耗时六年才在2018年建成[23]。相较之下，上海及其他中国城市的大剧院往往在短短3～4年内完工，中国政府、开发商和工程技术人员展现出的执行力堪称无可匹敌④。尽管部分建筑某些局部的技术和施工质量略显粗糙，但大多数剧院都达到了国际标准，赢

---

① 见《香港文汇报》2023年12月4日第A5版的《习近平要求上海聚焦建设五个中心》。
② 《2022上海统计年鉴》显示，2021年上海人均GDP超过17万元人民币，约合2.4万美元。同一时期，香港人均GDP近5万美元，东京约3.9万美元。
③ 《2017中国统计年鉴》《2022中国统计年鉴》显示，2016年中国城镇居民的人均年可支配收入达到了5054美元，恩格尔系数为30.1%，较2015年降低了0.5%，接近联合国所规定的20%～30%的富裕水平标准；到2021年，城镇居民的人均年可支配收入上升到6538美元，恩格尔系数下降至28.6%。
④ 这一定论不仅适用于中国国内，也适用于中国在亚洲和非洲的援建项目[24]。

得了国际艺术家、音乐剧团、建筑师和观众的认可与赞誉[6]。

在案例研究中，有三座剧院的设计方案是通过设计竞赛而选定的。法国与美国的建筑师凭借其创造力，在建筑形象和符号意义联系方面脱颖而出。通过这些国际设计竞赛，上海获得了一批独具匠心的设计，为城市增色添彩：上海大剧院成为21世纪中国兴建的100多个大剧院的第一个；上海交响乐团音乐厅委托给了一位在该领域享有卓越业绩的日本声学专家；保利大剧院则聘请了一位世界级建筑师，甲方、政府、设计师、文艺单位和观众都各有所得。无论是否举办竞赛，设计方案的定夺都强调了场地的独特品质和建筑长远的影响力。传统的方盒子形式被后现代和后工业的外衣包裹着，展现业主自豪和政府成就的同时，也期望为城市或郊区振兴助力。这一目标已在一定程度上实现，在对上海文化空间形象的评估中，上海大剧院位列第六，东方艺术中心排名第八，并且获得大量公众的瞩目①。

随着这些大剧院的落成，上海举办了越来越多的国内外艺术交流和演出活动，当地艺术家、学生和乐团得以在观众面前展示和锻炼自己的才能。仅根据2015、2016年度的数据显示，上海大剧院就吸引了367,000名观众观看演出。即使在受到新冠疫情影响暂停演出长达半年的情况下，2019、2020年的演出季仍举行了各类演出和公益活动290场，吸引观众180,000余人。尽管设计方案将公共使用和可达性纳入考虑，但大多数剧院的社交功能仅在演出前短暂开放，大厅通常在下午6：30或6：45才开门迎客。剧院每月会举办1~2次开放日和其他拓展活动，在这些日子里，更多人可以参加研讨会和观看展览。然而，相较于剧院所需的巨额投资、在城市中占据的庞大空间和显赫地位，以及市民的热切期望，剧院的社会功能仍有待更好、更充分地发挥。

上海的大剧院建设表明了城市加入全球文化交流的决心，同时也体现了思想开放的姿态。表3.1概述了上海五个大剧院的公共空间和设计语言，大剧院下的数字是"大众点评"上2018~2023年的公众评论数字，公众意见也源自同期的"大众点评"②。这五个剧院的设计和建筑质量与中国本地建筑的发展轨迹颇为一致，为中国建筑师在文化建筑设计方面树立了潮流和典范。每个大剧院的设计都可以在中国现代建筑中找到相对应的现象，如有含义的象征性造型、利用文化建筑激活区域、尊重历史街区、由技术驱动的形式，以及利用知名建筑师推动偏远地区的发展等。消费主义社会中对"全球化"的追求，部分是通过政府、开发商、设计师、剧院管理层和观众的共同努力实现的。上海的文化建筑之路实现了"东方明珠"的梦想，代表着中国城市的发展轨迹。然而，中国的城市和民众应该更多地享受和分享文化设施及其附属的公共空间。归根结底，政府应对纳税人资金的使用负责，公共建筑应竭诚为民众服务，而城市则应致力于为人们提供更美好的生活。

---

① 摘自上海投资咨询集团有限公司在2014年所作的调查[20]，排名1~5的"最令人印象深刻的文化空间"分别为东方明珠（电视塔）、外滩、豫园、上海博物馆、中华艺术宫（世界博览会中国馆）。
② 据估计，国际建筑师的设计费用是当地建筑师的四倍左右，而组织一场国际设计竞赛的花费涉及入围公司的补助、会议后勤以及聘请评审团的费用[7]。

上海五个大剧院的总结　　　　　　　　表3.1

剧院名称	城市和公共空间	剧院和设计语言	在城市建筑中的现象或意义	公众主要意见
上海大剧院（5,437条评论）	受场地限制，大堂进深较短；设计中对室外公共空间的考虑较少；尽管侧边的花园对公众开放，但前方的广场却有围栏限制；是城市权利空间的一部分	以拥抱"天地"为主题，一座白色雕塑坐落在草坪上；舞台与观众之间的视线和音响效果皆堪称出色；大厅装饰雅致，整体高贵美丽，但却令普通民众产生距离感	中国第一个通过国际竞赛决定设计方案的大剧院；大厅能够满足音乐会和歌剧等多样化的表演需求；设计传达中国特色	• 环境好，音响效果好，观演体验好，高大上（1,560） • 地段好，人气旺（381） • 入场及控场管理混乱，服务态度不好（23） • 停车场规划不便，剧场内引导标识不清（10） • 剧场座椅间通道窄，通行不便（8）
东方艺术中心（5,284条评论）	未充分考虑室外空间的设计；大堂连接着三个剧场，演出开始前的夜晚非常热闹	以上海市花"玉兰花瓣"为主题，但最好的观赏视角为鸟瞰而非地面平视	以充满当地特色的"象征性"造型取悦决策者；这座文化建筑被用于激活新区	• 环境好，音响效果好，观演体验好，高大上（2,095） • 地段好，人气旺（355） • 价格高（57） • 地铁远，周边交通复杂，演出前交通极其拥堵，停车位不足（36） • 演出时间安排不合理，不好赶地铁，大厅内和周边都空荡荡，没有吃饭、休憩的地方（23）
上海文化广场（6,425条评论）	老法租界的大花园向公众开放，但大剧院漂亮的大厅仅对持票观众开放	带有漏斗结构的曲线形式；部分设计具有激进和标志特征	尊重传统街区，优先考虑绿地覆盖率，为拥挤的城市中心提供公园绿地	• 环境好，音响效果好，观演体验好，高大上（2,010） • 交通便利，停车方便（383） • 地段好，人气旺（241） • 前五排在同一高度，观演遮挡严重（28） • 管理、服务不好（19）
上海交响乐团音乐厅（2,002条评论）	入口庭院、大厅和展馆白天向公众开放	屋顶呈优美的弧线形状；葡萄园式布局的音乐厅实现了良好的声学效果	技术在建筑设计中发挥着主导作用；建筑物巧妙地融入了原有的城市肌理	• 环境好，音响效果好，观演体验好，高大上（975） • 商圈附近，交通便利，停车免费（117） • 建筑及观众席设计好（22） • 景观好，但不允许停留（15） • 价格实惠（12） • 卫生间经常排长队（12）
保利大剧院（2,540条评论）	建筑坐拥绝美的公园景观，在剧院内可尽览森林与湖泊美景；然而剧院在非演出时间不对公众开放	四组巨大的圆筒交错相连，营造出层次丰富的空间效果；建筑体量的戏剧化处理手法与湖泊景观相得益彰	明星建筑师及其想象力以文化建筑为媒介，推动偏远地区的发展	• 环境好，音响效果好，观演体验好，高大上（715） • 停车免费（131），但设计不便，经常拥堵（19） • 建筑设计惊艳，周边环境优美（58），但所有观景平台封闭，且非持票者不让靠近，也不允许参观（44） • 地铁远（有短驳车接送，但引导标识不清），远离市区及商圈（32）

致谢

笔者衷心感谢黄文福和李爽两位领导对上海大剧院访谈的引荐；感谢上海大剧院张笑丁、潘兰、吴志华等管理层和上海东方艺术中心李艳经理的介绍和带领参观；感谢张梁教授提供上海大剧院的设计信息。

个人场景（薛求理）

在"文化大革命"期间，上海乃至中国其他城市都陷入了动荡。电影院仍在运营，上映的大多是"毛主席会见外宾"等纪录片和革命故事片，具有异国情调的外国电影受到追捧，但也只从朝鲜、罗马尼亚、阿尔巴尼亚和南斯拉夫这些国家引进。作为一名小学生，我每隔一两个月会去看一场电影。一张电影票足以让孩子们兴奋好几周。大多数上海的电影院都建于20世纪30年代，部分为装饰艺术风格。"文化大革命"期间，电影院被视为革命宣传机构而得以保留。每部电影开始前，大屏幕上会先放几张幻灯片，最后一张上出现"静"字，背景是静水之上挂着一轮圆月。随着灯光逐渐变暗，放映即将开始，心情也不由自主地随之紧张激动起来。

我的"中学"时代是在学工学农中度过的。在农村的打谷场上，天色渐暗时，两根竹竿之间挂起一块白布做"屏幕"。流动放映员骑着自行车，载着胶片，为偏远农村带来欢乐。尽管电影中的故事老套且耳熟能详，但却给日夜操劳的农民带来片刻欢愉。

"文化大革命"结束，中国逐渐回归正常生活，中外电影和戏剧重新充实了电影院和剧场。大学毕业后，我有幸加入了一个设计剧院和电影制片厂的团队，深入研究了这种建筑类型。在美国得克萨斯州，我也参与了一个既有唱诗班又具音乐功能的大型旧教堂的翻新项目。过去的十年里，我持续关注中国新建的大剧院，参观了十多个城市的数十个演艺场所，在这些宛如宫殿般的大剧院里欣赏来自中外艺术家的芭蕾舞、交响乐、戏剧、音乐剧和四重奏表演。近几年，又有机会在美国纽约林肯中心和悉尼歌剧院观看名剧，这是我小时候不敢想象的。时至今日，一张票仍能让我兴奋好几周甚至几个月，走进这些剧院时神圣的心情丝毫不亚于儿时的感受。剧院确实是一座高贵的宫殿，升华了我们的生活品质。

■ 参考文献

[1]　LEE L O F. Shanghai modern: The flowering of a new urban culture in China[M]. Cambridge, MI.: Harvard University Press, 1999.

[2]　XUE C Q L. Building a revolution: Chinese architecture since 1980[M]. Hong Kong: Hong Kong University Press, 2006.

[3]　SUN C, XUE C Q L. Shennan Road and modernization of Shenzhen architecture[J]. Frontiers of Architectural Research, 2020, 9(2): 437-449.

[4]　张蓓，黄海燕，方春妮. 上海体育场馆的经营与管理创新——借鉴上海大剧院经验[J]. 体育科研，2009，30（6）：32-34.

[5]　扬子. 大剧院的"政治叙事"及对城市文化的塑型[J]. 河南社会科学，2016，24（3）：115-122.

[6]　俞璟璐. 破冰之旅——上海大剧院巡礼[M]. 上海：上海交通大学出版社，2014.

[7]　XUE C Q L. World architecture in China[M]. Hong Kong: Joint Publishing Co., Ltd., 2010.

[8]　Beyer Blinder Belle. Shanghai Cultural Plaza[EB/OL]. [2023-05-08]. https://www.beyerblinderbelle.com/projects/119_shanghai_cultural_plaza?ss=performing_arts.

[9]　刘星. 上海最深的地下剧场——上海文化广场设计[J]. 上海建设科技，2010，6：1-4.

[10]　忻颖. "一路向前，拾穗而歌"记上汽·上海文化广场改建开业十周年[J]. 上海戏剧，2021（6）：6-7.

[11]　徐磊. 剧院核心竞争力的现状及对策——以上汽·上海文化广场为例[J]. 人文天下，2020（7）：12-18.

[12]　蒋海瑛. 声声入耳，生生不息——上海文化广场发布 2022年度演出季[J]. 歌剧，2022（6）：94-99.

[13]　ARATA I. Shanghai Symphony Orchestra Concert Hall[J]. id+c(Interior Design+Construction), 2015: 94-100.

[14]　徐风，侯秀峰，马长宁，等. 城市中的盒子：上海交响乐团音乐厅设计[J]. 时代建筑，2015，31（1）：106-133.

[15]　MA W. Interview with Sun Jiwei [J]. A + U Special Issue on Poly Grand Theater, 2015, 3: 42-47.

[16]　安藤忠雄. The challenges of creating a cathedral to culture[J]. A+U保利大剧院特刊，2015，3：24-27.

[17]　陈剑秋，戚鑫，陈静丽. 万花筒中的多元碰撞：上海嘉定保利大剧院设计评析[J]. 时代建筑，2015，1：120-125.

[18]　XUE C Q L, ZHOU M. Importation and adaptation: building "one city and nine towns" in Shanghai, a case study of Vittorio Gregotti's plan of Pujiang town[J]. Urban Design International,

2007, 12(1): 21-40.

[19] SASSEN S. The global city: New York, London, Tokyo[M]. 2nd ed. Princeton, NJ: Princeton University Press, 2001.

[20] SHEN L, LU W, WANG B. Strategic thinking on the cultural spatial planning of Shanghai towards a global city[J]. Urban Planning Forum, 2016, 3: 63-70.

[21] ZUKIN S. Landscapes of power: from Detroit to Disney World[M]. Berkeley, CA: University of California Press, 1993.

[22] HAVEY D. Rebel cities: from the right to the city to the urban revolution[M]. New York: Verso, 2012.

[23] XUE C Q L. Hong Kong architecture 1945-2015: from colonial to global[M]. Singapore: Springer, 2016.

[24] BEECKMANS L. The architecture of nation-building in Africa as a development aid project: designing the capital cities of Kinshasa (Congo) and Dodoma (Tanzania) in the post-independence years[J]. Progress in Planning, 2018, 122: 1-28.

第4章

广州歌剧院①：空间的"解放"

■ 丁光辉

4.1 前言

　　2000～2020年，中国出现了前所未有的大剧院、演艺中心建设热潮[1]。从首都北京到许多二、三线城市，中央和地方政府投资建设了150个以上的大剧院建筑，其中大部分项目是由国际建筑师设计的。从经营层面上来讲，很多剧院严重依赖政府补贴，更不用说盈利了。这些剧院往往出现在新建城区，而不是嵌入历史文脉之中。它们周边通常包括其他机构项目，如博物馆、图书馆、城市规划展览中心、科技馆或青少年宫。这些公共项目共同构成了较为完整的城市文化集群，成为21世纪初期中国城市发展的典型特征。这些公共建筑的丰富性和巨大规模"反映了一个社会痴迷于走向未来的时间愿望和融入世界的空间愿望"[2]。

　　大剧院建设热潮既展现了建筑师个人的美学探索，也揭示出社会集体的协力合作，是理解改革开放背景下建筑实践与社会互动的关键抓手，也是形式语言表达和社会空间实验相互交织的典型案例。在这些备受瞩目的大型项目中，广州歌剧院呈现出一系列值得学术层面认真审视的鲜明特征。首先，引人瞩目的国际设计竞赛吸引了众多知名建筑师的参与，在建筑界产生了独特的轰动效应。其次，歌剧院由英籍伊拉克女性建筑师扎哈·哈迪德（Zaha Hadid）设计，是中国为数不多的吸引世界媒体关注的明星建筑之一。英国的《卫报》[3]《金融时报》[4]《电讯报》[5]和美国的《纽约时报》[6]等主要国际报纸都对这座建筑进行了评论。《建筑实录》[7]和《Domus》[8]等著名建筑杂志也对该项目的完成情况进行了报道。最后，该项目体现了城市扩张、公众参与、形式表达和文化生产等一系列层面的空间实验。这些探索性活动使该建筑成为当代中国城市的代表性项目，展示了地方政府对文化繁荣的承诺和融入全球城市的愿景。

---

① 在2010年建成之后，应地方官员的要求改名为"广州大剧院"。尽管招致一些反对声音，本章为了论述建筑立项、设计和建设的过程，仍保留了此前的名称"广州歌剧院"。

受人文社科领域"空间转向"（spatial turn）的启发，本章对广州歌剧院的分析集中在建筑与空间实践之间的互动关系上。这里的空间实践不仅是指建筑物理空间的营造，也包括都市空间、社会空间、文化空间的演变。美国后现代地理学家爱德华·W. 索亚（Edward W. Soja）将所谓的"空间转向"定义为"是对所有人类科学（包括诸如地理和建筑等空间学科）中长期存在的，通常是未被认识到的本体论和认识论偏见的回应"[9]。对于索亚来说，"空间转向"的目的是"在空间—地理和时间—历史想象力之间建立更具创造性和至关重要的平衡"。空间视角有助于编织一个跨学科的知识网络，串联起全球化、城市化、建筑实践与文化生产等议题，从多重角度来理解广州歌剧院这一作品的诞生过程，拓展以静态的、美学的、以建筑形式为中心的分析立场。本章关注这一项目是如何回应政治、文化和专业精英的期望，以及由此产生的建筑形式如何反过来定义城市的全球形象和文化认同。由于广州歌剧院的建设与城市扩张、全球化的建筑创意、国内建设制度的改革以及市场化的文化生产密切相关，因此它能够揭示出在社会主义市场经济条件下建筑生产的复杂性。与其他公共机构项目相比，广州歌剧院不仅是一个商业演出场所，还在全球舞台上发挥着提升城市形象、吸引外资、带动城市发展的展示作用。

广州歌剧院所体现的都市想象与文化实验展现了一个空间"解放"的过程，换句话说，它是指在世纪之交一些专业干部、建筑师和相关专业人士集体努力，逐步剥离制约城市建筑实践的各种束缚机制和传统观念，探索都市空间、言说空间、建筑空间和文化空间新的可能性。与此同时，这种"解放"的空间也有自身的局限，它是一种带有"门禁"性质的公共空间（gated public space）——既是一个包容性公共演出和排他性商业活动并置的物质空间，也是一个非物质化的社会空间，并受国家和资本代理人的控制。这一公共领域的封闭性特点折射了权力下放与权力干预之间的紧张关系，反映了改革开放进程的内在特征。地方政府把广州歌剧院作为实现经济发展、保持政治稳定和促进文化繁荣的空间工具，努力实现现代化进程中"三个目标"（增长、控制和平等）的动态平衡[10]。

4.2　剧院规划和城市扩张

在广州歌剧院建成之前，当地拥有两个主要的演出场所：建于20世纪30年代的中山纪念堂和建于20世纪60年代的友谊剧院。

中山纪念堂由留学美国康奈尔大学的建筑师吕彦直设计，采用古典八角形屋顶、钢筋混凝土结构，由砖、石和青色琉璃瓦等材料建造而成（图4.1）[11]。这个可容纳5,000多人的项目最初是国民党为宣传孙中山革命思想而建造的集会场所（建筑史学者赖德霖称之为"宣讲空间"），但在日军侵华和随后的国共内战期间遭到严重破坏[12]。新中国成立之后，在地方政府的支持下，建筑师林克明等人进行了一系列的精心修复工作，针对各种具体的结构、功能和声学缺陷，将其改造成政治和文化活动的重要场所[13]。

1965年，广州市设计院建筑师佘畯南和同事设计的友谊剧院落成，用于招待当地精英和出席中国进出口商品交易会（简称广交会）的外宾（图4.2）。在这座中型、多功能现代剧院的设计过程中，建筑师特别关注人、表演和自然之间的互动，利用适宜性技术和朴素的材料

图4.1　2014年的中山纪念堂

总平面图

1 门厅　2 观众厅　3 乐池
4 舞台　5 副台　6 化妆室
7 办公室　8 贵宾休息室
9 冷冻机房　10 空调室
11 女厕　12 男厕　13 小卖部
14 休息院　15 休息廊

图4.2　广州友谊剧院
图片来源：广州市设计院. 广州北郊新建筑 [M] 广州：广州市设计院，1975.

创造了一个社交场所[14]。例如，佘畯南创造性地将岭南传统园林融入开放式平面中，使得剧院观众在中场休息的时候，能够从观看表演的紧张氛围中得到短暂的休息，体现了建筑师对观众身心感受的精心考虑。以上两座建筑逐渐成为各种演出的热门场所，每年举办超过200场演出。

除此之外，广州市后续也建设了其他各具特色的演艺场所，如20世纪80年代完工的黄花岗剧院（图4.3，华南理工大学教授赵伯仁设计）、1998年完工的星海音乐厅（图4.4，华南理工大学建筑设计研究院副总建筑师林永祥主持设计）等公共建筑。随着改革开放之后文化交流活动的繁荣，上述演艺建筑的布局限制导致各种引进的大型国际戏剧、歌剧无法在此上演[15]。然而，由于涉及许多内部和外部因素，建造一座歌剧院的决定并没有立即作出。1992年，邓小平南方谈话时主张建立社会主义市场经济，使中国能够融入全球资本主义世界。他特别鼓励广州地方官员大力发展经济，要求广州用20年的快速发展赶上当时的"亚洲四小龙"[16]。时任广州市市长黎子流的首要任务是效仿香港，建设商业金融中心和地铁系统，否则广州就难以称为"国际化大都市"[17]。

图4.3 黄花岗剧院
图片来源：赵伯仁 绘制

图4.4 星海音乐厅（2018年）
图片来源：臧鹏 摄

建设地铁系统需要巨大的投资，远远超出当地政府的财力。鉴于20世纪90年代初期房地产市场的蓬勃发展，黎子流考虑通过规划新城和出售土地来筹集资金[18]。显然，这是一种用空间生产来实现资本积累和增值的有效路径，这种所谓的"土地财政"——在市场经济（资本主义生产方式）条件下推进城镇化（规划新城）的策略也被许多地方政府效仿。

为了在广州老城区以外建设新城，位于天河体育中心以南的欠发达地区是一个理想地点，因为那里大面积的农田可以快速转变为建设用地，以满足城市扩张的要求（图4.5）。

1993年，广州市城市规划局邀请美国波士顿托马斯规划服务有限公司（Carol J. Thomas）、香港柏涛建筑设计有限公司（Leung Peddle Thorp）和广州市城市规划勘测设计研究院三家公司为珠江新城提供规划方案。最终实施的总体规划是根据美国规划师托马斯的建议制定而成的[19]。一条引人瞩目的城市轴线主导了整个规划，该轴线将北部的天河体育中心与南部的珠江新城连接起来。这条128m宽的景观轴线将珠江新城分为两个主要区域，其中包括440个单位的住宅区和商业金融办公区，以及广州歌剧院、广东省博物馆等一大批文化设

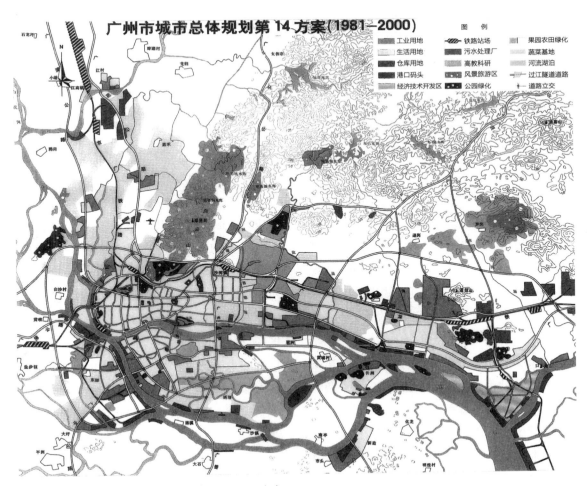

图4.5　广州市城市总体规划第14方案（1981~2000年）
图片来源：广州城市规划发展回顾编撰委员会. 广州城市规划发展回顾：1949—2005［M］. 广州：广东人民出版社，2005.

施。规划方案强调的小规模街区和高密度开发模式，主要是为了方便把土地卖给地产商进行单独开发。

1997年底，亚洲多国爆发金融危机，导致房价大幅下跌，这严重影响了广州的房地产开发。当地政府在规划审查会议上回顾了新城发展缓慢的情况，决定积极干预，加快新城建设的步伐。广州市城市规划勘测设计研究院规划师袁奇峰牵头对珠江新城的规划方案进行了多次修改，决定将新城定位为"21世纪的广州中央商务区"。城市规划学者派珀·高巴茨（Piper Gaubatz）认为，市政规划者将本地型城市转变为国际型城市时最常用的策略之一是规划中央商务区[20]。中央商务区（CBD）的出现体现了地方政府倾向于利用城市空间生产作为实现资本积累的工具[21]。在保留中心景观轴线的同时，修改后的规划方案由269个较大的街区组成，并调整了一些建筑方案（图4.6）。更重要的是，修改后的规划方案首次明确提出广州歌剧院、广东省博物馆、广州图书馆、广州市第二少年宫四大公共项目在新城的建设位置，并将此前规划中的广州国际会展中心以及其他行政和立法机构迁至珠江以南[22]。

虽然直到2003年，修订后的珠江新城规划方案才正式公布，但是从2000年开始，当地政府开始加快新城建设的步伐。按照时任广东省委书记李长春的要求，城市面貌要一年一小变、三年一中变，到2010年一大变。广州歌剧院的建设是其中最重要的一步，并成为周边城区发展的催化剂。为了更好地理解这一大胆的决定，有必要将其放在有关大剧院建设的社会背景下来看，特别是围绕北京国家大剧院项目的激烈讨论。在世纪之交，北京市人民政府组织了一场国家大剧院的国际建筑设计竞赛。该项目最初是在20世纪50年代末提出的，旨在庆

祝新中国成立十周年，但由于经济原因尚未完全实现。经过两轮竞赛，法国建筑师保罗·安德鲁（Paul Andreu）的方案被选中实施，该方案的特点是由钛金属饰面和玻璃幕墙制成的椭圆形屋顶，笼罩着歌剧院、音乐厅和戏剧场三个主要剧场及其附属设施，建筑周围环绕着人工湖面[23]。国家大剧院位于人民大会堂西侧，具有极高的政治敏感性，其简洁、未来感十足的造型与周围民族装饰性较强的建筑形成鲜明对比。国家大剧院激进的美学和结构安全问题引发了全国性争议和激烈的公众辩论。

2002年，广州市人民政府组织了一次广州歌剧院国际建筑竞赛，华南理工大学建筑设计研究院、中国建筑设计研究院、奥地利威廉·霍尔兹鲍尔及合伙人事务所（Wilhelm Holzbauer & Partner）、王欧阳（香港）有限公司［Wong & Ouyang（HK）Ltd.］和来自美国西雅图的KMD建筑设计事务所（KMD Architects）分别提交了他们的方案[24]。然而，当地官员对提交的方案并不满意，广州市城市规划局决定重新启动广州歌剧院的国际竞标。此时，国家大剧院的建设工作已经开始。由法国建筑师夏邦杰（Jean-Marie Charpentier）设计的上海大剧院也于1998年开业，上演了数百场国内外演出。广州作为中国第三大城市，为了与北京和上海竞争，它需要一个截然不同的建筑形象和一个独特的城市地标。广州歌剧院项目计划建筑面积46,000m²，主剧场设有1,800个座位，4,000m²大堂及休息室，2,500m²附属配套用房。建设预算（不含地价）为8.5亿元人民币（约合1.2亿美元）。竞赛主办方广州市城市规划局希望，该建筑的建设能够"弘扬社会主义精神文明，满足人民群众日益增长的文化需求，扩大文化交流，健全和完善城市功能，确立广州在珠三角乃至华南地区的地位"。

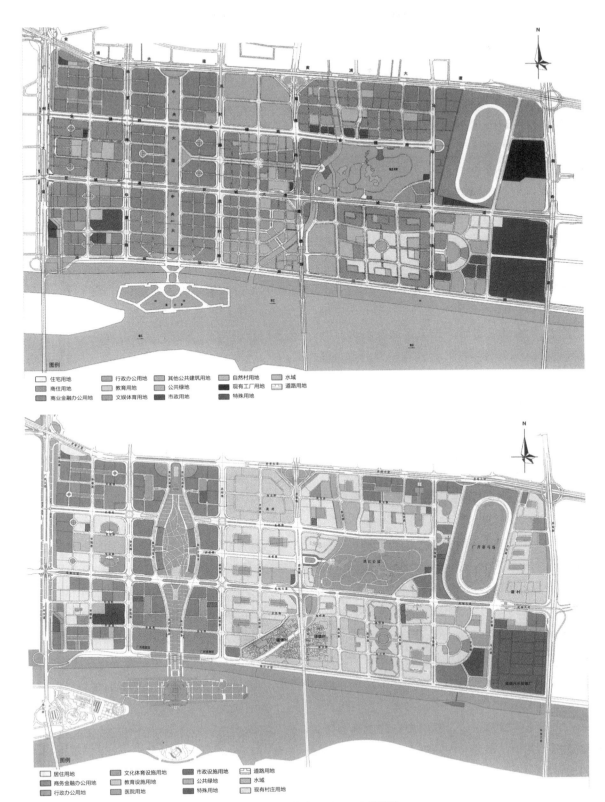

图4.6　广州市珠江新城两版规划方案之比较（上：1993年版；下：2001年版）
图片来源：广州城市规划发展回顾编撰委员会. 广州城市规划发展回顾：1949—2005［M］. 广州：广东人民出版社，2005.

4.3 言说空间的活跃

2002年7月，广州市城市规划局举办了备受瞩目的国际设计竞赛。此前，该局遵循时任市长林树森的指示——重大公共项目的方案应通过设计竞赛产生，组织了广州体育馆（保罗·安德鲁获胜）、广东奥林匹克体育中心体育场［美国尼克松和尼克松公司（Nixon & Nixon Inc.）设计］和广州国际会展中心（日本国株式会社佐藤综合计画）等项目的设计竞赛[25]。时任广州市城市规划局规划处处长的余英因参与组织广州国际会展中心的竞赛，受到了上级领导、专家和公众的一致好评，被时任广州市城市规划局局长王蒙徽任命为广州歌剧院竞赛的组织者[26]。建筑学专业出身的王蒙徽和余英想必也意识到，以往参加过北京、上海等剧院设计竞赛的建筑师并不代表建筑界的前沿理念。据余英介绍，他向竞赛委员会推荐的是一批国际知名建筑师或事务所，如荷兰的雷姆·库哈斯（Rem Koolhaas）、英国的扎哈·哈迪德、奥地利的蓝天组建筑师事务所［Coop Himmelb（L）au，简称蓝天组］、日本的高松伸（Takamatsu Shin）、澳大利亚的考克斯建筑师事务所（Cox Architecture）、德国的冯·格康，玛格及合伙人建筑师事务所（gmp）、美国的哈斯布鲁克建筑师事务所（Gonzalez Hasbrouck Architects），以及华南理工大学建筑设计研究院、北京市建筑设计研究院等国内知名设计公司。这次受邀的建筑师阵容令人印象深刻。该项目规模之大、重要性之高，对参赛建筑师来说，有必要对此次竞赛高度重视。其中，雷姆·库哈斯和他的大都会建筑事务所（OMA）于2001年赢得了北京中央电视台总部的设计，而其他外国竞争对手当时在中国实现的项目寥寥无几。

这九家设计公司于2002年11月1日之前提交了方案，并由技术委员会进行了初步审查（图4.7）。技术委员会由来自城市规划、建筑、结构工程、声学、舞台技术、设备和成本管理领域的12名专家组成。他们提供了认真、全面、详细的书面意见和专业的技术建议。随后评审委员会对九件参赛作品进行投票，最终选出三件优秀提案。评审委员会由七位杰出建筑专家组成：齐康（东南大学，委员会主席）、关肇邺（清华大学）、张锦秋（中国建筑西北设计研究院）、陈世民（深圳陈世民建筑设计事务所）、许安之（深圳大学）、莫天伟（同济大学）和王蒙徽（广州市城市规划局）。广州公证处工作人员见证了投票过程。

从2002年11月30日至12月16日，提交的方案（包括图纸和模型）在广州市城市规划局展厅展出，并在其官方网站上公布。广州市城市规划局鼓励市民参观并投票选出他们最喜欢的方案。据报道，共有2,802人参观了展览，其中一些人对特定方案进行了投票。竞赛方案也可以在城市规划在线网站上看到，人们也积极发表意见。一位网友用英文写道："我更喜欢6号方案，因为它能很好地融入周围的环境（比如高楼大厦）。它独特的外观可以吸引更多的人来到这里，并为城市提供新的形象"。对于在实体投票和网络投票中均名列前三的蓝天组方案，有评论说："从网上发布的效果图来看，2号方案非常好看。应该说，它是世界上最美丽、最独特的建筑，连美国都还没有这样的项目"。另一个人则认为"2号方案是我的首选，因为它非常具有时代感，设计比较前卫，符合广州现代化国际大都市的发展方向"。这些评论揭示了蓝天组方案在中国观众中引起的审美和意识形态震撼。这种评价也反映了民众对一个能够代表城市前瞻性精神的、全新建筑的期待。

1. 手风琴箱（哈斯布鲁克）   2. 激情火焰（蓝天组）   3. 翠绿钢条（COX）

4. 贝含珍珠（高松伸）   5. 贵妇面纱（北京市建筑设计研究院）   6. 折叠卷（库哈斯，OMA）

7. 水晶造型（gmp）   8. 岭南庭院（华南理工大学建筑设计研究院）   9. 圆润双砾（扎哈·哈迪德）

图4.7 广州歌剧院竞赛方案汇集
图片来源：姚明球，等. 广州大剧院建设实录［M］. 北京：中国建筑工业出版社，2010.

　　显然，此种基于个人品位的意见主要集中在形式美学上，但并非所有公众评论都局限于参赛作品的审美表达。其中一条评论包括这样的建议："环境问题非常值得关注。在选择方案时，应仔细权衡其对环境的影响，如无需花费大量精力来维护喷泉，幕墙的使用需要强大的空调系统来维持室温，而空调产生的污染是众所周知的"。另一位评论者写道："我希望我们在确定最终方案时不要只考虑公众和个别领导人的意见。听取专家对声学效果的评估并公布这一评估很重要。我们应该学习悉尼歌剧院的案例，不要为了漂亮的形式而牺牲实际效果"。

　　这些方案在广州市城市规划局的展厅和官方网站上展出，也吸引了来自建筑专业人士和学生的大量关注。上海同济大学的学术期刊《时代建筑》刊登了一篇关于竞赛的简短介绍，竞赛活动也在2002年的ABBS网站上引起了激烈的争论。成立于1998年的ABBS是当时一个流行的在线建筑论坛，致力于讨论各种建筑问题。对于入围方案，一位叫"微子"的网民留下了细腻的评论：

　　蓝天组的方案充满了对现代都市生活的歌颂，功能明晰，空间变化丰富。人们站在人造的水池边，欣赏着晃动的水影，感觉着透过透明玻璃洒落的阳光的温暖，所体会的是一种属于都市的浪漫与繁华。这种感受是世俗的、真实的。扎哈·哈迪德的方案营造了一种安静、适合于沉思的气氛。对于基地的外部空间而言，置身其中也许会有无限遐想。巨大的体量、简洁干净的形体会让在拥挤忙碌的城市中习惯了缤纷色彩和热闹形式、早已麻木的人们为之驻足。单纯中流露着最原初的真实。两个方案对于题目本身的理解似乎完全不同，希望带给人们的感受自然有所差别。我个人更喜欢扎哈·哈迪德的，也许和性格有关吧。

与备受争议的国家大剧院竞赛相比，广州歌剧院的投标方案，特别是蓝天组和扎哈·哈迪德的方案，总体上被认为质量非常高。在某种程度上，建筑师同行的积极回应印证了这一点。2003年1月28日，广州市城市规划局公布了三项入围方案：蓝天组的方案、扎哈·哈迪德建筑事务所（ZHA）的方案和北京市建筑设计研究院的方案。

蓝天组的方案被描述为"激情火焰"，它由两部分组成：一个简单的立方体体块，包含舞台、索具系统和剧场，以及一个视觉上非常华丽的玻璃外壳，一直延伸到规划中的艺术广场（图4.8）。该设计最引人注目和最具创新性的方面是大面积玻璃覆盖的敞厅，它暗示着蓝天组一直宣扬的"开放"与"复杂"并置的姿态，也与广州特色的市民传统产生共鸣[26]。在这个外壳之下，一系列的人工湖、塔、亭、桥、坡道、楼梯和树木被有机地组织起来，形成了一个充满活力的城市公共领域（图4.9）。建筑本身创造了一个连续的空间序列，从公共熙熙攘攘的城市生活逐渐过渡到半公共的艺术活动，再到专属的戏剧氛围。评审委员会认为

"这个方案非常出色，体现了理性与感性、逻辑与直觉的冲突与统一"。

扎哈·哈迪德的方案被称为"圆润双砾"，受到评审委员会的高度评价，称其"在功能、形式和可行性上都非常出色"。它坐落在一片起伏的人造平台之上，两座形态自由、光滑圆润的建筑体块相互咬合，形成一个有机的整体（图4.10）。较大的"卵石"包含大厅、主剧场、镜框式舞台以及各种工作室和配套设施，而较小的"卵石"则容纳了多功能表演空间（图4.11）。扎哈·哈迪德在1997年卢森堡爱乐音乐厅的设计方案中也采用了将项目分为一大一小两部分的想法，这可能受到丹麦建筑师约恩·伍重（Jørn Utzon）悉尼歌剧院的影响。缓坡创造了一个多层连续的公共空间，适合举办各种文化活动，并向所有人开放。就像扎哈·哈迪德获奖但从未建成的卡迪夫湾歌剧院项目一样，人工景观在整体设计中发挥了至关重要的作用，并重塑了项目的场地特征[27]。更有趣的是，该项目光滑的围护结构呈现出非凡的标志性，与周围的玻璃幕墙高楼形成鲜明对比。从字面上和比喻层面上来说，其形式灵感来自于珠江边受流水侵蚀而成的光滑鹅卵石，这显然是一种视觉和话语修辞，帮助建筑师能够有说服力地解释他们的意图，并使客户和公众认识到设计理念与城市和周边环境的相关性。

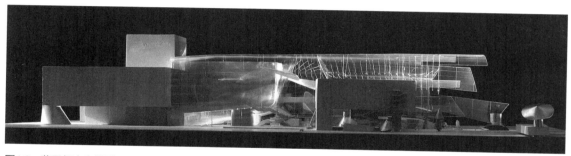

图4.8　蓝天组方案模型
图片来源：马库斯·皮尔霍费尔（Markus Pillhofer）摄

图4.9　蓝天组方案室内效果图
图片来源：蓝天组建筑师事务所

图4.10　扎哈·哈迪德方案效果图
图片来源：扎哈·哈迪德建筑事务所

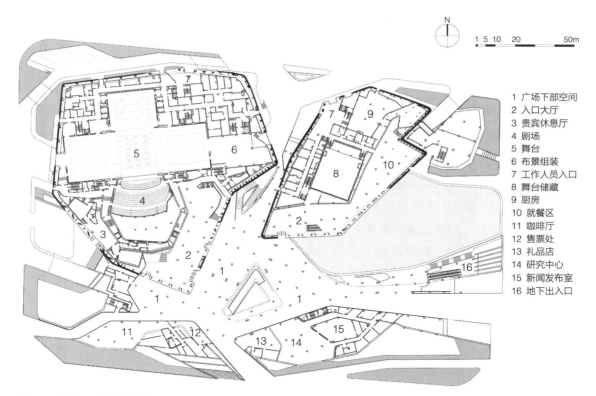

1　广场下部空间
2　入口大厅
3　贵宾休息厅
4　剧场
5　舞台
6　布景组装
7　工作人员入口
8　舞台储藏
9　厨房
10　就餐区
11　咖啡厅
12　售票处
13　礼品店
14　研究中心
15　新闻发布室
16　地下出入口

图4.11　扎哈·哈迪德方案首层平面图
图片来源：扎哈·哈迪德建筑事务所

　　北京市建筑设计研究院的方案被命名为"贵妇面纱"，它对规划、功能、技术、形式和环境等方面进行了详细考虑，被评审团认为是"一个全面的方案"。该设计方案包含一个宏伟的大堂，部分由透明玻璃围合，部分由棕色金属网屏围合。中央椭圆形体块包含大厅、剧场和舞台，周围是一座由各种服务和公共设施组成的长形、弧形建筑。该方案试图创建一个无障碍的开放空间，在视觉上与东部艺术广场和广东省博物馆建筑相呼应[28]。总体而言，评审团认为"入围方案展现了较高的设计质量，反映了国际建筑界的最新趋势，展示了国内建筑师技术的进步"。

尽管入围名单于2003年1月才公布，但评审委员会似乎在方案展出之前就已经作出了专业决定。从某种程度上来说，这次展览成为对舆论的刻意考验，也是地方政府民主态度的展示。竞赛成为公众讨论的话题，增加了公众对建筑的兴趣，并在专业和社会意义上传播了建筑知识。随后，入围方案的建筑师被要求根据评审委员会的建议修改其方案，然后在2003年6月作出最终决定。虽然政府投资的重要建筑设计方案的评选强调专家评审、公众投票、领导拍板"三结合"，但在通常情况下，地方领导的态度决定着结果走向。

直到2003年12月28日，获胜方案才被公布。扎哈·哈迪德的方案被选为实施方案并不令人意外，因为有一些迹象表明它受到了当地官员的青睐。在评审委员会审查之前，竞赛组织者余英已经向时任市长林树森进行了汇报。林树森对扎哈·哈迪德建筑事务所的"圆润双砾"方案印象深刻，最终是由广州市政府委员会定下了这个方案。2003年12月11日，当地一家报纸报道了扎哈·哈迪德的方案赢得了此次国际设计竞赛。在解释这一方案的特殊之处时，记者引用了华南理工大学建筑学院剧场建筑专家、竞赛技术委员会主席赵伯仁的言论：

广州歌剧院要独一无二、成为广州文化的标志性建筑，不应该模仿20世纪五六十年代传统的三段式歌剧院，如友谊剧院。另外，北京国家大剧院已经采用规则的几何形体——"鹅蛋形"设计理念，因此采用非几何形体、非规则的外形设计，不失为一个好思路。"圆润双砾"则能较好地体现这一点[29]。

这一评论清楚地表明，独特的形式是扎哈·哈迪德方案获胜的一个关键因素，因为它与北京和上海大剧院的形式差异将有助于建立鲜明的个性，最终提升广州在国内外的城市形象。换句话说，扎哈·哈迪德的方案被地方政府和建筑专家所接受，主要是因为其壮观的形式具备吸引地区、全国和全球关注的潜力。哲学家居伊·德波（Guy Debord）在《奇观社会》一书中指出，奇观是资本积累到一定程度以至于变成图像[30]。对于艺术史学家克拉克（T. J. Clark）来说，图像从来都不是安全地最终固定在一定位置上的。这种奇观始终是对世界的一种描述，这个世界里充满竞争，并遇到来自不同形式社会实践的阻力（有时甚至是顽强的）[31]。在建筑领域，弗兰克·盖里（Frank Gehry）设计的西班牙毕尔巴鄂古根海姆博物馆体现了建筑奇观具有宣传和改造城市的能力。同样，广州市需要一个新的城市形象来与对手竞争，需要一种在世界范围内推销这座城市的代表性手段，以及一种面向未来的激进形式。扎哈·哈迪德的歌剧院很可能是一个展示政治愿景和文化雄心的合适工具。

加拿大学者让·皮埃尔·丘平（Jean-Pierre Chupin）把建筑设计竞赛定义为一种"文化接触区"（cultural contact zone）——本土实践与国际文化的互动空间[31]。这个概念最初是由语言学者玛丽·路易斯·普拉特（Mary Louise Pratt）提出，旨在说明在殖民文化与被殖民文化的碰撞空间中，地理上和历史上相互分离的社会与人群进行"接触并建立持续的关系，通常涉及胁迫条件、严重的不平等和棘手的冲突"[32]。广州歌剧院的建筑设计国际竞赛，与其说是一种"非对称"的文化接触，不如说是一种国际建筑文化的集中展示，它见证了中国在加入世界贸易组织（WTO）、全面融入全球化的时代背景下，对国际建筑设计智慧的开怀拥抱。虽然当时有专业人士呼吁，"不要让中国成为外国建筑师的试验场"，但这种立场并没有阻止城镇化浪潮下中国对世界建筑的欢迎姿态[33]。广州歌剧院的建筑设计国际竞赛，虽然并非首次，但是典型诠释了这一拥抱世界的历史时刻。同时，围绕设计竞赛的热烈讨论也展现了市民和专业人士如何想象、评价城市地标和都市空间，有效拓展了言说的舆论空间。

4.4　项目建设

　　2004年8月，广州市人民政府委托国有龙头企业广州市建筑集团有限公司作为该项目的建设单位，开展"代建制"改革试点[34]。同年10月，广州市建筑集团有限公司和扎哈·哈迪德建筑事务所选择广州珠江外资建筑设计院作为当地的合作伙伴，后者在建筑师黄捷的主持下设计了1,800座的武汉琴台大剧院，在剧院建筑设计方面拥有丰富的经验[35]。由于文化背景、设计理念和工作方式的差异，这两家设计公司在最初的合作过程中举步维艰，不免误解和冲突。通过协商，他们确定并划分了工作权责，扎哈·哈迪德建筑事务所负责方案设计和项目总体效果的控制。广州珠江外资建筑设计院负责施工图绘制和技术支持，并协调各个工程顾问。两家公司分享3,000万元的设计费（五五开），考虑到前者的运营费用和后者的分包支出，这个合同对双方来说都谈不上赚钱，但是项目的独特性又有足够的吸引力[36]。除此之外，新西兰的马歇尔戴声学公司（Marshall Day Acoustics）负责声学，中国

有色工程设计研究总院负责舞台机械设备、灯光和音响设备，英国的奥雅纳工程咨询公司（Arup）负责消防性能化分析[37]。来自全球各设计公司的贡献体现了新的国际分工以及对建成环境的直接影响。

　　2005年1月18日，期待已久的广州歌剧院开工建设。时任广州市委书记林树森、市长张广宁等市领导，粤剧表演艺术大师红线女，英国驻广州总领事馆总领事克里斯·伍德（Chris Wood），扎哈·哈迪德的合伙人建筑师帕特里克·舒马赫（Patrik Schumacher）等出席奠基仪式。林树森在致辞中盛赞广州歌剧院是一座21世纪的剧院，并认为：

　　广州歌剧院，这是一座按照人与自然和谐相处的理念设计、具有独特风格的文化殿堂，它和东面位置相邻对称的广东省博物馆一样，将作为广州新世纪新阶段的标志性建筑载入广州城市发展的史册。感谢参与工程前期工作的所有人士和建筑师们，正是你们孜孜不倦的追求和辛勤劳动，创造了广州歌剧院今天奠基的条件[38]。

　　对于参与前期设计的建筑师和工程师来说，这段讲话既是一种肯定，也是一种期待。代建方负责人之一余穗瑶的回忆描述了中方参与人员加班加点、夜以继日的紧张过程[39]。值得一提的是，2003年，广州被选为2010年亚运会主办城市，当地政府官员对此项目给予了热情支持。他们以此事件为由，要求加快广州歌剧院和珠江新城的建设。在这种事件驱动的城市扩张中，中央和地方政府尝试应用了凯恩斯主义经济学（Keynesian economics），强调在国有银行的信贷支持下对基础设施和建成环境进行大量投资[40]。从广州到杭州，从重庆到郑州，许多省会城市修建的大剧院都是雄心勃勃的公共工程，体现了债务驱动模式下

城市扩张的可能性和局限性[41]。中央和地方政府对文化繁荣的承诺（包括表演场地的建设），无论在实践中的运营效果如何，都可能有助于产生团结感和自豪感，积累政治、经济和文化资本，这呼应了凯恩斯倡导的政府在支持艺术方面的重要作用[42]。与此同时，温州、无锡、烟台、蚌埠等许多二、三线城市的有关部门有时也会做出大胆却不乏轻率的决定，不惜代价建设外观奢侈、不合时宜的剧院项目（形象工程），试图打造自身"积极"的政治形象[43]。

4.5　外观和内饰

由于前所未有的结构复杂性，广州歌剧院的建设过程也涉及一定程度的实验性做法。在混凝土浇筑前，施工方制作了斜墙、斜栏杆、斜柱、楼板三角槽等多种实验模型，试图打造清水混凝土的美观表面。除了清水混凝土的施工质量，围护结构的不规则形状是另一个主要的建造困难。作为该项目的一个显著特征，建筑外形由三维犀牛软件（Rhino）生成。建筑

师和结构工程师将围护结构分为两层：支撑结构为单层钢结构网格外壳，在结构上与剧场分离，由各种三角形和方形单元组成，以及外饰面干挂大小不一的花岗石。"大卵石"的钢结构外壳有64个面、41个角和104个脊线，而"小卵石"也有37个面、18个角和54个脊线（图4.12）[44]。由于每个钢结构节点的形状独特，大部分是工厂预制并现场安装的。钢结构与外立面之间有65cm的间隙，中间包含支撑龙骨以及防水和隔热材料。

据报道，建筑师最初倾向于使用金属或现浇混凝土来创造流体形式，但当地官员认为，由于该方案表达了卵石被水侵蚀的感觉，使用石头作为立面材料会更好地传达这个意图[44]。这种看法本身是有道理的，但它忽视了一个事实：石头是一种易碎的材料，难以像金属或混凝土那样容易加工成理想的曲面形状。官员们在这个政府投资的项目中拥有很大的话语权，因此建筑师难免会屈服于政治压力。为了创造这种平滑的美感，建筑师和工程师的解决方案之一是将连续表面细分为大量三角形和多边形单元（约75,400个），试图在整体上塑造出流动的形态（图4.13）[45]。

图4.12　广州歌剧院钢结构施工
图片来源：王炜文 摄

图4.13　珠江新城施工鸟瞰图
图片来源：王炜文 摄

　　为了更好地迎接2010年的亚运会，当地政府要求加快建设步伐，以便第九届中国艺术节闭幕式能够于2010年5月25日在广州歌剧院举行[46]。与许多重大公共项目一样，广州歌剧院的建设也面临着施工周期的压力。比如，广州歌剧院建筑拐角处的弧形表面处理挑战了石材的性能和建造者的技术极限；与此同时，面对炎热多雨的亚热带气候，办公大厅的屋顶出现渗漏。当地官员对有关建筑质量差的批评提出辩驳，声称广州歌剧院的结构是安全的，墙壁和顶棚上出现裂缝是当地气候造成的[47]。项目成本也由最初预计的8.5亿增加至13.8亿元人民币（约合2亿美元）。关于这一点，建筑师舒马赫在接受访谈时承认，广州歌剧院是扎哈·哈迪德建筑事务所发展壮大过程中的关键项目——此前在欧美没有机会建造类似规模和复杂程度的作品，反而是中国政府展现了开放和实验的勇

气[48]。粗糙而充满不规则裂缝的干挂石材幕墙在某种程度上暗示了建筑实践在深受政治制约时的困境（图4.14）。

　　与有缺陷的幕墙相比，广州歌剧院内部，尤其是华丽的剧场及其出色的音响效果受到了广泛的称赞。在2011年《纽约时报》的报道中，建筑评论员尼古拉·乌鲁索夫（Nicolai Ouroussoff）描述："座位以略微不对称的方

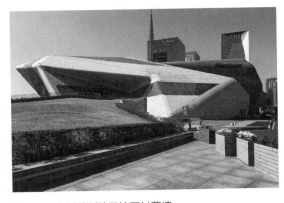

图4.14　广州歌剧院干挂石材幕墙

式排列，从三个侧面包围舞台，舞台前有层叠的起伏阳台。"他继续写道，"凹形天花板上有数千个小灯，因此当主灯在表演前变暗时，你看起来就像坐在晴朗夜空的穹顶下一样。"白色大堂和金色剧场的流线型空间均采用玻璃纤维增强石膏板（GFRG）覆盖，塑造成自由而流畅的形态。与北京国家大剧院室内的奢华装饰材料和高大浪费空间相比，广州歌剧院的内部大厅、走廊和门厅紧紧围绕演出空间布置，空间较为紧凑（图4.15、图4.16）。

图4.15　广州歌剧院的剧场内部

图4.16　广州歌剧院内部休息厅

4.6　文化生产

广州歌剧院既是文化生产的产物，也是文化生产的孵化器。按照社会学家安托尼·金（Anthony King）的解释，"文化"一词既指项目的物质和象征形式，也指建筑设计所包含的内容和功能[49]。广州歌剧院本身源于政府的雄心，即不计成本地建造一个代表全球化城市的独特形象。它还反映了当地政治和文化精英对国际建筑潮流的看法。全球各地为提高城市竞争力而打造建筑奇观的例子，无疑有助于激励客户来建造一些非比寻常的东西。广州歌剧院揭示了全球设计智慧和当地建筑技艺在特定政治和经济环境下相互作用的程度。

广州歌剧院以压倒性的纪念性占据了城市新轴线的关键节点，以其流畅的形态和戏剧性的空间效果展示了建筑奇观的华丽，这是政府官员、文化精英和建筑师等共同追求的目标。这种绚丽的色彩通过国际报纸和专业杂志上的项目介绍而被广泛传播。从这个意义上说，政府在全球文化流动中发挥着主导作用，不仅引进了国际设计理念，而且以该项目为工具向世界输出城市形象、吸引游客，体现了全球化的含义——一个互动而非单向的沟通过程[50]。

广州歌剧院也是实行文化管理新方式的媒介，是国内外表演艺术生产和消费的平台。一方面，与国内许多接受政府补贴的大剧院相比，广州歌剧院尝试了所谓"零编制、零补贴"的运营模式。显然，这种基于市场机制的另类运作方式，每年节省了大量纳税人资金。为了收回维护成本，甚至赚取一些利润，广州歌剧院不得不大幅提高票价，有时会导致上座率低下，浪费艺术资源[51]。

矛盾的是，只有买得起门票的人才能走进建筑观看表演。广州歌剧院管理层在首场正式演出前，邀请了800多名参与该项目的建设者和专业人士代表观看试演，以表达对建设者的敬意[52]。这种为低收入者提供观看艺术演出的机会是一个例外性的偶然安排，而不是一个带有慈善性质的通盘考虑。后者让人联想起著名的芝加哥礼堂大厦（Chicago Auditorium Building）——一个在功能安排和财务运营上混合艺术演出、商业办公和酒店住宿的奇妙综合体——展现了私人赞助人追求社会融合和艺术公平的伟大抱负[53]。虽然广州歌剧院没有欧美传统剧院中象征社会地位的包厢设置，但新兴的都市富裕人群在消费所谓高雅文化的同时，也展现了自己的"特殊"地位，可以自由出入城市的艺术殿堂[54]。

另一方面，广州歌剧院先进的设施可以举办芭蕾舞、室内音乐会、音乐剧、歌剧、话剧、交响乐等演出，改变了以往大型歌剧、芭蕾舞剧如《天鹅湖》不能在市内其他较小剧院（舞台）上演的局面。广州歌剧院吸引了国际、国内表演艺术团体，为当地音乐爱好者提供了一场场文化盛宴，代表了广州这座城市日益充满活力的艺术景象。例如，通过与以色列指挥家丹尼尔·奥伦（Daniel Oren）的合作，广州歌剧院制作了《茶花女》《假面舞会》《卡门》等多部歌剧，并邀请了来自意大利、美国、俄罗斯和拉脱维亚的顶尖艺术家为观众演出，将广州转变为华南地区重要的表演艺术制作中心[55]。

4.7 空间的"解放"

在当代，中国建设大剧院首先是一个政治工程，政治意志在新形式语言的尝试、竞赛的组织、项目的管理和运营等方面都发挥着至关重要的作用。在这种情况下，大剧院不仅是一个单纯的表演场所，更是意识形态的展示、都市空间的扩张和文化交流的催化剂。在21世纪前20年的大剧院建设热潮中，广州歌剧院的诞生展现了一些与众不同之处：它见证了一种多重意义（物质、社会、文化等层面）上的空间"解放"——它包括城市空间的拓展、言说空间的放松、建筑空间的创新以及文化空间的繁荣。

建筑评论学者周榕曾以"解放的空间"为标题，论述过卢强、张弘、马清运、黄印武、黄声远等建筑师打破实践过程中传统的工程绘图、项目服务的单调角色，深入到建筑资源"组织"的全过程，参与策划、博弈，甚至投资运营，进而把握建筑创作的走向，从而获得建筑实践的主动权和自由空间[56]。本章论述的空间的"解放"，区别于上述建筑师的"英雄"故事和"非凡"角色，而是一种集体参与的社会实践，是对社会、城市、文化现状而提出的渐进式改变，而非激进式的乌托邦替代方案，其中包括政治精英的都市想象、专业干部的严密组织、专业人士的深度介入以及社会大众的积极参与，试图打破传统都市规划、建筑形式美学、社会思想观念和文化生产体制的种种束缚，探索新的可能性。从某种程度上来看，广州歌剧院所体现的开放心态延续了20世纪80年代华南大地"先行一步"的探索精神[57]。这也可以说是以市政官员林西为代表的专业干部与建筑师通力协作的当代版本，反映在建筑实践中，就是一种对新观念、新技术和新思想的鼓励和尝试[58]。

从建筑空间上来讲，通过设计一个人造景观平台，建筑师重新定义了珠江新城地区文化商业区毫无特色的场地，并将其转变为一个无障碍的公共广场。抬高的广场可作为艺术活动的室外舞台，并可通过多种途径到达——穿过南边的大楼梯、从东入口的长坡道、从两块"卵石"之间缝隙下的坡道，或从嵌入平台中心的三角形坡道（图4.17）。在平台下方，建筑师将传统垂直的柱子稍微倾斜，创造出具有强烈运动感的空间（图4.18）。这些遮蔽的开放空间与珠江新城的中央公园一起，为人们提供了多样的休闲设施。就对公共空间的关注而言，扎哈·哈迪德曾声称：

　　景观类比对我来说非常重要，它作为一种增加地面渗透性和表面连续性的策略，同时也避免了现代主义式的空旷场地。将底层架空用作一种创造柔软秩序的装置，比墙壁对空间的分割更加流动和开放。它提供了连续的变化，而不是严格的分区划分。公共领域始终是我的一个主要兴趣点。我对现代主义对场地的开敞处理（"解除防御"）和底层架空以让公共空间流动而感兴趣，但这一次是带有强烈的功能激活[59]。

扎哈·哈迪德在广州歌剧院项目中对公共空间的探索，为人们以多种方式接近建筑并与之互动创造了积极条件。在高密度的城市环境中，这种开放性的公共空间无疑弥补了都市性的不足。但换个角度思考，这种"鹅卵石般"的建筑似乎可以放置在靠近水面的任何地方，其普遍适用性与当地的气候条件和文化语境无关。相比之下，友谊剧院简单的建筑形式蕴含着更深刻、更接地气的建筑设计理念。广州歌剧院的实体表面（类似国家大剧院）似乎只与自然对抗，而友谊剧院的开放式布局则呈现出一种包容的氛围，与自然对话，并在外部和内部之间形成了模糊的界限。前者强调图像效果或视觉奇观，后者则保持建筑、自然和身体体验之间的平衡，并具有气候环境和文化敏感性。

　　然而，在广州歌剧院门厅内，公众能够体验到的空间非常有限，主要集中在售票处、纪念品店和咖啡厅（图4.19）。因此，塑造广州

图4.17　广州歌剧院室外广场

图4.18　广州歌剧院首层开敞空间

图4.19　广州歌剧院门厅

歌剧院的多样力量创造了一个"门禁式"的公共空间：在这里，包容与排斥、自由与克制混杂并置。这个"门禁式"的公共领域充满矛盾和张力，呈现出一系列文化、社会和政治影响。

除了物质层面之外，这种"门禁式"的特征还体现在非物质的维度上。一方面，地方政府积极拥抱国际设计智慧，与全球资本、技术、管理重新接轨，体现了中国改革开放过程中的开放态度。另一方面，地方政府通过组织剧院设计方案的现场和网上展览，鼓励普通公民表达他们对项目设计的想法，创造一个日益民主的公共领域，以容纳不同的意见和辩论。同样，政府也鼓励广州歌剧院内部进行各种文化生产和艺术实验，但仍然严格审查这些探索，使其保持在政治正确的轨道上。

将广州歌剧院置于中国现代化进程之中，不难看出，改革开放的实施是一个不断调整"门禁"位置（物质、社会、政治、文化边界）的动态过程。对外开放有助于落实国内改革，深化改革则需要提高开放的程度。这个博弈的过程充满了权力的下放和收紧。前者意味着政府放松对社会、文化和审美事务的干预；后者指的是政府使用权力来维持特定秩序的倾向。广州歌剧院在这方面明确地说明了公共空间的创造是有积极意义的，虽然这个空间保持着由精英阶层控制的"门禁"性质。

致谢

笔者衷心感谢本书主编薛求理教授和孙聪助理教授提供的细致指导和资料帮助，同时感谢蓝天组建筑师事务所、扎哈·哈迪德建筑事务所、费尔侯佛（Markus Pillhofer）先生、王炜文先生、臧鹏教授、徐庄老师提供的图片支持。

个人场景

我对广州歌剧院的关注更多源于对该项目国际设计竞赛的兴趣，而不是因为对戏剧表演及其建筑类型的痴迷。2003年左右，当我在建筑系学习时，关于北京国家大剧院的争论主导了建筑界。在某种程度上，法国建筑师保罗·安德鲁的获奖方案结束了长期以来关于"形似"和"神似"的争论——这两者都与对待传统的态度有关。虽然关于国家大剧院的争论仅限于专业期刊和精英人士，但广州歌剧院的国际设计竞赛在很多方面超越了公众对建筑的认知。西方顶尖前卫建筑师提交的设计方案超出了很多人的想象，而ABBS等网上论坛对这些方案的报道和讨论，极大地提高了其在建筑领域的影响力。参赛建筑师对创造城市公共空间的承诺改变了我对建筑和城市的态度。距离那次引人瞩目的国际建筑设计竞赛已有二十余年，而广州歌剧院值得学术界的批判性讨论，不仅是因为它改变了我对建筑的理解，而且是因为它在当代中国建筑演变中具有独特地位。

■ 参考文献

[1] 程翌. 当代演艺建筑发展研究，1998-2009[D]. 上海：同济大学，2010.

[2] DENTON K A. Exhibiting the past: historical memory and the politics of museums in postsocialist China[M]. Honolulu: University of Hawai'i Press, 2004.

[3] GLANCEY J. Move over Sydney: Zaha Hadid's Guangzhou Opera House[N]. The Guardian, 2011-02-28.

[4] HEATHCOTE E. Zaha Hadid's Guangzhou Opera House[N]. Financial Times, 2011-03-11.

[5] MOORE M. Guangzhou Opera House falling apart[N]. The Telegraph, 2011-07-08.

[6] OUROUSSOFF N. Chinese gem that elevates its setting[N]. The New York Times, 2011-07-06.

[7] EDITOR A R. Preview Pearl River Delta[J]. Architectural Record, 2011(1): 73.

[8] GALILEE B. Zaha Hadid in Guangzhou. Domus Web[EB/OL]. (2010-12-21)[2015-04-11]. http://www.domusweb.it/en/architecture/2010/12/21/zaha-hadid-in-guangzhou.html.

[9] SOJA E. Taking space personally[A]// SANTA A, BARBARA W. The spatial turn: interdisciplinary perspectives. London: Taylor and Francis, 2008: 11-35.

[10] PERRY E J, Wong C. The political economy of reform in Post-Mao China[M]. Cambridge, Mass.: Harvard University Press, 1985.

[11] 卢洁峰. 广州中山纪念堂钩沉 [M]. 广州：广东人民出版社，2003.

[12] 赖德霖. 民国礼制建筑与中山纪念 [M]. 北京：中国建筑工业出版社，2012.

[13] 林克明. 广州中山纪念堂 [J]. 建筑学报，1982（3）：33-41.

[14] 佘畯南. 低造价能否做出高质量的设计？——谈广州友谊剧院设计[J]. 建筑学报，1980（3）：16-19，5-6.

[15] LAU J H. Arts playground sprouts in China [N]. The New York Times, 2010-08-03.

[16] VOGEL E F. The four little dragons: The spread of industrialization in East Asia [M]. Cambridge, Mass.: Harvard University Press, 1991.

[17] 南方都市报. 采访黎子流[A]//城变：广州十年城建启示录. 广州：广东人民出版社，2011：75-87.

[18] RITHMIRE M. Land politics and local state capacities: the political economy of urban change in China[J]. The China Quarterly 216, 2013: 1-24.

[19] 黄润娟. 广州市荣誉市民卡罗尔·托马斯夫人[A]//广州城市规划发展回顾编撰委员会. 广州城市规划发展回顾，1949—2005：上卷. 广州：广东人民出版社，2005：233-235.

[20] GAUBATZ P. Globalization and the development of new Central Business Districts in Beijing, Shanghai and Guangzhou[A]// WU F，MA L. Restructuring the Chinese city: changing society,

economy and space. New York and Oxford: Routledge, 2005：98-121.

[21] GOTTDIENER M. The social production of urban space[M]. Austin: University of Texas Press, 1985.

[22] 广州市城市规划勘察设计研究院. GCBD21——珠江新城规划检讨：规划方案公众展示[R]. 2002-08-15. https://wenku.baidu.com/view/51b99a88f61fb7360b4c65f9.html?_wkts_=1717381387927 &needWelcomeRecommand=1

[23] XUE C Q L, Wang Z, Mitchenere B. In search of identity: the development process of the National Grand Theatre in Beijing, China[J]. The Journal of Architecture, 2010(4): 517-535.

[24] 广州歌剧院五个候选设计方案出台[N]. 羊城晚报，2000-03-08.

[25] 林树森. 广州城记[M]. 广州：广东人民出版社，2013.

[26] 丁光辉. 开放与复杂的叙事——蓝天组作品浅析[J]. 华中建筑，2007，25（11）：11-14.

[27] HADID Z. The complete Zaha Hadid: expanded and updated[M]. London: Thames & Hudson Ltd., 2013.

[28] 白雪. 广州歌剧院国际咨询设计竞赛方案[J]. 新建筑，2004（4）：34-36.

[29] 凌慧珊. 广州歌剧院设计方案敲定，外形似沙漠明年动工[N]. 信息时报，2003-12-11.

[30] DEBORD G. The society of the spectacle[M]. New York: Zone Books, 1995.

[31] CLARK T J. The painting of modern life: Paris in the art of Manet and his followers[M]. London: Thames & Hudson, 1999.

[32] CHUPIN J. This is not a nest: transcultural metaphors and the paradoxical politics of international Competitions[J]. Footprint: Delft Architecture Theory Journal, 2020, 14(1): 63-82.

[33] PRATT M L. Imperial eyes: travel writing and transculturation[M]. London and New York: Routledge, 1992.

[34] 吴良镛. 最尖锐的矛盾与最优越的机遇——中国建筑发展寄语[J]. 建筑学报，2004（1）：18-20.

[35] 周国栋. 政府投资项目代建制改革研究[J]. 建筑经济，2005（4）：9-14.

[36] 黄捷. 艺术性与自然性的表达：广州歌剧院设计创新与实践[J]. 建筑技艺. 2012（4）：88-93.

[37] 帕特里克·舒马赫，余穗瑶，黄捷. 设计费[J]. 建筑创作，2017（Z1）：218-222.

[38] 张桂玲. 从疑惑到实现：广州歌剧院设计实施之路[J]. 建筑学报，2010（8）：68-70.

[39] 林树森. 歌剧院：广州新世纪新阶段标志性建筑[N]. 广州日报，2005-01-19.

[40] 余穗瑶. 在协作中斗智斗勇[J]. 建筑创作，2017（Z1）：231-232.

[41] WARNER M. Keynes and China: "Keynesianism with Chinese characteristics"[J] Asia Pacific Business Review 21, 2015(2): 251-263.

[42] KEYNES J M. Art and the state [A]// ELLIS C W. Britain and the Beast. London: J. M. Dent and Sons, 1937: 1-7.

[43] 二三线城市现大剧院建设热潮，建成后大部分闲置[N]. 人民日报，2013-03-14.

[44] 姚明球. 广州大剧院建设实录[M]. 北京：中国建筑工业出版社，2010.

[45] 冯江，徐好好. 关于珠江边两块石头的对话：广州歌剧院设计深化访谈[J]. 新建筑，2006（4）：42-44.

[46] 朵宁. 广州歌剧院：他山之石的隐喻及其实体化过程[J]. 建筑学报，2010（8）：71-75.

[47] 刘艳，蔡锦明. 九艺节迎来倒计时100天[N]. 广州日报，2010-02-01.

[48] 曾妮，史伟宗. 市建委：广州大剧院外观缺陷不影响结构安全[N]. 南方日报，2010-10-20.

[49] 帕特里克·舒马赫，余穗瑶，黄捷. 机会[J]. 建筑创作，2017（Z1）：16-17，210-211，212-217.

[50] KING A D. Architecture, capital and the globalization of culture[A]// FEATHERSTONE M. Global culture: nationalism, globalization and modernity. London: Sage Publication, 1990: 397-411.

[51] KING A D. Preface to the Revised Edition [A]// KING A D. Culture, globalization and the world-system: contemporary conditions for the representation of identity. Minnesota: University of Minnesota Press, 1997: vii-xii.

[52] 陈文，何姗. 大剧院会否成为富人俱乐部[N]. 新快报，2011-06-06.

[53] 邓琼. 广州歌剧院邀请800名建筑工人观看首演[N]. 羊城晚报，2010-04-09.

[54] SIRY J M. Chicago's auditorium building: opera or anarchism[J]. Journal of the Society of Architectural Historians, 1998, 57(2): 128-159.

[55] WILKINSON T. Typology: opera houses[G/OL]. (2013-12-25)[2023-08-08]. https://www.architectural-review.com/essays/typology/typology-opera-houses.

[56] 陈寂. 丹尼尔·欧伦：中国正在成为一个制作歌剧的世界中心[N]. 新华网，2013-06-22.

[57] 周榕. 解放的空间：超建筑组织的多重路径[J]. 时代建筑，2014（1）：32-38.

[58] 傅高义. 先行一步：改革中的广东[M]. 凌可丰，丁安华，译. 广州：广东人民出版社，2008.

[59] DING G. Embodied "emancipation": architects, technocrats and the shaping of the Canton Fair in 1970s China [J]. The Journal of Architecture, 2021，26(7): 969-999.

第 5 章

深圳观演空间发展：从边陲小镇到现代化大都市

■ 孙　聪

深圳作为快速发展城市规划建设的典范，是中国当代最大规模造城运动的起点，是世界城市化发展史上的一个奇迹。1980年8月26日，深圳在一夜之间成为中国的第一个经济特区，被推上改革开放的最前沿。40多年来，深圳从面积仅327km²、常住人口31万、GDP（国内/地区生产总值）仅2.7亿元的特区成长为面积1,997km²（不含深汕特别合作区）、常住人口超过1,779万、GDP达3.46万亿元的超级大都市，面积扩容达6倍以上，常住人口膨胀了57倍，GDP更是翻了12,814倍[①]，而这一进程蕴藏在40多年跨度的建造史以及那些有代表性的重要建筑中。

从1989年全国第一个大剧院——深圳大剧院落成开始，深圳共经历了四次文化设施建设热潮，前两轮均发生在全国的大剧院建设热潮之前。值得注意的是，深圳几次文化设施建设的重点区域却与不同时期的城市建设中心惊人地吻合，将它们连成一线，基本就可以勾画出深圳城市格局的变迁过程和城市中心的转移轨

迹，而深圳大剧院项目均是这几次文化设施建设中斥资最高的建筑（图5.1）。

①建设初期（20世纪70年代末～80年代末）：集中开发罗湖、上步组团（深圳大剧院）；

②扩张时期（20世纪80年代末～90年代中）：南头、沙河（华侨城）组团建设（华夏艺术中心）；

③发展时期（20世纪90年代中～21世纪初）：福田中心区开发与建设（深圳文化中心）；

④完善阶段（2010～2020年）：前海中心开发建设（深圳歌剧院）。

本章回顾梳理深圳从边陲小镇到现代化大都市过渡时的几次文化设施建设热潮，剖析以大剧院为样本的文化资源置身于当时的多元化历史背景下，如何融合于公共政策和发展计划中，探讨其承载了哪些额外的城市功能和社会职能。通过对比几轮大剧院建设的投资主体、规划目的及背后政策、与城市结构的关系、建筑尺度与风格、生产机制等，以期捕捉城市空

[①] 数据来源：深圳统计局。

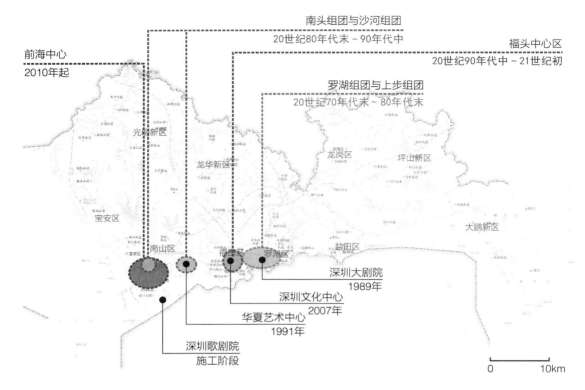

图5.1　深圳四轮文化设施建设热潮及重要观演建筑位置示意图
图片来源：根据中国标准地图［审图号：粤S（2022）037号］绘制

间结构的演化和不同年代文化空间生产机制和建筑产品的变化。

5.1　勒紧裤腰带也要搞文化（1978~1989年）：深圳大剧院

　　早在特区成立初期，深圳的文化设施建设基本为零，只有建于1949年的人民电影院、建于1958年的深圳戏院和建于1975年的深圳展览馆，总投资约60万元人民币，总建筑面积2,751m²。文化建设本身的匮乏加之经济特区的定位，导致主要的资金都流向经济领域，文化建设的严重落后和"经济绿洲，文化沙漠"的担忧，使得当时领导有一股强烈的

愿望要采取特殊措施，快步加强文化建设[1]。1981年4月，中共广东省委宣传部发布的《关于深圳特区思想文化建设的初步意见》明确指出，凡是有利于社会主义精神文明建设的事业以及活跃人民群众文化生活的设施，都应该纳入市政建设的总体规划，分批去实施[2-3]。深圳率全国之先，将文化规划纳入城市总体规划中。时任深圳市委书记、市长当时有句名言："勒紧裤腰带也要把八大文化设施建起来"[4]。

　　第一次的文化设施建设热潮始于1983年，深圳市委、市政府对全市文化设施建设规划进行部署，投资7亿元新建深圳图书馆、深圳博物馆、深圳大剧院、深圳体育馆、科学馆、深圳电视台、新闻中心和深圳大学八大文化设施（图5.2）。据当任深圳市宣传部部长回忆：

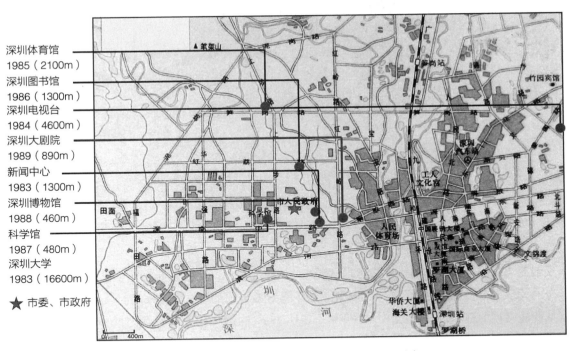

深圳体育馆
1985（2100m）
深圳图书馆
1986（1300m）
深圳电视台
1984（4600m）
深圳大剧院
1989（890m）
新闻中心
1983（1300m）
深圳博物馆
1988（460m）
科学馆
1987（480m）
深圳大学
1983（16600m）

★ 市委、市政府

图5.2　1983年第一轮文化设施建设热潮（建成年份后是该建筑离市政府所在地的距离）
图片来源：根据20世纪90年代初的深圳地图绘制

1981～1983年，这三年用于思想文化建设的投资总额占地方财政基建投资的33%。八个项目中的其中四个——深圳图书馆、深圳博物馆、深圳大剧院和科学馆是由"岭南现代建筑学派"（简称"岭南学派"）建筑师设计。20世纪50～70年代，以广州为中心发展形成的"岭南学派"，对改革开放之初的深圳建设发挥着积极的"启动"作用[5]。"岭南学派"是中国现代建筑的堡垒，中国传统的装饰符号被抛弃了，灵活的布局、几何形体、不对称的形式、素色的建筑，在建筑设计界广受推崇。八大文化设施的设计基本上是采用了当时广东前卫和流行的设计力量。

1984年2月27日，深圳大剧院工程破土动工。项目启动时就获得投资1,800万元，占到

将近当时市一级财政收入的20%；经过5年的建设，到1989年正式投入使用，深圳大剧院的实际总耗资高达8,900万元。"一幢L形组楼，占地四万三千平方米，投资一千八百万元，主厅里设有一千六百个座位，可适应各种文艺团体的演出"，这是1984年2月27日《深圳特区报》对深圳大剧院的描述（图5.3）。1982年12月23日，深圳市文化局给市委和市委宣传部的书面报告《关于改变影剧院兴建计划的建议》中提到：作为一个向全国、全世界起着示范作用的深圳特区，城市的总体建设，必不可少地应当至少拥有一处典型的、有特色的、足以与国际先进水平相媲美的、从事文化艺术活动的中心；它的建造模式也应当成为这一城市引人瞩目和引以为豪的建筑[1]。这就不难解释在人

① 资料来源于笔者对深圳大剧院朱娅经理的采访和深圳大剧院（基建）大事记的记录。

图5.3　1983、1984年《深圳特区报》关于深圳大剧院的报道

口仅74万（1984年数据，包括户籍和非户籍人口）的特区成立初期为什么要对深圳大剧院投入如此超常规的资金。

然而，由于受压缩基建投资的影响，深圳大剧院于1986年国庆节交付使用的计划没能实施。直至1988年，由于深圳大剧院被确定为中国深圳珠海国际艺术节开幕式的主剧场，市政府拨款1,700万元以完成剧场部分和大堂部分的续建工程。1989年5月6～15日，中国深圳珠海国际艺术节隆重举行，而此时音乐厅及其他附属工程尚未完工。

2004年，由于蔡屋围的旧改项目启动，深圳大剧院的旁边新增了两条城市道路，市政府想利用这次机会重新布置深圳大剧院的设备房，消除消防隐患及解决设施老化等问题，并提升剧院周边的外部形象。最后实施方案是室外采用法国欧博建筑与城市规划设计公司方案，室内设计采用北建院建筑设计（深圳）有限公司的中标方案，投资额达1.3亿元，终于在2006年3月完成改造。不到5年，场馆再次出现问题[6]。深圳大剧院全年举办演出171场，服务观众近10万人次。这与年均200场左右的正常演出水平相比，演出场次还有近15%的提升空间。也就是说，尽管是位于中国一线城市的大剧院，经过三十年的市场培育，仍然没有相对红火的演艺事业来匹配。

深圳大剧院的建成对20世纪80年代末期的深圳来说具有理念上的超前意识，也象征了当时先进剧场的发展方向。深圳大剧院位于当时唯一的主干道——深南大道和红岭路的交会处，南面是高楼林立的第一代金融中心，西邻始建于1982年的荔枝公园；占地面积43,760m²，外形简洁，装饰着金色镜面玻璃幕墙，被报道喻为"金色的精灵，深圳的骄傲"。而且它是我国较早实际建成的具有品字形舞台的剧场，除了设有1,600座的剧场和500座的音乐厅，以及文娱、餐厅等配套服务设施外，还设有户外广场，通过下沉广场组织交通流线，率先实行人车分流（图5.4）。

从规划层面来说，八大文化设施除了位于罗湖区的深圳大剧院和深圳电视台、位于南山区的深圳大学以外，其余的均位于市政府所在的福田区，也就是当时重点建设的上步组团。深圳大剧院与当时的市委、市政府同位于当时唯一的主干道——深南大道的北侧，相距890m，即两个公交站的距离，步行时间约15分钟。相比距离市政府460m的深圳博物馆、480m的科学馆、1.3km的深圳图书馆、2.1km

（a）1989年南广场

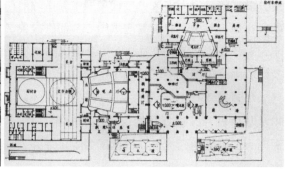

（b）1983～2004年平面图

（c）2012年改造后实景

（d）2004年改造后平面

图5.4 深圳大剧院
图片来源：深圳大剧院

的深圳体育馆，深圳大剧院并不是离市政府最近的文化设施。而当时对于文化设施的规划属于散布式，并未形成任何轴线序列，所以在规划层面来说政治性并无明确体现。从功能层面来说，除了国内外剧团的表演交流外，深圳大剧院还承载着政府组织的各项重大文化节庆活动的重任，包括接待国家领导人参观指导、党政机关组织各种重大节庆活动等，所以在这个方面体现了剧场与政治活动密切联系，这也是中国大剧院所特有的特征。另外值得一提的是，剧院还配套齐全的商业设施，如画廊、咖啡厅、文化精品廊、中西餐厅、歌舞厅、半室外地下商业街等，这是新中国成立后剧场设计中首次将文化设施和商业设计相结合。但令人遗憾的是，当时的公众对公共建筑的设计与实施是缺乏知情权和参与权的。

5.2 城市空间向西扩张（1989～1996年）：华夏艺术中心

邓小平1992年到广东沿海一带视察，发表著名的南方谈话，深圳以"发展才是硬道理"为口号又投入新一轮的开发建设，打破了一度停滞的国家改革开放僵局，此阶段深圳的发展主要是进一步实现新组团的建设和城市的扩张[7]。20世纪90年代，深圳把文化作为精神文明建设的重要内容来抓，又一次集中投入巨资，建成了华夏艺术中心、深圳书城、关山月美术馆、何香凝美术馆、特区报业大厦、商报大厦、深圳画院、深圳体育场的新八大文化设施，此时深圳的公共文化服务体系基本成型[8]。这是深圳的第二轮文化设施建设热潮，文化设施的空间分布格局继续向西扩散，并且依然是呈分散式的，但大多数更接近规划中新市政府的所在地，其中只有华夏艺术中心与何香凝美术馆位于距当时市中心14km的南山区华侨城及深圳画院位于罗湖区银湖（图5.5）。

华夏艺术中心建设的故事起源更早一些，得从华侨城片区规划开始讲起。1985年11月，深南大道继续向西挺进，根据国务院侨务办公室和特区办公室的意见，从沙河华侨工业区划出4.8km²的山岭和滩涂地，建设一个全新的外向型开发区——华侨城。时任华侨城建设指挥部主任高价聘请新加坡规划师孟大强先生设计规划这片滩涂地。而"城市设计"作为一种学术性和专业性的概念，也是在这个时期传入中国的[9]。孟大强的规划理念是：设计一座相对独立的城中之城，有自己的工业、住区，以及行政、文化、商业中心；尊重原有地貌；控制建筑高度和密度；区内道路成T形布局，避免宽马路和交叉穿行；设置一条步行街式的区

域中心[10]。到1989年11月，一个名为"锦绣中华"主题公园的成功不仅创造了一种新型的中国主题公园，也为华侨城集团有限公司带来了巨大利益，从而促进了华侨城其他项目的发展，如几乎同时启动建设的华夏艺术中心、民俗文化村和何香凝美术馆。孟大强是第一批进入中国市场的新加坡规划师，他摒弃了纪念性的规划风格，将人文视角应用到华侨城的城市设计中。

华厦艺术中心位于刚提到的"锦绣中华"主题公园对面，由华森建筑与工程设计顾问有限公司（简称华森公司）设计（此前华森公司因设计深圳南海酒店、深圳体育馆而声誉鹊起），1990年9月开工，1991年10月交付使用，占地4,500m²，总建筑面积为13,000m²，楼高4层，高度为27.2m。功能布置反映了当时的时代需求，歌舞厅产业盛行的背景下，首层东侧的歌舞厅是当时深圳最大的国际标准舞厅，面

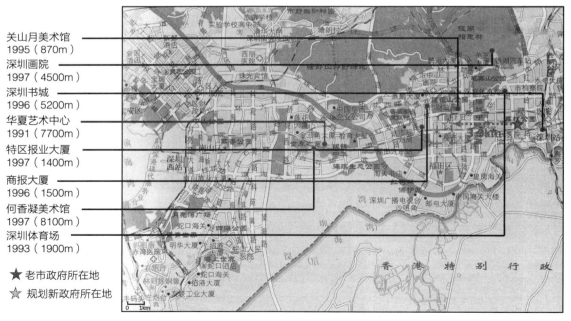

图5.5　20世纪90年代第二轮文化设施建设热潮（建成年份后是该建筑离当时市政府所在地的距离）
图片来源：根据20世纪90年代中期的深圳地图自绘

积逾800m²。在20世纪80~90年代改革开放初期的现代化摸索中，建筑设计出现了强烈的折中思想，即传统文化元素与西方样式结合并存[11-12]。华夏艺术中心就是很典型的例子，建筑师将传统文化元素与现代建筑的功能和技术结合起来：首先是材料的选择上，选取了传统的粉红色凹凸面砖，层间加以灰砖横线条分割；其次是立面细节的处理上，西侧楼梯旁及东南侧水池上方的外墙均采用中国古代传统图腾的抽象红砂岩浮雕装饰；再就是景观设计方面，在主入口前沿街两侧设置了中式园林；在东侧水池中加设了9m高中国风的"飞天"铜塑小品（图5.6）[13]。1993年，华夏艺术中心获得全国优秀设计评选委员会国家金奖和建设部国家优质工程一等奖，华森公司也相继在华侨城片区做了大量的建筑设计。经过多年的实践，华侨城作为相对独立的城市组团，其开发无疑是成功的，整合了生态环境与城市功能，逐渐发展成具备居住、旅游、高端产业功能的城市居住休闲中心。

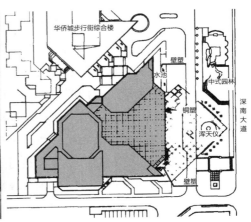

图5.6　华夏艺术中心

5.3　政治、文化、经济中心合并的文化集群策略（1996~2010年）：深圳文化中心

5.3.1　新区模式探索——福田中心区建设

　　1996年是深圳二次创业时期的起点，政府将福田中心区作为重点建设基地。事实上，早在20世纪80年代末，福田中心区规划就已启动，但直到2010年，深圳才完成福田中心区以及最密集铁路线及其车站的建设。1987年，由英国陆爱林戴维斯规划公司（British Llewelyn-Davies Planning Co.）与当时的深圳城市规划局合作出了第一版方案，奠定了沿南北中轴线两侧布置公共建筑的设计思想。1988年完成的《深圳经济特区福田分区规划》是基于上一版的城市设计图绘制的，基本确立了福田中心区的规划布局——深南路北侧中轴线两侧设置文化中心及信息交换中心，而南侧沿中轴线设置金融、贸易商业中心，沿用棋盘式方格网道路结构，实行机非分流设计；提出文化广场布置于中心绿带北部，结合社会文化中心与大型剧院，供人们进行文化、社交活动[14]。这些设计理念在最终的实施计划中得到了保留。1991年，市政府再次启动福田中心区规划方案的研究，由同济大学建筑设计研究院与深

圳市城市规划设计研究院（简称深规院）合作，尊重中轴线设计和"机非分流"的规划原则，在1989年国际咨询中四个征集方案的基础上提出新的综合方案。此版方案以南北中轴线与东西向深南大道交汇处为圆心画出三层圈：内圈为休闲广场；中圈安排商业、文化等大型公共设施；而外圈则为商住混合区域。同年11月，政府开始对大型公共文化设施进行选址。12月出台的《关于深圳会议展览中心选址报告》指出，拟在福田中心区北部、金田路西、红荔路南布置会展中心[15]。1992年，中国城市规划设计研究院（简称中规院）编制中心区控制性详细规划（简称控规）和中心区交通规划，再次明确在福田中心区南北向中轴线与深南大道相交处布置椭圆形广场，广场北面是行政办公、文化设施用地；未来福田中心区将作为展示中华民族经济和文化双重复兴的世界性窗口[14]。这一版控规相当于将福田中心区的定位拔高为深圳未来的行政文化中心。1995年、1996年，市政府对福田中心区核心地段（即南北向空间主轴线两侧1.93km²及市政厅单体建筑方案）进行国际咨询，参与的机构有美国李名仪/廷丘勒建筑师事务所、法国SCAU建筑与城市规划设计国际公司、新加坡雅科本建筑规划咨询顾问公司、中国香港华艺设计顾问有限公司[16]。李名仪的方案因中轴线立体化设计、舒展的市政厅单体建筑形象等创意而被推荐成优选方案，这一次方案的规划和市政厅单体形象都在之后得到了延续和发展（图5.7）。

5.3.2 文化集群模式探索——深圳文化中心建设

1997年是福田中心区大型公共建筑项目方案设计招标最集中的一年，深圳市委、市政府

对福田中心区六大重点设施进行招标设计及中轴线详细规划方案设计，包括市政厅（现为市民中心）、图书馆、音乐厅、少年宫、电视中心（现名为广电大厦）、地铁水晶岛站（现名为市民中心站），其中四项均为文化建筑设施，这一阶段为深圳第三轮的文化设施建设热潮。这一轮文化设施的规划采取了集群的策略。图书馆和音乐厅的选址也在这个时候被确定，由原先深南路北侧与益田路西侧交会处（市政厅西南侧地块）调整搬迁至原会展中心所在地块（市政厅西北侧地块），与市政厅的区位联系更紧密。福田中心区是深圳市人民政府于这一阶段投资公共文化建筑设施最密集的区域，其中深圳文化中心（音乐厅和图书馆）17亿元、少年宫5.3亿元、电视中心7.6亿元、会展中心25亿元（图5.8）。这里的规划和过半的标志性建筑均是由海外建筑师设计。

福田中心区的设计咨询是早期几个为数不多的专门针对中央商务区（CBD）的国际竞赛之一，在全国有一定影响的国际竞赛就是从深圳中央商务区竞赛开始的。它对中国其他城市的影响可以从中国新城总体规划的普遍模式中看出。在这种规划模式中，文化建筑集群基于有序的美学布置在行政中心附近，规划者试图创造一个轴线控制下的政治文化中心，所以导致文化建筑的设计首先要满足政治审美的需求[17]。深圳福田中心区的规划采用了传统的中轴线布局，该轴线从北部的莲花山穿过市民中心（市政府大楼）并一直延伸至南面的会展中心，绵延2km²。但是，由于搁置了"水晶岛"项目，该轴线被160m宽的深南大道阻断。值得一提的是，此中轴线的公共空间系统是由日本建筑师黑川纪章于1997年深化设计的。公共文化设施主要位于深南大道以北的中轴线两侧（图5.9）。北中轴由莲花山南麓连接深圳中

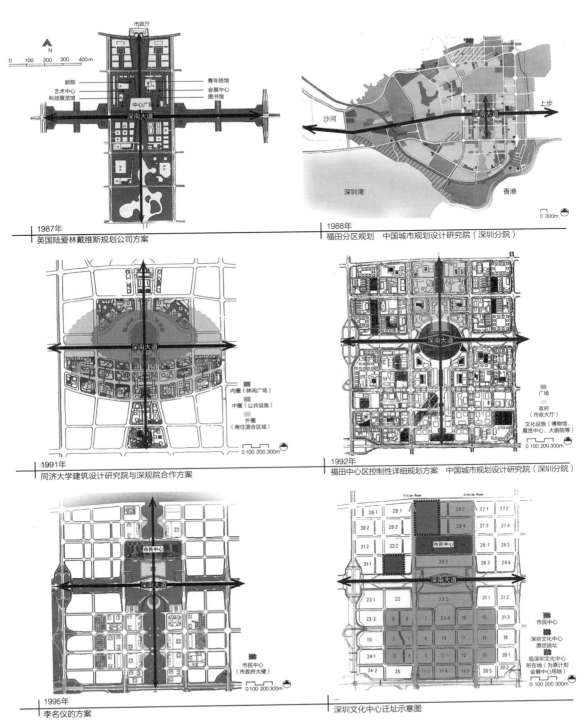

图5.7　福田中心区历次规划设计
　　图片来源：笔者改绘。底图来源——深圳市规划和国土资源委员会. 深圳市中心区城市设计与建筑设计1996—2002：深圳市中心区核心地段城市设计国际咨询［M］. 上海：同济大学出版社，2002：160-167.

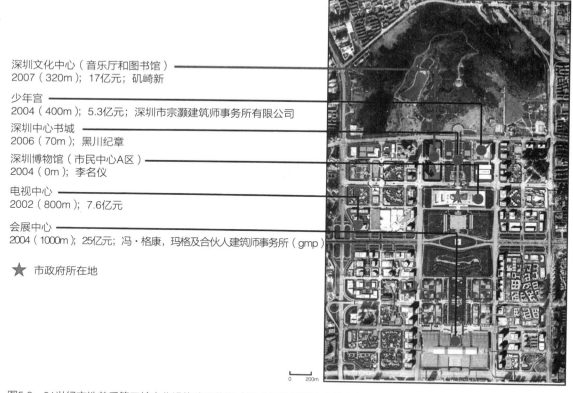

深圳文化中心（音乐厅和图书馆）
2007（320m）；17亿元；矶崎新

少年宫
2004（400m）；5.3亿元；深圳市宗灏建筑师事务所有限公司

深圳中心书城
2006（70m）；黑川纪章

深圳博物馆（市民中心A区）
2004（0m）；李名仪

电视中心
2002（800m）；7.6亿元

会展中心
2004（1000m）；25亿元；冯·格康，玛格及合伙人建筑师事务所（gmp）

★ 市政府所在地

图5.8 21世纪交迭前后第三轮文化设施建设热潮（建成年份后是该建筑离市政府所在地的距离）

图5.9 福田中心区：北面中轴线与文化建筑布局

心书城顶层平台，再一直延伸至市民中心平台作为仪式公园。这一中轴概念（或生态廊道）在中国的许多新城或新区都被复制，如南京的河西新城和杭州的钱江新城。但从实际使用情况来看，因为在位于地面层的行人视角并不能体会规划的壮观，这变成了典型的"纸上空间"。再者，四大文化建筑均匀地分布在北中轴两侧，再加上中间轴线下的深圳书城，可以看成一个由文化建筑群形成的巨构。但是由于规划与建筑体系破碎和文化建筑间的空间关系不明确，导致四大文化建筑只能勉强两两对话，并未真正发挥"合力"的作用。

深圳文化中心由音乐厅和图书馆组合而成，建设用地为55,846m^2，位于市民中心的西北面。市政府于1997年10月进行公开国际设计竞赛，比1998年4月发起的国家大剧院国际设计竞赛还早了足足半年。竞赛原则为有限邀请赛，共有七家参赛单位，分别为来自日本的矶崎新，加拿大的萨夫迪建筑事务所（Safdie Architects），美国的Kling Lindquist建筑事务所、丹麦SHL建筑事务所、加州城建设计集团、中国香港的许李严建筑设计事务所（Rocco Design Architects Limited）和北京市建筑设计研究院。深圳市文化局作为业主，希望深圳文化中心能够"成为有标志性、有时代特色和文化特色、环境优美、市民和访客喜爱的公众文化休闲场所"。当时的任务书给的造价预算是：音乐厅单体造价为4亿元人民币左右，而图书馆则应控制在3亿元人民币左右。1998年1月收标，初步设计的评委由来自规划、建筑、结构、声学、音乐、图书馆学的12位专家组成。一个礼拜后，由规划国土局、文化局共同主持，邀请国内外七位著名建筑专家对方案进行投票，选出前一、二名，专家包括两院院士吴良镛和周干峙、中国工程院院士关肇邺、

香港建筑师潘祖尧、声学专家王炳麟等[18]。其中三位评委后来也参与了国家大剧院项目的评标，可见深圳文化中心的竞赛规格之高和市政府对福田中心区建设的雄心。

最后由日本矶崎新设计的方案拔得头筹，获得评审委员会的一致推荐；第二名是加拿大萨夫迪建筑事务所。相较于其他竞标的建筑师，矶崎新拥有更多的观演类建筑设计经验，实施项目包括1995年建成的京都音乐厅以及当时几乎完工的奈良100年会馆。矶崎新来参加文化中心的投标可谓是踌躇满志，这是他在中国的第一个建成项目，也借此打开了中国设计市场的局面，而后又陆续设计了上海交响乐团音乐厅、哈尔滨音乐厅、大同大剧院等大型观演类建筑。但是似乎在矶崎新的观演类建筑中，很难捕捉到连续的设计手法。持续变化的设计观正好与深圳这样一座有着改革基因的城市完美契合。矶崎新在谈到深圳文化中心的设计意图时说：他认为深圳与其他大城市不同，是一个非常年轻并已经摆脱了传统束缚的自由城市，所以他在做深圳文化中心设计时，非常确信富有新意的设计才是这个城市所需要的，并且这个新建筑还要具备可决定深圳未来面貌的风格样式，要跳脱出城市旧有的结构。除此以外，他还对竞赛过程给予高度评价，认为是符合国际标准和公正公开的，还指出评审委员会充分领会了甲方的意图，选取了最具创意的设计[19]。

回到深圳文化中心的方案遴选上，矶崎新的提案最引人注目的是"黄金树"和视觉上非常华丽的竖琴式玻璃幕墙的创意——以开放通透的姿态展现在城市中，相互独立的图书馆与音乐厅通过一个面向中央轴线的二层平台连接成统一整体。音乐厅由1,800座的葡萄园式大厅和400座的小厅组成，入口大厅顶部是由

五根金色的巨大树状结构支撑多面体玻璃而成。另外，矶崎新在色彩的运用上也非常大胆，选择中国传统"五行"所对应的颜色——黄、红、青、白、黑。原评委在初步设计的评议纪要里提到了选择该方案的原因：正立面处理得非常好，建成后能够成为标志性建筑；建筑整体处理与福田中心区大环境协调；在使用功能方面，演奏大厅选取葡萄园式对声学效果是有利的[18]。其实不难解读评委的观点，该方案主（东）立面的玻璃垂幕与"黄金树"概念别具一格，完全符合竞赛文件中的"标志性"要求。萨夫迪的方案由两个独立的螺旋体相对而立组成，曲面与光影变化丰富，结合水景布置对东侧的开放空间有一定的围合作用（图5.10），被评委们称赞为"具有强烈的雕塑感，是优秀的创作"。但该方案与萨夫迪于1995年设计的温哥华图书馆相似，考虑原创性因素和规划上的协调因素，以及两面弧形墙的形式影响了音乐厅的侧向反射声，加之集中式

大堂休息厅布置[20]，最终还是矶崎新方案占得上风。

1998年12月底，六大重点工程同时举行开工典礼，福田中心区的公共建筑大开发建设就此拉开帷幕。经过10年的建设，深圳文化中心于2008年正式投入使用，实际总耗资比任务书预算超支10亿元。矶崎新先生在接受采访时回忆道："当时由于技术上出现问题，为确保原方案造型的完整，市政府及深圳市中心区开发建设办公室相关工作人员积极召开全国范围的研究大会，并为此作了工期和造价的调整。"也恰恰是政府公共建筑项目，减少了增加预算和推迟工期的阻力，从而保证了建成效果。从建成效果而言，方案设计得到了大程度的实现。施工队与日本结构工程师合作做模型，并在现场确认每个节点，"金银树"①的结构才得以实现技术的突破。尽管政府官员继续强调对地标性的需求，但这一时期的观演建筑发展更显专业性，整体功能也更纯粹，与政治的关联

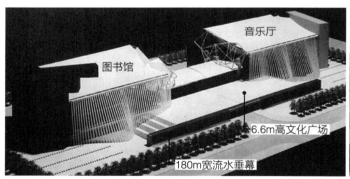

图5.10　深圳文化中心竞赛第一、二名方案
图片来源：深圳市规划和国土资源委员会. 深圳市中心区城市设计与建筑设计1996—2002：深圳市中心区文化建筑设计方案集［M］. 上海：同济大学出版社，2002.

---

① 深圳文化中心分为图书馆和音乐厅，结构是一样的玻璃树形，由于结构刷漆颜色不同，图书馆采用的是银树，音乐厅采用的是金树。

性仅体现在布局上。

音乐厅是深圳市继深圳大剧院建设后，由市政府全资兴建的标志性大型观演设施，2023年全年举办演出190场。根据现场观察也发现了一些问题，如图书馆与音乐厅的二层共享平台前约180m的流水垂幕对其后方的大阶梯产生视线遮挡，使得较多人群并不使用原设计中通往距离地面6.6m高的两条大型阶梯去往剧场。另外，通过对音乐厅管理人员的访谈，了解到音乐厅曾购置好户外演出设备，并在文化广场上组织过公开活动。因为影响到读者看书，共享平台那一头的图书馆意见非常大。所以音乐厅管理人员表示，"若当时设计师考虑将图书馆和音乐厅分开，也就不会存在现在相互干扰的问题。另外，出于安全因素考虑，唯恐大阶梯发生危险责任界定问题，加之这类活动需要提前申报及城管部门不希望人群过于聚集等问题，所以现在街边艺人是不允许在音乐厅红线内演出的"。一来是要保持音乐厅的高雅性质，二来是不能打扰音乐厅的秩序。原设计的户外剧场就此被取消，这恰恰就是没有把建筑师设想的公共空间联系纳入到城市公共空间管理当中的体现。实际使用中利用率最低的公共平台和阶梯入口，恰恰是建筑师自己非常满意的点睛之笔。这也暴露了一个问题，就是运营管理主体在深圳大剧院施工完成后入驻，缺席了音乐厅生产的前中期阶段，导致使用现状和设计预想产生差距。

除此以外，相较于热闹的广场和对面的图书馆，音乐厅内部在没有演出的时候则显得落寞。音乐厅的大厅是开放的，里面的商铺多为高档的乐器店和与音乐相关的培训机构，还有两家西式咖啡店，对一般群众并不具备吸引力。笔者进行了走访观察以及对广场活动人群的无差别采访，不少群众表示"不知道音乐厅

的大厅是可免费进入的""挺漂亮的，隔着玻璃看看就好""很贵吧"等。深圳文化中心打破了封闭盒子的建筑形式，其竖琴式玻璃幕墙开放通透，这反映出深圳音乐厅的视线可及、物理可及都已经具备，但是心理可及方面还需努力。

5.4 双中心结构（2010年起）：深圳歌剧院

2010年8月，国务院正式批复同意《深圳城市总体规划（2010—2020）》，明确了两个城市主中心——福田—罗湖中心和前海中心、五个城市副中心。2019年2月18日，中共中央、国务院印发《粤港澳大湾区发展规划纲要》，明确前海应积极建设成为国际化城市新中心。深圳城市中心持续西移，城市版图向四面八方扩张。

随着国家"粤港澳大湾区"战略构想的推进和珠三角范围内基础设施的互联互通，打造大湾区国际都市圈的时机已成熟，而国际都市圈的形成与发展除了依赖于经济发展、科技创新、产业升级等，也离不开文化交流的融合。深圳，这座有世界级规模和经济水平的大型城市被定位成大湾区建设的引擎，被赋予了新的使命，它和珠三角、香港、澳门的关系也随之发生改变。《深圳市文化产业发展规划纲要（2007—2020）》对这一使命有这样的回应："由于深圳独特的区位优势，使其文化市场具有良好的辐射周边城市消费群体的能力。"2018年12月，深圳发布重大文体设施建设规划：将高标准规划、高质量建设一批与城市发展定位相匹配、具有国际先进水平的重大文体设施，使其成为代表城市形象的地标性设施[21]。深圳第四轮文化设施建设热潮拉开了

序幕。从规划文件和招标文件中对各项目的期许进行词频分析，可以捕捉到反复出现的关键词是：文化、中心、国际化、世界一流的、创新的、大型的、重要的、地标、大湾区、城市形象等。

显然，也许是因为福田中心区的成功，深圳的决策者们清楚地认识到通过文化建筑的建设，不仅有助于建立新的城市形象，而且可以进一步推动这一片区的城市建设和升级。除此以外，相较于1996年重启福田中心区规划时的482.89万人口，深圳目前已经以1,756万人口，跃至广东人口排名第二。作为人口排名全国第六的超大城市，城市的综合承载能力需要相应提高才能满足爆炸式人口增长的需要，新十大文化设施的规划建设是提升城市总体功能和补齐文化短板的重要举措。10个项目中有8个是由市建筑工务署负责建设的。深圳于2002年成立了建筑工务署，这是中国唯一负责所有政府

投资建设工程项目设计和管理的政府部门。该部门有420人，通常同时运行近200个项目。项目运行的基本流程是：项目完成了立项和选址之后，市建筑工务署负责从科研、设计、概算、预算直至项目建设、竣工验收的所有工作后，交付给使用单位，俗称"交钥匙"模式[22]。该部门的成立反映了深圳对获得良好合理设计的渴望，是规范政府公共建筑项目招标投标流程的有力保证。

对于深圳歌剧院这个项目，市建筑工务署多次聘请相关专家进行专题讲座和任务书制作的讨论；在自然博物馆项目上，与知名独立文化机构"有方"合作，进行前期市场和民意调研，共同开展招标投标工作。这一举措可以说是在公众参与方面迈出了一大步。但是令人遗憾的是，这一进步并没有在其他项目中体现。从规划层面上看，与上一轮在福田中心区的文化设施的集中布局大大不同。如图5.11所

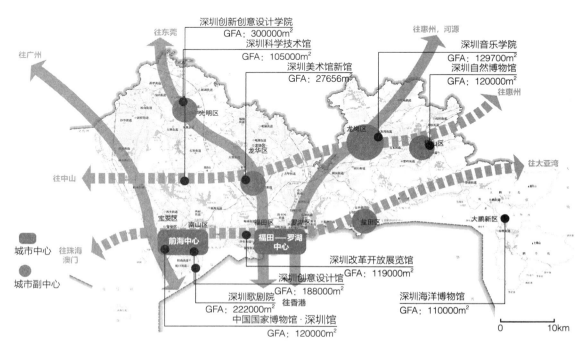

图5.11　第四轮文化设施建设热潮项目分布图
图片来源：根据中国标准地图［审图号：粤S（2022）037号］绘制

示，十大设施分布在八个区，过半数位于原二线关外，兼顾了中心城区和周边新城，体现了均衡分布。但围绕前海中心周边有较集中的布置。将《深圳城市总体规划（2010—2020）》中的城市布局结构规划图与新设施的布局叠加，不难看出政府指望通过在各区内重点建设新区的地方建设标志性重大文体设施去带动这些尚欠发展地区的发展。这也是首次将文化项目的辐射范围放大到大湾区城市群的维度。

2016年初，深圳市委、市政府决定启动深圳歌剧院建设。深圳歌剧院作为"新十大文化设施"最瞩目、最重要的项目，光是选址之争就讨论了长达两年。最后在四个备选地块中挑选南山东角头地块作为建设用地，其他热门备选用地包括南山超级总部基地地块、福田香蜜湖等，都是城市中的价值高地。项目基地呈半岛状伸入海中，与香港隔海相望。地理位置上与悉尼歌剧院相似，三面临海，不同的是其周边是高端居住区及公园。政府为提升深圳歌剧院项目的公共交通

可达性，不惜成本完善了基础设施布局：将地铁13号线延长至深圳歌剧院的北侧地块，设立歌剧院站，并以其为中心打造交通枢纽（图5.12）。

2020年1月中，深圳歌剧院设计方案向全球征集，竞赛采用"意向邀请+公开征集"两种报名方式。八家被邀请的都是知名事务所：法国让·努维尔事务所（Jean Nouvel）、美国迪勒·斯科菲迪奥与伦弗罗设计工作室（Diller Scofidio + Renfro）、斯蒂文·霍尔建筑师事务所（Steven Holl Architects）、挪威斯诺赫塔建筑事务所、瑞士赫尔佐格和德梅隆建筑事务所（Herzog & de Meuron）+悉地国际（CCDI）、西班牙圣地亚哥·卡拉特拉瓦（Santiago Calatrava LLC）、意大利伦佐·皮亚诺建筑工作室（Renzo Piano）和中国建筑设计研究院有限公司，其中有三位为普利兹克奖得主。这也反映了中国文化旗舰项目的一个特征：这种大项目很多情况下是采用有限邀请的方式征集，被邀请的大多是有声望的国际事务所，旨在全球范围内采购

图5.12　深圳歌剧院项目选址示意

最"好"的建筑产品。2020年4月，由何镜堂院士担任主席的评审团队①从80份公开征集的参赛概念提案中挑选出12家团队，其中不乏世界著名事务所与大型本土设计院联合体。2020年7月，评审团队②在12家公开征集团队与8家邀请的建筑公司中选出6家入围机构进行下一阶段。2020年8月，评审团队③选出三个优胜方案继续深化。2021年3月，让·努维尔领衔的设计团队提交的"海之光"方案获得一等奖（图5.13）。

海外公司与本土设计院联合体的兴起，即本土设计院从曾经的施工图设计配合方转变成方案联合设计方，体现了中国本土设计机构设计水平的迅速提高。尤其是在全球新冠疫情的艰巨条件下，许多地方的地标项目招标甚至规定作为非联合体参赛的海外设计公司必须在国内有分支机构，此举更是促进了一些并未全面进入中国的商业化不强的设计机构与本土设计院合作。除了主办方代表外，几轮评选的评委均为建筑师，唯独第一轮有规划专家——中国城市规划设计研究院副总规划师朱荣远，占评委总数的1/7；以及最后一轮评选时加入了剧场管理专家——国家大剧院的前院长陈平，占评委总数的1/9。同样，公众和艺术团体由始至终都是缺席的。这也从侧面反映了业主的需求，选建筑产品多过选剧院。对比最后入围的三个方案，BIG建筑事务所+北京市建筑设计研究院股份有限公司联合体、隈研吾建筑都市设计事务所+深圳大学建筑设计研究院有限公司联合体的方案的视觉冲击力和

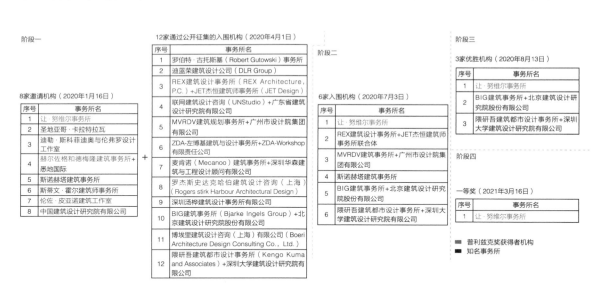

图5.13　各轮参赛机构的遴选示意图
图片来源：笔者根据市建筑工务署提供的资料绘制

① 此轮方案评审委员会由七位评委（何镜堂、孟建民、朱荣远、刘晓都、刘珩、钟兵、肖诚）及两位主办方代表组成，由何镜堂担任遴选会评审主席。
② 此轮方案评审委员会由九位评委 [何镜堂、孟建民、韩冬青、刘晓都、曾群、肖诚、妹岛和世（Kazuyo Sejima）、严迅奇、托马斯·赫斯维克（Thomas Heatherwick）] 及两位主办方代表组成，由何镜堂担任评审主席。
③ 此轮方案评审委员会由九位评委（何镜堂、孟建民、陈平、韩冬青、刘晓都、曾群、肖诚、妹岛和世、严迅奇）及两位主办方代表（王丽华、倪骏）组成，由何镜堂担任评审主席。

科技感没有让·努维尔的方案大，反而散发出一种相似的平静和禅意。正如前文提到的，深圳刚被赋予了新使命，外加中国特色社会主义先行示范区定位的加持，深圳迫切需要建立更超前、更具冲击力的城市图像。显然，让·努维尔的方案更符合决策者的期许（图5.14）。

深圳歌剧院作为"新十大文化设施"之首，其地位早已在城市规划层面体现出来。总建筑面积22万m²的多个单独体量和艺术街区被笼罩在一个巨大的表皮之下，飘逸的曲线外形似乎与内部规整的空间关系不大。与福田中心区中多个不同类型文化建筑群组形成的文化巨构不同，这是一个在超大型框架下，以观演功能为主，由多个不同尺度的单元主要以水平的方式所构建的剧院综合体——剧院巨构。江苏大剧院、苏州湾文化中心、国家大剧院、梅溪湖国际文化艺术中心都属于这种类型。深圳歌剧院正在施工中，对城市的影响，我们拭目以待。

5.5 总结与讨论

深圳是中国当代最大规模造城运动的起点，全国大规模的城市建设晚于深圳约10～15年，其规划建设体制、城市奇迹般发展已然成为快速城镇化的范本[23-24]。在深圳快速城镇化的大背景下，近40年文化设施的超常规投入是这个城市建设热潮中最引人瞩目的建筑现象，然而每个阶段背后的驱动力以及对城市结构、城市形象的影响是非常不同的（表5.1）。

深圳特区建立初期，政府希望用社会主义思想文化战胜资本主义思想文化，所以在经济建设的同时，花很大的力气去抓文化建设。另外，深圳大剧院承载着政府组织各项重大文化节庆活动的重任，这也体现了中国观演类建筑的一个重要属性——政治性，从侧面也反映了中国城市的文化规划与政治的紧密相连。这一轮八大文化设施是老市中心的重要组成，布局呈分散状。伴随着全球化带来技术和设计风格的革新，"岭南学派"的影响逐渐弱化。20世

（a）让·努维尔事务所方案：海之光

（b）BIG建筑事务所+北京市建筑设计研究院股份有限公司联合体方案：海洋韵律

（c）隈研吾建筑都市设计事务所+深圳大学建筑设计研究院有限公司联合体方案：东方意境

图5.14 前三名入选方案
图片来源：市建筑工务署公开资料

深圳市四轮文化设施建设热潮比较　　　　　　　　　　表5.1

文化设施建设热潮	第一轮（1978~1989年）	第二轮（1989~1996年）	第三轮（1996~2010年）	第四轮（2010年起）
公民参与	不知情，未参与	不知情，未参与	有限参与	公众咨询
对城市空间结构的影响	旧城中心的重要组成	城市扩张——新组团开发	新城市中心建设——文化中心与政治中心合并	均衡分布，带动原"二线关"外偏远地区发展
背后政策或宣言	用社会主义思想占领阵地	文化作为精神文明建设的重要内容	文化立市策略	建设全球区域文化中心城市
投资方	政府	政府+央企	政府	政府+社会资本
代表性观演建筑项目立意	具有国际水准的典型文化中心，是城市骄傲	以弘扬中华文明、促进中外文化交流为宗旨的多功能文化建筑	有标志性、时代特色、文化特色、环境优美、受市民和访客喜爱的公共文化休闲场所	世界级最高标准艺术殿堂、粤港澳大湾区国际文化交流新平台，与城市发展定位相匹配、具有国际先进水平的重大文化设施
建筑风格	岭南建筑风格	折中主义风格	全球风格	全球风格
贡献	率先将文化规划纳入城市总体规划中	开创了"文化+旅游+城市化"的创新发展模式	在新城规划中基于有序美学发展、以行政建筑配合文化集群的布局	将文化发展战略提升到城市群维度

纪90年代，深圳在全国率先制定了专门的文化发展战略，但这一轮文化设施建设热潮中的项目规模普遍相对较小，布局依然呈分散状，沿城市边缘区自然地扩张。华侨城作为一个企业，它的国资背景导致了华夏艺术中心还同时具有公共服务和开展非营利活动等功能。所以华夏艺术中心的建设延续了工人文化宫、工人俱乐部等老文化机构的功能和形式，除了央企工人俱乐部特色外，商业化趋势也逐渐显现。建筑设计是中西结合的现代建筑风格，但水平显然是倒退的，华夏艺术中心的建设对华侨城的社区功能补充和组团独立性有重要的作用。

随着21世纪的到来，深圳从改革开放政策中获益匪浅，并为全球化时代作好了准备。新城市中心从规划到旗舰项目的设计，都采

用国际竞赛的方式进行。同时也开创了引领国内流行的政治中心、文化中心和商务中心相结合的新城发展模式，这次文化集群的布局和与政府的轴线关系将深圳大剧院的政治属性转移到规划层面，而深圳音乐厅的设计则是全球化的地标剧院风格：造价高昂、建筑尺度大，注重表皮设计，观众厅及舞台设计更国际化和专业化（图5.15）。继粤港澳大湾区的部署到中国特色社会主义先行示范区的提出，新一轮文化设施建设热潮正在推进，通过建设文化建筑带动城市建设，升级的规划思想也被继续推广和发展。"新十大文化设施"兼顾中心城区和周边新城的分散布局恰恰体现了这一思想。将最重要的深圳歌剧院和其他两个项目放到前海中心，反映了政府

深圳戏院 1958年　　深圳大剧院 1989年　　华夏艺术中心 1991年　　　　深圳音乐厅 2007年
特区成立前已存在　　第一轮文化设施建设热潮　第二轮文化设施建设热潮　　　第三轮文化设施建设热潮

图5.15　深圳各阶段主要文化地标（剧院）的立面比较图

落实与新市中心等级相匹配的文化资源部署，从而推进双中心城市结构的形成。另外，这座巨构设计风格的新型剧院是更具未来感、更抽象、造价更高昂的全球化地标。

　　总体来说，这几轮文化设施建设是深圳加强社会主义核心价值体系建设、城乡和新城建设、城市提升竞争力的结果。外国规划师与建筑师的加入，迅速提高了深圳乃至全中国的文化建筑设计水平，使中国城市融入全球化的图景和竞争之中。然而，现代城市名片及形象建设往往建立于经济逻辑之上，而非从人的需求出发。在设计层面，中外建筑师们纷纷揣摩决策者的想法，寄望以各种"别具一格"的设计配以寓意叙事（噱头）突围而出；文化团体作为舞台或后勤区域的使用者和经营管理者也基本只是在专家会上给出参考意见，而具体能被参考多少，难以保证也难以衡量；而作为文化建筑的使用主体——民众，其参与度与知情权在一定程度上受到了限制。另外，地方政府有意识地对文化设施加大投入，而建成后有些城市管理者的实际操作却是将现有的文化空间"珍惜"起来，不考虑民众以非消费形式到文化建筑进行活动，也不顾建筑师、规划师对于空间的设想利用，久而久之公众心理对某些"高大上"的文化场所就产生了距离感。所以说，公共建筑空间的质量还必须依赖的一个关键要素，就是管理水平的投入及对民众使用的考量。

　　深圳被视为推行改革开放政策和打破陈旧教条的先驱。在过去40多年的发展中，这座城市创造了许多奇迹，包括文化设施建设热潮的推行，中国其他城市也紧随其后。四轮文化设施的快速升级是城市设计和文化运动变化趋势的缩影。这座城市吸引了国际关注。这些政府自上而下的建设如何能慢慢渗透到普通人的日常生活呢？这需要更长的时间来培养和观察。

个人场景

　　我出生在深圳，但我的父母不是深圳人，被贴上"深二代"标签的我，在这个只比我大八岁的城市里茁壮成长。小时候我住在离大剧院不到一公里的单位住宅区，虽然当时大剧院及其背后的金融区是别人眼中最繁华的市中心，但于我，却是晚饭后散步的乐园！当时的深圳大剧院除了演出大厅，都是开放的。每天晚上爸妈牵着我穿过荔枝公园，到大剧院底下热闹的商业步行街散步、在广场上乘凉……然而我终于在四岁的某一天走进了这座20世纪80年代乃至90年代深圳最好的艺术殿堂，拿着父亲单位发的赠票观看话剧。20多年过去了，我早已忘却了话剧的名字和内容，能付之一笑的是第二天拿着票根回学校跟小伙伴们嘚瑟、嬉笑的场景。20世纪90年代的大剧院除了举办各种大型文艺演出外，还承载政府机关、事业单位的各类高规格会议及节庆活动，高昂的票价及突出的政治功能使得进入大剧院看演出不能成为一项大众化的娱乐活动。2005年的更新改造更是将开放的地下商业街、高低错落的室外广场填平变成地下停车场，承载着一代深圳人特殊记忆的大剧院和附近的"大家乐舞台"都变成了一座座冰冷封闭的"落地盒子"。

众所周知，深圳是个移民城市，多元文化在这里碰撞、融合，这个城市似乎比其他任何城市都更具包容性、创新性。1987年，政府率先为未来经济特区的中心区规划进行了国际咨询。再到1997年，政府开展对中心区六大公共建筑项目密集的国际招标，都彰显了深圳开放包容、推陈出新的决心。2007年，一座日本建筑大师设计的音乐厅在这里落成，当时作为

大二建筑系的学生，我自然不会错过这样近距离膜拜大师的机会。在俨然是柯布西耶笔下的明日之城里，在带有浓郁美国20世纪80~90年代摩登楼色彩的写字楼群中，有这么一座既低调又晶莹剔透的文化殿堂，让我意识到原来图书馆和音乐厅是可以做到这么通透开放的。然而，由于种种原因，音乐厅在后期的使用上并未如外表般开放，这类"高大上"的文化场所与公民生活依然存在着一定程度上的隔离。潮流在更迭，新的建设也在推进。我期望深圳再继续书写另一个传奇。

■ 参考文献

[1]　王为理. 从边缘走向中心——深圳文化产业发展研究[M]. 北京：人民出版社，2007.

[2]　吴松营，段亚兵. 深圳特区思想文化建设的初步意见（文件汇编）[M]. 深圳：海天出版社，1996.

[3]　王世巍. 深圳人口变迁与文化制度建设[J]. 特区实践与理论，2013（4）：66-69.

[4]　陈宏在. 中国经济特区的精神文明建设（深圳卷）[M]. 北京：中共党史出版社. 2003：56.

[5]　肖毅强，殷实. "特区建筑"：深圳20世纪八九十年代建筑创作发展评述[A]//深圳市规划和国土资源委员会，时代建筑. 深圳当代建筑[M]. 上海：同济大学出版社，2016：84-91.

[6]　陈安庆. 高端剧院"跃进"潮[J]. 共产党员，2011（2）：27-27.

[7]　孟建民. 总论：深圳建筑25年[A]//张一莉. 深圳勘察设计25年：建筑设计篇[M]. 北京：中国建筑工业出版社，2006.

[8]　温诗步. 深圳文化变革大事[M]. 深圳：海天出版社，2008：43，129.

[9]　SUN C, XUE C Q L. Shennan Road and the modernization of Shenzhen architecture[J]. Frontiers of Architectural Research, 2019.

[10]　CAUPD. 六觉撷萃[M]. 深圳：国际彩印有限公司，2014.

[11]　王韶宁. 20世纪九十年代中国建筑发展特征初探[D]. 南京：东南大学，2000：9.

[12]　王力霞. 外来文化影响下的北京近现代建筑[D]. 北京：北京建筑工程学院，2008.

[13]　龚德顺，张孚珮，周平. 深圳华厦艺术中心[J]. 建筑学报，1993（2）：40-46.

[14]　陈一新. 深圳福田中心区（CBD）城市规划建设三十年历史研究（1980—2010）[M]. 南京：东南大学出版社，2015：100-106.

[15]　陈一新. 规划探索——深圳市中心区城市规划实施历程（1980–2010年）[M]. 深圳：海天出版社，2015：61-94.

[16]　深圳市规划和国土资源委员会. 深圳市中心区城市设计与建筑设计1996—2002：深圳市中心区核心地段城市设计国际咨询[M]. 上海：同济大学出版社，2002：15-25.

[17]　孟建民，邢立华，徐昀超，等. 蚌埠博物馆及规划档案馆，安徽，中国[J]. 世界建筑，2016（10）：92-101.

[18]　深圳市规划和国土资源委员会（市海洋局）. 深圳竞赛：深圳城市/建筑设计国际竞赛1994—2014[M]. 上海：同济大学出版社，2017：121.

[19]　矶崎新. 深圳文化中心建筑设计概念[J]. 世界建筑导报，2001：49-52.

[20]　深圳市规划和国土资源委员会. 深圳市中心区城市设计与建筑设计1996—2002：深圳市中心区文化建筑设计方案集[M]. 上海：同济大学出版社，2002.

[21]　张玮. 规划建设"新十大文化设施"，打造一批城市文化核心片区[N]. 南方日报，2018–11-02.

[22]　城市建设相关法规/政府机构[J]. 建筑实践，2020，3（11）：50-53.

[23]　**戴春**. 宏观梳理与微观叙事《深圳当代建筑》的观察视角[J]. 时代建筑，2017（3）：169.

[24]　**王富海**. 深圳城市规划设计与建设实践的价值与意义[A]//深圳市规划和国土资源委员会，时代建筑. 深圳当代建筑[M]. 上海：同济大学出版社，2016：117-121.

第6章

重庆"剧"变

■ 褚冬竹　薛　凯　张璐嘉

6.1　重庆演艺建筑发展

1937年，卢沟桥事变爆发。同年11月中旬，上海淞沪抗战失败已成定局，首都南京形势危急。国民党中央和国民政府遂不得不作出迁国民政府于重庆的重大决定。11月20日，林森以国民政府主席的身份，在汉口发表《国民政府移驻重庆宣言》，宣布国民政府"移驻重庆"。1940年9月6日，国民政府正式确认重庆为"陪都"。同年12月1日，国民政府正式将重庆定为首都，成为国民政府、中共中央南方局所在地及世界反法西斯同盟国远东指挥中枢。至此，重庆从一个西南地区的工业城市一跃成为当时中国的政治、军事、经济、文化中心。随后，各地各层次人员迅速迁入，大量文化机构、文化团体及优秀人才赴渝发展。中央电影制片厂、中国艺术剧社也迁至重庆，并曾上演著名话剧《屈原》《孔雀胆》等，快速推动了重庆的文化繁荣。以国泰大戏院为代表的剧院建筑，开始出现在这个坐拥两江（长江、嘉陵江）的山城之中（图6.1）。

从新中国成立后至20世纪80年代（除新中国早期西南大区时期外），重庆的文化观演类建筑建设几乎停滞。但值得一提的是，1958年在渝中半岛两路口片区设计修建的山城宽银幕电影院①，可容纳1,500人，成为近半个世纪以来重庆最重要的演艺建筑之一[1]（图6.2）。

1997年，重庆恢复为直辖市。这个蛰伏多年的西南工业重镇开始了新一轮的快速发展与文艺复兴。1998年5月，重庆市人民政府对江北城2.69km²控制性详细规划和1km²城市设计进行国际招标，"国家级金融区"江北嘴中央商务区（CBD）开始了飞跃发展，重庆大剧院便选址其中；2002年7月，"渝中半岛

---

① 山城宽银幕电影院由重庆建筑工程学院建筑系（现重庆大学建筑城规学院）黄忠恕、吴德基等老师主持设计，屋顶采用圆柱形三波连续薄壳屋盖结构，主体面宽46m，进深67m，总面积3,600m²，是我国西部第一家上映70mm立体声影片的特级电影院，在处理场地14m高差和观众厅声学设计等方面达到了极高的水平。1960年，其建筑模型送莱比锡国际博览会展出，在1990年被评为"重庆市新中国成立四十周年十大建筑"之一。1996年1月，由于旧城改造，山城宽银幕电影院被拆除。

序号	建筑类别	建筑名称	地址
1	电影	国泰大戏院	邹容路
2		民众	中正路（今新华路）
3		新川	中正路（今新华路）
4		昇平	保安路（今八一路）
5		一园	中正路（今新华路）
6	戏剧	第二书场	保安路（今八一路）
7		第一剧场	民国路（今五一路）
8		得胜大舞台	大同路
9		实验剧场	中山一路
10		第一川剧院	金汤街
11		第二川剧院	邹容路
12	话剧	抗建堂剧场	中山一路
13		银社	道门口
14		青年馆	中华路

图6.1　陪都时期的重庆文化地图
图片来源：赵耀.《陪都十年建设计划草案》之研究［D］.重庆：重庆大学，2014，笔者有改绘。

图6.2　重庆山城宽银幕电影院渲染图
图片来源：重庆大学建筑城规学院

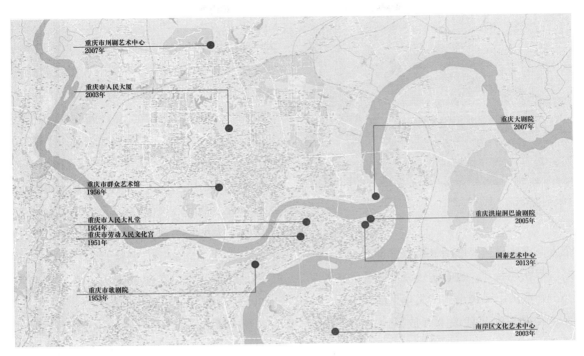

图6.3 重庆主要演艺建筑分布图

城市形象设计"方案征集工作正式启动，重庆的"母城"渝中半岛迎来了大面积的城区空间更新规划；2009年4月，重庆市人民政府提出重庆两江新区总体规划方案，第二年重庆两江新区正式成立，成为继上海浦东新区、天津滨海新区后，由国务院直接批复的第三个国家级开发新区。与此同时，重庆努力提升薄弱的文化基础设施，"建设长江上游文化中心"。2003年6月的重点项目专题会中，时任重庆市委书记黄镇东提出建设十大文化设施①，重庆大剧院、国泰艺术中心②、重庆川剧院、人民大厦等演艺建筑项目加紧建设步伐，

重庆城市长期匮乏的文化活动载体得到充分填补。大型演艺建筑逐步成为旧城更新和新城建设中的焦点（图6.3）。

6.2 CBD中的重庆大剧院

在重庆大剧院建设之前，除了山城宽银幕电影院以外，重庆主要的表演场所为建于20世纪50年代的重庆市人民大礼堂（图6.4）。重庆市人民大礼堂由礼堂和东、南、北楼四大部分组成，其中礼堂占地1.85万m^2，可容纳3,400

---

① 在2001年制定的重庆"十五"计划中，重庆提出推进建设重庆图书馆新馆、艺术馆、美术馆、国泰大戏院、少儿图书馆五大文化设施；2003年6月，时任重庆市委书记黄镇东提出要在2008年前建成十大文化设施，包括重庆图书馆、山城宽银幕电影院、重庆大剧院、重庆美术馆、国泰大剧院、重庆科技馆、国际会展中心、重庆市少年宫、城市规划陈列馆和南山植物园（见《重庆日报》2004年8月19日报道《谱写社会发展新篇章》）。

② 国泰艺术中心的名称变化：1937~1953年为重庆国泰大戏院；1953~1994年为和平电影院；1994~2007年为国泰电影院；2007年至今为国泰艺术中心，由国泰大剧院和重庆美术馆两部分组成。

图6.4　重庆市人民大礼堂

余人，重庆市重要政治性会议和部分重要国际会议都在此召开，也有国内外演艺活动在此举办，是重庆市民最重要的文化生活场所。

20世纪80年代改革开放以后，随着国内外文化交流水平的逐步提高，重庆市人民大礼堂的布局逐渐难以适应大型表演团体的现代演出。1997年，重庆恢复直辖以后，建设新剧院的需求变得更加迫切。2003年，重庆江北嘴

CBD规划方案（图6.5）正式通过，一个新的大剧院选址于两江（长江、嘉陵江）交汇处的江北嘴尖端[2]。同年，重庆市人民政府全球公开征集重庆大剧院建筑设计方案。作为一个"高雅的、群众性的公共文化设施建筑"（征集文件用语），大剧院项目的组成包括一个1,800座的大剧院、一个800座的中型剧场和一个可容纳300名观众的多功能排练厅，以及相应的附属和配套设施，要求能满足大型歌剧、芭蕾舞剧、大型综艺演出，以及戏剧、交响乐、室内乐等演出功能，具备接待国内外大型表演艺术团体演出的条件和能力，总建筑面积7,000m²，总造价8亿元人民币。

这个基地位置十分特殊的建设项目引起了国内外的广泛关注，包括中国建筑西南设计研究院、德国冯·格康，玛格及合伙人建筑师事务所（gmp）+上海华东建筑设计研究院、澳大利亚Hassell公司、中国建筑设计研究院、英

图6.5　江北嘴CBD规划鸟瞰图
图片来源：重庆市规划设计研究院

国奥雅纳工程咨询公司（Arup）五家公司参
与了投标。2004年2月，来自中国、西班牙、
美国的七位专家[1]从五个参赛方案中确定了两
个推荐方案，上报市人民政府最后定夺，并向
市民公示。

　　2号方案（gmp+上海华东建筑设计研究
院）被称为"江上游轮"，以独特的游轮造型
突出建筑的强烈个性，寓意重庆为"驶向未来
和现代的巨轮"。设计中最引人瞩目的地方在
于大面积的玻璃表皮，整个建筑的屋顶和外壳
都用类似中国玉石的有机玻璃制成，给人以强
烈的感官刺激，同时总造价与其他几个设计相
比最为便宜。4号方案（中国建筑设计研究院）
选择将大剧院、中型剧场和多功能排练厅分别

设置，用连廊连接，削弱建筑的整体体量。以
"鹅卵石"的物象比喻体现建筑的自身特征和
与江边环境的契合。该方案最重要的特征体现
在对重庆本土地形的把握和适应上，舒展开的
体量依托在重庆特有的坡形地面上，环形的
平面视觉与周围的建筑和地形地貌相得益彰
（图6.6）。

　　在未入选方案中，由英国Arup设计的5号
方案"凤凰"引起了广泛关注，该方案采用不
规则曲面表皮，突破了传统剧院的形式，充满
想象力和视觉冲击力，但由于构造复杂，造价
昂贵，未能成功入选（图6.7）。

　　2004年3月，经过市人民政府决定和向
公众展示，2号方案最终获胜。由德国建筑师

图6.6　2号方案与4号方案效果图
图片来源：上海华东建筑设计研究院有限公司，中国建筑设计研究院有限公司

———————————

① 专家评委会成员包括东南大学教授钟训正院士、西班牙设计师里卡多·波菲尔（Ricardo Bofin）等七人。

图6.7　5号方案效果图
图片来源：Arup

冯·格康主持设计的方案能够实施并不令人意外，它在对剧场的处理方式和整体造价上都存在一定的优势，简洁造型和"扬帆起航"的美好寓意显然打动了正在面临巨大发展机遇的新兴直辖市。

中标方案于2009年12月建成。从建成效果而言，方案本身得到了较好的实施。重庆大剧院东西长约220m，南北宽约110m，屋面最高约64m，内部分为地上7层和地下2层，内设一个1,826座的大剧场与一个930座的中剧场，整个剧场空间被玻璃外壳包裹起来，与21世纪初建成的国家大剧院一样，形成"形象展示"与"功能需求"两层外壳（图6.8）。整个剧场主体位于一个石质基座上面，基座层设有机电设备和舞台仓库等辅助用房，同时设置了大面积的餐饮设施，还可利用面向城市林荫道的大型平台作为室外餐饮区。自建成以来，这个特级工程就成为重庆档次最高、功能最齐全的剧院。在全国范围内，其档次和规模仅次于国家大剧院，排名第二。国内外众多高水平演出先后在这里举行，每

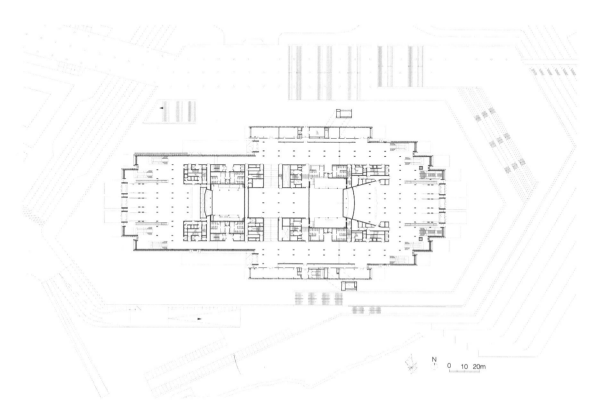

图6.8　重庆大剧院平面图和剖面图

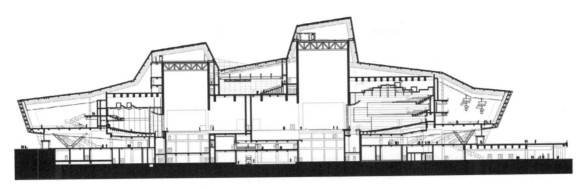

图6.8 重庆大剧院平面图和剖面图（续）
图片来源：华东建筑设计研究院有限公司

图6.9 重庆大剧院建成实景

年演出场次达160场以上，除了票价较为高昂的大型专题演出，重庆大剧院每月还定时举办低票价的市民音乐会，成为重庆最重要的市民文化活动中心之一[3-5]。

时至今日，重庆大剧院建成已十多年，随着重庆国金中心（IFS）等地标建筑的落成使用，江北嘴CBD也基本成形。当我们回过头来看，十几年前的这座地标性大剧院，其优点与不足也变得更加明晰[6]。不可否认的是，重庆大剧院的标志性得到了充分实现，成为重庆宣传必不可少的名片之一（图6.9）。尽管它方案设计中晶莹剔透的建筑立面效果因为在玻璃选材上出现的偏差没能实现，但是夜晚中变换的灯光依然吸引着游客们手中的镜头。从形象上而言，重庆大剧院过于完整的造型和生硬的室外建筑基座，让其看起来更像是一个被放置在两江交汇处的城市展示品，巨大的尺度让其缺失了亲近感；在使用功能上，建筑的内部与外部空间界限分明，缺乏了空间的内外渗透，这也导致本身就缺乏的配套商业空间"隐秘"在剧院内部。日常公共设施的缺乏让偌大的广场鲜有休闲市民。

6.3　国泰重生——国泰艺术中心的"前世今生"

国泰艺术中心的前身为国泰大戏院，是1937年由东方营造厂设计建造的重庆第一个现代意义上的大型演艺建筑。建筑完成之初曾有评论："富丽宏壮执上海电影院之牛耳，精致舒适集现代科学化之大成。"1952年被拆除改建，由重庆建筑工程学院建筑系主任叶仲玑教授主持设计，更名为和平电影院，"文化大革命"期间一度改名为东方红电影院。时光流逝，这个曾经辉煌一时的重庆演艺文化中心逐渐没落，成为繁华闹市中的一块"荒地"[7]。

2003年，在重庆大剧院项目全球招标工作如火如荼展开的同时，"重庆渝中半岛城市形象设计"（简称"形象设计"）国际招标完成，并最终通过立法保护其规划的实施①。这个由重庆市规划设计研究院、法国AS建筑工作室、德国佩西规划建筑设计事务所和美国SOM建筑设计事务所等六家国内外知名企业参与的城市更新项目，最终提出"城市之冠""城市阳台""绿色通廊"等十大形象要素，将渝中区作为重庆"母城"的概念成功推出。

在"形象设计"提出的九大重点地块中，国泰艺术中心地块（图6.10）将原来的国泰电影院置换为新的文化演艺中心，该项目被定位为"集大剧院、美术馆于一体的艺术中心"，并考虑滨江地块和非滨江地块的联系，满足"城市阳台、休闲水岸、山城步道和绿色通廊"等多个要素[8]。

2005年10月，"国泰大剧院和重庆美术馆建筑方案征集"工作正式启动，这是重庆

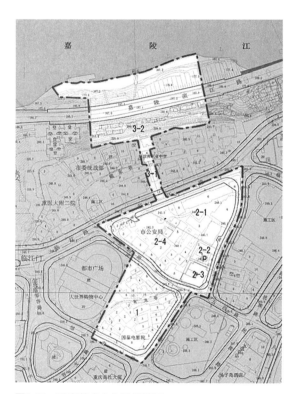

图6.10　国泰艺术中心地块范围
图片来源：中国建筑设计研究院有限公司

---

① 2003年11月24日，重庆市二届人大常委会第六次会议讨论通过文件《关于渝中半岛城市形象设计方案的决定》，对通过国际招标设计的"十大创意"和"九大重点地块"等城市形象内容进行了立法保护。

"十大文化设施"中的第二个剧院项目，采用国内竞标的方式进行。国泰大剧院和重庆美术馆由一个800座多功能的中型厅、两个350座上演传统戏曲的小型厅和一个中型美术馆组成，规划总用地为9,670m²。政府方案征集文件中将其定位为"真正体现高雅文化的艺术殿堂和重庆市的标志性建筑"，并打算采用"中国传统民族风格的建筑形式"[①]。在规划之始，该项目就充满了挑战性：区别于江北嘴的重庆大剧院，国泰大剧院项目位于渝中解放碑CBD核心地段，周边环境关系复杂，不仅有密集的CBD高楼，还有年代较为久远的居民楼；场地内存在14m的高差，分别连接着解放碑为数不多的城市主干道和解放碑中心步行街；规划的建筑总面积和基地面积都不大，却要融合一个剧院和一个美术馆，形成复杂的混合功能。

两个月后，包括中国建筑设计研究院、重庆大学、中南建筑设计院、中国建筑西南设计研究院、汤桦建筑设计事务所有限公司等14家国内知名建筑设计单位提交了自己的竞标方案。经过专家投票和重庆市领导决策，中南建筑设计院、中国建筑西南设计研究院、中国建筑设计研究院等四家单位[②]进入第二轮修改，最终由中国建筑设计研究院崔愷总建筑师主持设计的方案中标并实施[9]（图6.11）。

2013年，经过"八年磨一剑"的国泰艺术中心正式落成，建成的国泰艺术中心由国泰大剧院和重庆美术馆组成，总体布局共10层（地上7层、地下3层），包括1个800座中剧场、2个350座小剧场、美术馆展厅及地下车库。建筑占地面积为6,500m²，总建筑面积为30,200m²，成为重庆解放碑CBD中重要的公共文化空间（图6.12）。国泰艺术中心提取了穿斗民居、"黄肠题凑"、城市树荫、红油火锅等重庆城市记忆，运用现代设计语汇和手法将其转化成建筑的形态、空间、结构、色彩等，并通过与不同方向、不同标高的城市道路连接，创造城市广场、"城市森林"、"城市阳台"、城市艺术中心等空间，强调建筑的开放性和通达性[10]。

尽管在投标和建设过程中经历了种种波折，最终呈现的国泰艺术中心表现出良好的建筑品质：①出于基地高差、流线组织上的考虑，国泰艺术中心将重庆美术馆和国泰大剧院垂直拼叠，下部设置了剧场等大空间，上部反而设置了美术馆等相对较小的空间，与通常的下部小空间、上部大空间不同，尽管造成结构上的难度和挑战[③][9]（图6.13、图6.14），但也形成了丰富的空间体验；②在高差的处理中，国泰艺术中心设置两个不同的室外标高平台，形成丰富的空间层次，创造了很多可以与城市进行互动的台阶、平台、展示空间，使建筑本身不是孤

---

① 原文摘自重庆市规划局通知文件《关于国泰大剧院重庆美术馆建筑方案征集》。
② 进入第二轮修改的四个方案中，中国建筑西南设计研究院与中南建筑设计院的方案都偏向于仿古建筑的做法，利用中国传统建筑元素营造现代剧场空间，较为契合招标文件中对建筑形式的相关要求。中国建筑设计研究院方案采用现代设计手法，重庆市相关领导亲自到评标现场看过模型之后，认为他们的方案"应该是老百姓内心真正喜欢的"，提出将其作为补充并进行第二轮修改的建议，这个以"黄肠题凑"为主题的红色建筑，得以经过第二轮的投票之后胜出。
③ 国泰艺术中心最初的结构方案是全钢结构框架体系，这种体系可以使结构各部分连接比较方便，整体延性也比较好。但是出于节省造价的原因，建筑最终选用了钢筋混凝土框架剪力墙加部分钢结构体系（节选自《在城市的历史记忆中寻找场所精神——国泰艺术中心访谈》）。

图6.11　入围方案的实体模型
图片来源：重庆市建筑设计研究院

图6.12　建成后的国泰艺术中心
图片来源：中国建筑设计研究院有限公司

立地存在着，而是与原有的城市进行多层次的交流；③建筑的主题元素"题凑"得到很好的实施，不仅成为建筑重要的标志特征，还通过三维BIM技术将建筑的结构、设备等与之结合，最终大约40%的"题凑"将作为设备管道，大约30%的"题凑"作为承重构件，还有大约30%的"题凑"作为装饰构件（图6.15），尽管全钢桁架结构的几百根构件[1]还是颇具争议，但是仍在一定程度上实现了其功能的复合性，避免了建筑表皮与建筑生成逻辑的脱离。

2013年7月4日，在由中国建筑设计研究院、《城市·环境·设计》杂志社主办的"建筑品谈——国泰艺术中心建筑作品研讨会"中，设计团队和重庆各界的设计专家共同分享

---

[1] 为增加建筑空间的丰富性并控制造价，原本设计中的1,300多根"题凑"被减少到680多根。

图6.13　主体结构施工
图片来源：中国建筑设计研究院有限公司

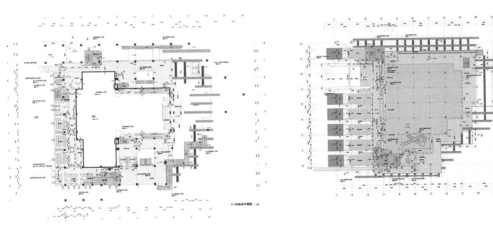

图6.14　大剧院层平面（左）与艺术馆层平面（右）
图片来源：中国建筑设计研究院有限公司

图6.15　BIM设计（结构、管道、"题凑"一体化设计）
图片来源：中国建筑设计研究院有限公司

了自己对该方案的理解。"融合""城市空间与建筑环境""秩序"等词被多次提及，反映出设计界对该项目的共识和赞赏。

但建筑与城市的关系从来都不是简单的，优秀建筑的诞生考验的不仅是设计者的功力，还有决策者的视野。国泰艺术中心在与城市关系的处理中，交出了一份有特色但仍有争议的答卷。①从公共性而言，国泰艺术中心利用两个高差与场地周围充分连接，并考虑地下商业和地铁站的联系（图6.16），这

对于旧城中心新建的复杂功能的公共建筑而言是难能可贵的，虽然与最初的投标方案相比，原本与滨江路相连接的公共步道被取消（图6.17）；在实际使用中，原本连接不同高差的扶梯和穿插于建筑中的平台、坡道等市民活动空间也由于"安全"等问题被人为封闭，但"管理问题"导致的开放性缺失显然已经超出了建筑学讨论的范围。②从建筑形象而言，如同火炬式的建筑造型仍显得张扬，与其设计理念中提出的"历史记忆"和"场所

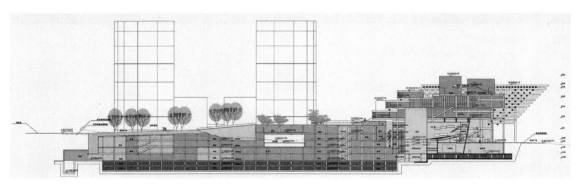

图6.16　国泰艺术中心整体剖面图
图片来源：中国建筑设计研究院有限公司

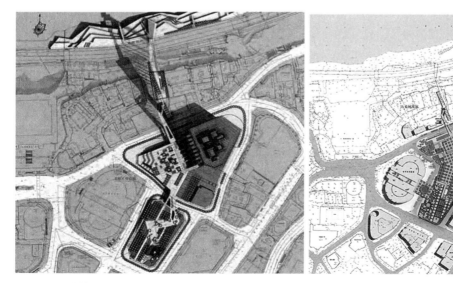

图6.17　国泰艺术中心总平面调整对比（右为实施方案）
图片来源：中国建筑设计研究院有限公司

精神"稍显矛盾。不管怎样,国泰艺术中心在复杂城市环境下对开放空间的积极思考是值得赞赏和学习的。

6.4 以重庆大剧院建设为主导的剧场

位于江北嘴CBD重要城市轴线上的重庆大剧院,拥有优越的城市地理环境,南临长江,与渝中半岛中心区遥相对望,向西面对南岸区,向北直面连接嘉陵江两岸的朝天门大桥,从造型到地理位置,都凸显了这个大型演艺建筑的旗舰地位。在南侧千厮门大桥的连接下,重庆大剧院与位于渝中半岛的国泰艺术中心以其造型的标志性和文化性,成为两江四岸交汇处的重要现代城市文化景观,这一景观通廊从南侧延伸至北侧的朝天门大桥,形成了新城市中心区的视觉轴线(图6.18、图6.19)。

在新千年之后的大型演艺建筑建设,尝试以高规格、大体量的演艺空间带动城市文化在新时期的发展,不难理解,每当一个城市的命运发生变化时,剧场建筑也会受到影响。文化、经济乃至政治地位的变化,不可避免地映射到剧场建筑的建设和使用上。自19世纪末对外开放以来,重庆经历了多重坎坷——从"开埠"到"正式建市"、"战时首都",以及"重庆大轰炸"的受害者,随后成为"直辖市"、"省会城市"、"计划单列市"、第二次"中央直辖市"、"国家统筹城乡综合配套改革试验区"、"第一批国家中心城市"。如今,重庆已明确发展成为长江上游经济、金融、科技创新、航运、商贸物流、西部大开发的重要战略支点,和"一带一路"与长

江经济带的交会点。随着两江新区的建设与完善,城市的主要文化景观空间从原来的渝中半岛,逐渐扩大到长江北侧的江北区和渝北区,重要的大型演艺建筑也不仅是新中国成立初期的重庆市人民大礼堂、山城宽银幕电影院、重庆市劳动人民文化宫等,重庆大剧院、国泰艺术中心、重庆市人民大礼堂、施光南大剧院等新建的大型演艺建筑,正在

图6.18 从渝中半岛望向重庆大剧院和朝天门大桥
图片来源:张璐嘉 摄

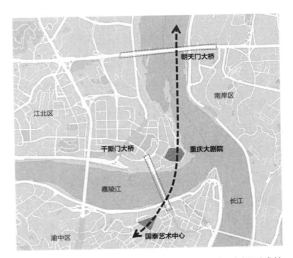

图6.19 国泰艺术中心、重庆大剧院、朝天门大桥形成的城市文化景观轴线
图片来源:张璐嘉 绘制

改变着重庆的观演空间和演艺文化。

抗战时期，由于其陪都的性质，全国的文化和政治资源都集中于重庆，催生了国泰大戏院这样重要的剧院建筑。演艺活动可以生动地反映当下的形势，颂扬文化和提高人们的道德觉悟，大批爱国的表演艺术家用舞台作为无烟的战场，对抗战作出了贡献。除了国泰大戏院以外，重庆抗建堂剧场在2018年后的建筑与功能更新，也将这一时期演艺活动繁荣发展的历史记忆融入了当下的城市演艺空间中。

新中国成立后，重庆肩负着不同的历史使命，重新站在了起点。重庆市人民大礼堂是旧城区城市中心的标志性演艺建筑，建设于新中国建设初期，接待过国内外的重要领导人，这座建筑兼具演艺和行政建筑的多重特征，体现了城市中高规格的演出水准和文化实力。例如，山城宽银幕电影院这样拥有先进技术和大胆设计的观演场所，为重庆人民带来全新的演艺体验和自豪感，遗憾的是，一些这样的近现代演艺建筑已经消失在城市更新的烟尘中。

在1997年重庆成为直辖市后，随着重庆大剧院和国泰艺术中心的建设，演艺建筑在重庆进入了新的发展时期。重庆城区的大型、中型、小型演艺建筑目前已经超过30个，包括已有的历史建筑和新建的不同规模的剧场建筑。作为一个典型的多中心空间格局城市，这些演艺场所主要分布于各个区域的中心位置，大中型剧场主要分布在渝中半岛和江北区等主城区，一些小型的剧场则分布于商业发达或是艺术家集中的区域，如九龙坡区的黄桷坪等。西南地区有着深厚的戏剧和曲艺传统，除了演出大型演艺节目的重庆大剧院、国泰艺术中心外，诸如专业儿童剧场、相声剧场、地方曲艺剧场这样的中小型演艺场所，也逐渐在城市发展中找到合适的演艺空间。

6.5 结论

演艺建筑是一个城市文化设施发展水平的重要体现，但在目前我国的大中型城市中，剧场建筑数量仍然不足，而仅以一到两个标志性演艺建筑来重塑城市的演艺文化空间显然是不充分的。在重庆成为直辖市二十多年的时间里，演艺建筑才得到真正发展。重庆市民足不出市，就可以享受到大量高水平的演出。许多市民期望提高他们的文化体验，经常观赏话剧、歌剧、音乐会、儿童剧和曲艺。在这个人口过两千万的超大城市，演艺建筑的数量和类型还有待增加提高，随着大剧院的建设，更多不同规模的演艺建筑在城市中建设并投入使用，除了大型的标志性建筑外，中小型的演艺建筑有待开发，覆盖更加广泛的地区。这些建筑必须契合山城的地形，更加灵活和舒适地服务于日常生活（图6.20）。以重庆大剧院和国泰艺术中心为代表的大剧院建筑，体现着重庆演艺建筑的更新升级，二者在与城市空间的互动中，也反映了城市在不断扩张发展中演艺空间的历史需求和历史变迁。期待未来出现在重庆的演艺建筑能够在对当下剧院建筑建设的反思之上，体现更多重庆的文化气质和空间特征，更好地服务于城市的发展和市民的日常生活。

个人场景（褚冬竹）

我在重庆的经历始于1994年。三年后，重庆成为直辖市。

20世纪八九十年代，重庆的GDP一直位于全国第三至第五位之间，但用于城市文化基础设施建设的资金却很少。20世纪80年代，距重庆约 300km的成都已经建成了一座大型的综合艺术中心——锦城艺术宫，这栋建筑的建筑面积有2万m^2，可容纳多种类型的表演、会议和

图6.20 重庆大剧院与城市环境
图片来源：褚冬竹 摄

展览功能，而到了20世纪90年代，重庆却还没有类似的文化设施，当时的人们对这样的综合性文化建筑已经期盼已久。

我清楚地记得几个重要的设计竞赛过程，比如重庆大剧院、国泰艺术中心的设计竞赛。当时，中国互联网还处于起步阶段时，这些建筑的模型和透视图通过展览和网络向公众展示，我们在学生宿舍里用缓慢的网速浏览到这些照片，十分兴奋，满怀希望地参与到这座老工业城市的建设中，这些建设带来的城市变化是巨大且令人难忘的。

工作以后，这座曾经的老工业基地也正在迅速地成长为一个现代化大型城市，他召唤着像我这样正在研究建筑的年轻人。在几个地标性建筑建成之后，文化的影响渗透到城市的微观空间中，给城市生活带来了显而易见的变化。我真诚地期待未来，重庆的演艺建筑能够呈现出更加多样化的特点，将山城的地形与文化建筑有机结合，呈现出更多丰富多样的演艺空间，服务于市民的日常生活。

■ 参考文献

[1]　蔡震. 良好的基础与务实的规划——重庆江北城（CBD）控制性详细规划经验介绍[J]. 北京规划建
　　　设，2005（1）：98-105.

[2]　曼哈德·冯·格康，克劳斯·棱茨，等. 重庆大剧院[J]. 城市环境设计，2012（7）：74-83.

[3]　重庆江北城[J]. 重庆与世界，2006（2）：44-47.

[4]　梁鼎森，雷尊宇，石玫. 重庆大剧院征集方案评析[J]. 建筑学报，2005（1）：3.

[5]　綦晓萌. 重庆渝中半岛城市形态及其演变——基于重要城市规划文本的研究（1949—2014）[D].
　　　重庆：重庆大学，2015.

[6]　李国棋. 为建设前的重庆大剧院[J]. 艺术科技，2003（2）：18-19.

[7]　崔愷，秦莹，景泉，等. 品格，从传统到现代——重庆国泰艺术中心建造纪[J]. 城市环境设计，
　　　2013（12）：40.

[8]　钟纪刚. 打造都市中心文化，绿化空间亮点——重庆市渝中区"国泰电影院地块"规划设计[J]. 规
　　　划师，2005，21（11）：3.

[9]　张洁，景泉，施泓. 在城市的历史记忆中寻找场所精神——国泰艺术中心访谈[J]. 建筑技艺，
　　　2014.

[10]　石曼. 重庆国泰大戏院重放光辉[J]. 新文化史料，1995（2）：10.

第7章

大剧院城市主义在郑州：空间重构与文化重塑

■ 张璐嘉　刘新宇

大剧院作为一种特殊的公共建筑类型，具有独特的文化性，是传统文化和外来文化结合碰撞的场所，并以其本身较大的建筑体量，具有标志性和纪念性；同时，大剧院建筑还有着比其他公共文化建筑更显著的经济带动作用，除了其自身演艺空间的经营外，还具有承办多种类型的市民活动和提供大型会议场所的功能，并因其对大量瞬时人流的疏散要求较高，需要城市交通基础设施的密切配合。因而大剧院建筑对城市中的文化、空间和经济发展的影响尤其显著，在城市日常生活中也有着极高的关注度。

与大剧院建筑关联紧密的是"新区式"的城镇化过程，以原有城市中心区为依托，以建立大规模的新区为主要的扩张形式，适应快速增长的城市人口。新区的规划设计规整且尺度巨大，在中国人口众多、城镇化快速发展的过程中，新城逐步建立，是一种区别于其他国家城市发展经验的新模式[1]。文化影响城市规划与城市化，城市的发展塑造新的文化和文化空间[2]。

7.1 郑州：中部地区的典型内陆中心城市

2004年3月，国务院提出了"中部地区崛起"战略，省会郑州在2018年成为中部地区的两个国家中心城市之一，2019年郑州市的GDP（国内/地区生产总值）达到1,500亿元。在过去的30年里，郑州市和大多数区域性中心城市一样，经历了快速的城市扩张过程，城市常住人口从约350万增长到1,000多万。在这次前所未有的城市扩张中，最引人注意的当属郑东新区的建设。郑东新区第一阶段的规划面积为150km²，位于面积仅有124km²的老城区以东（图7.1）。日本著名建筑师黑川纪章在郑东新区的国际规划竞赛中胜出，引发了海外设计公司及其理念是否适合中国本土城市文化的长期争论，这种争论在过去三十年里也广泛发生在许多重要城市中。

郑州是孕育中华文明的重要历史城市。城市中心区有3,500年前的商朝都城遗址，城市周边的考古遗址众多，是黄河文明的发源地之一。地方戏曲豫剧起源于明代，具有广泛的群众基础，至今仍是中国五大地方戏剧之一。由

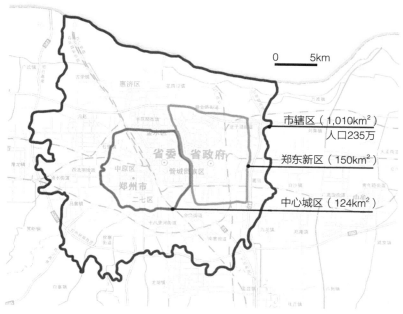

图7.1　20世纪90年代城区规模与新建郑东新区规模对比

于经济实力有限，城市发展还没有充分利用这些文化资源。

7.2　重构演艺空间：郑东新区与河南艺术中心

正如世界其他地区的城市发展经验一样，郑州的城市扩张在第一阶段的尝试并不尽如人意。1988年，随着开发区的建设热潮在全国兴起，郑州的高新技术开发区也在旧城区西北方向开始建设，在最初的几年里，一批高科技产业进驻，新区迅速发展。然而在基础设施建设尚未就绪之时，盲目跟风建设产业开发区的短板已经逐渐开始显现，住宅社区和商业数量太少，功能单一的大型工厂使得街区尺度过大，不适合步行，很难吸引人们在此长期定居。新区入口处的商业街模仿建造了世界各地的著名建筑，投入使用之初就在网络上收到了成千上

万的负面评论。这些失败的规划和建筑使得将近70km²的高新技术开发区只有20万的常住人口，街道上几乎看不到人，公共交通设施建设不到位，往返新区与城市中心区也非常不便。

高新技术开发区的建设很快成为盲目跟风的反例，因此，政府对城市的向东扩张非常谨慎，也限制了最初对东区规划的设想。2001年初，郑州市的第一版"东区规划"提出在原机场旧址上新建一个面积不到20km²的新区[3]。这版规划被时任河南省省长李克强否定，他建议郑州不应循规蹈矩，应当以人口增长为基础，制定更高标准的长期规划目标[4-5]。2001年8月，郑州市发起了郑东新区总体规划的国际竞赛，并向国内外的17家知名设计单位发出了方案征集邀请。经过首轮评选和谈判，法国夏邦杰建筑事务所（Arte Charpentier Architectes）、新加坡公共工程集团（PWD Corporation）、澳大利亚考克斯建筑师事务所（Cox Architecture）、中国城市规划设计研究院、

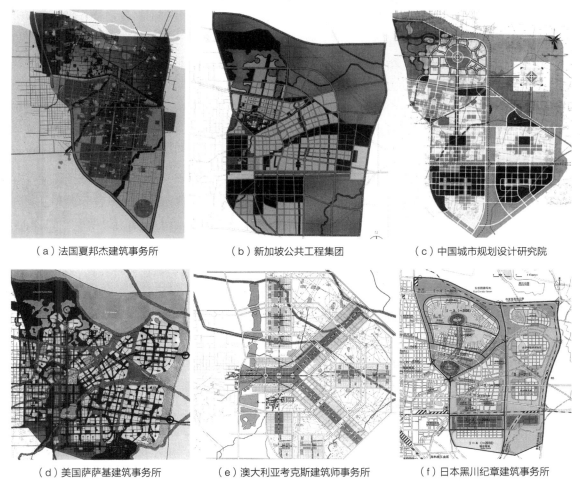

（a）法国夏邦杰建筑事务所　　　（b）新加坡公共工程集团　　　（c）中国城市规划设计研究院

（d）美国萨萨基建筑事务所　　　（e）澳大利亚考克斯建筑师事务所　　　（f）日本黑川纪章建筑事务所

图7.2　郑东新区国际竞赛第二轮方案
图片来源：郑州市郑东新区管理委员会

美国萨萨基建筑事务所（Sasaki Associates）、日本黑川纪章建筑事务所六家公司进入了第二轮选拔（图7.2）。最终，日本"新陈代谢派"建筑师黑川纪章赢得了竞赛[6]。

　　这并不是黑川纪章在中国拿到的第一个国际设计项目，他的国际声誉早在多年前就给他带来了许多在中国城市实践的机会。在参与郑东新区国际竞赛之前，黑川纪章已经获得了深圳福田中心区、太原长风文化商务区等项目的设计机会。郑东新区规划建设面积为150km²，与原老城区规模基本相当。在总体规划中，黑川纪章的方案出现了他在"新陈代谢"概念中所追求的巨构形式和环形路网，两个中央商务区（CBD）围绕巨大尺度的人工水景组成了形似"如意"的造型。这种从未在本土城市出现过的规划形式也将"追求新奇还是坚守文脉格局"的专业探讨推向了公众参与的意见表达。郑州位于华北平原，城市中鲜有较大的高度起伏，旧城区是典型的经纬道路格局，而郑东新区的环形路网无论是形式和尺度均与老城区形成了鲜明对比。黑川纪章在设计说明中解释，这种环形路网将能够大大减少高峰时段的车辆拥堵[7]，但无论是公众还是学者的批评，都集中在大而失当的尺度和方向感的缺失上。

两院院士周干峙曾强烈批评规划方案的巨大尺度和有别于传统街区的"乌托邦"造型，不符合河南的本土城市文化环境。虽然早在获胜竞赛方案公示期间，黑川纪章的方案获得了公众的高度肯定，但无论是自上而下的城市政策，还是自下而上的投票策略，都对新的城市空间重构方案充满了期待。

河南艺术中心是郑东新区CBD中的三个标志性建筑之一，政府希望它不仅能促进本地文化产业的发展，还能成为新千年初期代表新文化形象的旗舰项目。2003年1月，由河南艺术中心建设工程办公室发起国际招标，并在《中国日报》《中国建设报》等主要报纸和网站进行公告，有近二十家国内外设计机构报名参加。最终，加拿大卡洛斯·奥特建筑师事务所（OTT/PPA）获胜（图7.3），主持建筑师是来自南美洲的卡洛斯·奥特（Carlos Ott），他曾在1983年赢得法国巴士底歌剧院的国际竞赛而声名鹊起。

中标后，卡洛斯·奥特接受郑州市人民政府邀请，参观了河南省一些重要的历史文化遗产和文化地标，政府希望文化建筑的设计能够包含城市的历史价值与文化元素。最终的方案采用了非常规的设计形式，五个金色的椭球形

建筑呈南北两部分排列组合，每个部分由两块巨大的透明玻璃连廊连接，北侧部分为剧院功能，南侧部分则被设置为展览与活动中心。两个部分的主要入口由中间高于地面的平台相连接，两个开放的广场设置在平台的前后两侧。后侧广场设置有一个户外舞台，面对着商务中心区域的人工湖。大剧院建筑的形式被解释为对河南出土的三件重要历史文物——陶埙、石排箫和骨笛的抽象表达，这三件乐器都可以追溯到上古时期，是中华文明早期乐器的代表。政府希望通过这栋具有象征意义的建筑，彰显本地历史和文化的深度，并提高市民对表演艺术的兴趣，激发更多的文化消费[8]。

河南艺术中心的总建筑面积为77,396m²。剧场部分有三个大厅，由1,860座的大剧院、一个802座的音乐厅和一个384座位的多功能厅组成，它们通过入口处的共享空间相连接（图7.4）。大剧院使用了T形舞台，音乐厅则采用"鞋盒式"空间设计，舞台设备、灯光装置、音响设备在当时均采用德国、美国技术公司的进口设备[9]。建成后，政府选择了院线运营的模式，与国内知名院线保利剧院管理有限公司（简称保利公司）签订了为期五年的首期经营合同。南侧的展览中心则由美术馆和艺

图7.3　河南艺术中心竞赛评审现场照片
图片来源：王仕俊，吕寻珠. 美的历程——河南省艺术中心建设回眸［M］. 北京：光明日报出版社，2012.

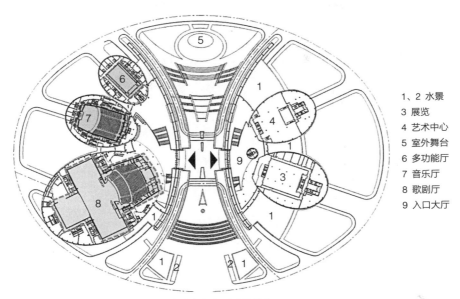

1、2 水景
3 展览
4 艺术中心
5 室外舞台
6 多功能厅
7 音乐厅
8 歌剧厅
9 入口大厅

（a）河南艺术中心一层平面图

（b）大剧院部分入口大厅　　　　　　　　　（c）大剧院室内

图7.4　河南艺术中心平面图与室内场景

术活动中心组成，由政府管理。展览中心在开放时间内可允许市民自由进入，而剧院部分只允许持演出或活动门票的消费者进入。

　　河南艺术中心与其他三座公共建筑沿圆形人工湖一起设置在新区的主轴线上，整个建筑组团主要分布在人工湖的南侧，每栋建筑的轴线都指向湖中心（图7.5）。文化设施的成功建设和使用能够创造可持续的文化价值，政府计划将河南艺术中心建成一个置于中心区人工湖畔的标志性大型文化项目，这个项目的形式既要有突破性也要有本土性，对于一座区域性中心城市而言，标志性不仅代表着奇观式的建筑形式，也需要地域文化赋予其独特的城市认同。而政府在文化建设上的雄心壮志，需要在标志性的基础上，以经济发展和活跃的城市生活作为支撑，现代化的剧场为高雅文化与大众文化的碰撞提供了一个混合交融的空间。随着市场的逐渐发展，文化设施所带动的文化消费会逐渐影响城市生活并塑造更活跃多样的城市文化[10]。

图7.5　河南艺术中心及其周围环境鸟瞰
图片来源：河南艺术中心

7.3　重塑文化：演艺文化的碰撞与演艺产业的困境

　　建筑的建成只是一个开端，并不意味着行业和文化的繁荣，在中国发展演艺文化，既要面对演艺市场不成熟的经营困境，也要面对中西文化结合的水土不服，以及本土文化发展初期创新不足的现实困境。

　　在新千年初期，我国的演艺团体绝大部分是国有团体，私有化团体较少且缺乏市场竞争力，市场化则需要一个漫长的过程，发展的初始阶段若无国家相关政策的大力扶持，是极难成功的。随着中国在全球化进程中的参与程度越加深入，文化产业的发展日渐紧迫。中国的对外开放不仅意味着经济的对外开放，也意味着文化走向更加多元和包容的时代。我国从2000年后着力于发展文化产业，一是面对文化融合与文化发展的全球化局面，二是文化产业对经济发展的强大带动作用也是不可忽视的重要原因。2000年的《中共中央关于制定国民经济和社会发展第十个五年计划的建议》提出，要"完善文化产业政策，加强文化市场建设和管理，推动有关文化产业发展"[11]。其后的"十一五"期间，将文化事业的发展列为重点项目，出台一系列政策，大力支持演艺行业的发展；《文化部"十二五"时期文化产业倍增计划》[12]和《文化部"十三五"时期文化产业发展规划》都在逐步强调和推动文化产业的发展。

　　除了相关的发展政策，演艺市场的良性发展也需要培养和扩大观众群体，政策的制定通常是宏观且无法面面俱到的。在实际的市场培养中，大剧院还需要针对市场和当地观众的特点，摸索适合自身经营特点的办法，相比文化和消费氛围较好的一线城市，二线城市的发展则更为缓慢和艰难。演艺文化在中国是一种文化多元融合的典型代表。在日常生活中，西方戏剧和音乐影响中国文化多年，传统戏剧也具有广泛的群众基础和地方特色。剧院建筑将多元的文化艺术形式以更大尺度的空间和演出标准呈现在大众视野中，但想要让观众真正走进剧院，把观演作为日常生活消费，还需要对市场长时间、多维度的培养。

河南省统计局的数据显示，从1990年到2006年，河南省的演艺团体数量从231个减少到199个，其中约60%是国有团体。河南艺术中心的建设于2008年底收尾，在2009年开幕，当年的演出场次只有191场，数量与规模并不可观。由于大剧院通常设置在城市的重要位置，公共交通线路和附属商业商店的发展必须与城市规划和基础设施建设相协调。2008年大剧院开业时，郑东新区公共交通系统建设处于初级阶段，地铁也尚未开通，晚上演出结束后，可供观众选择的公共交通极少。为了解决这个问题，大剧院推出了剧院与邻近公交总站之间的免费穿梭巴士服务，这一做法一直延续至今。据管理统计，截至2019年，剧院共运行了1,000多次班车。这种情况在2013年发生了变化，郑州地铁1号线开通、增加的公交线路使更多的观众能够便捷地到达剧院[①]。

世界各地的剧院都以低价和免费活动来吸引和培养新的观众群体。河南艺术中心的管理团队也在其运营的第一个十年里，提供了222场免费的公共演出和228场艺术讲座科普。尽管中国的人均GDP目前已经超过了1万美元，但票价和郑州的城市消费水平之间的矛盾仍然存在。河南艺术中心的运营状况随着郑州经济的快速发展，特别是在郑州被指定为国家中心城市之后得到了更多的改善。但是，在目前的经营环境下，没有任何一家剧院能够完全商业化生存。自开业以来，河南艺术中心每年接受政府资助600万元，这一数值在众多省会城市的大剧院中约为中等水平。统计数据显示（表7.1），在2018年时的年演出总数已经从197场增加到454场。随着观众消费水平和观演需求的提升，这些演出的引进质量也在逐步提高。

尽管建筑的巨构形态存在争议，但河南艺术中心的两个广场和平台创造了活跃的日常生活公共空间，并将主要道路与人工湖周围的娱乐空间相连通。对于居民来说，公共空间的质量和形式与日常生活的关联更加紧密，建筑形式的争论尚在其次。笔者对河南艺术中心的公

2010年、2017年、2018年的演出数据统计　　　　　　表7.1

项目	2010年	2017年	2018年
合计	197	434	454
自营演出（场次）	106	132	159
租场演出（场次）	50	195	190
合作演出（场次）	0	14	13
免费演出及讲座（场次）	41	53	52
艺术培训（场次）	0	40	40

数据来源：河南保利艺术中心管理有限公司，经笔者整理

---

① 数据源自笔者对河南艺术中心的采访。

共空间使用情况进行了多年的观察和记录，可以总结一些市民活动的规律——由于气候原因，人们更喜欢待在前面的广场上，夏季的人数略多于冬季（图7.6）。前后两侧的广场提供了两种类型的休闲空间，一些日常活动可以在入口广场处看到，后侧广场的露天舞台虽然与人工湖的湖岸紧密相连，但空间吸引力却不如前侧广场，剧院管理团队利用夏秋季节，通常在周末晚上于后侧的开放式剧场推出一系列免费演出，露天舞台上的表演成功吸引了众多路人参与活动，增进了大剧院与观众之间的互动。河南艺术中心的公共空间总体上是常年活跃的（图7.7）。

随机的现场访谈和一些网络平台上的反馈评价收集反映出居民对河南艺术中心相关的消费和空间体验。与学术界的批评不同，大多数观众对建筑的形状和设计感到满意，他们关注河南艺术中心的建筑设计及其标志性特征，部分游客将其作为旅游的原因，并且第一印象基本合格。从管理的角度来看，观众提到了演出过程中的安全检查和观众秩序，参观者更关心的是管理质量。在演出过程中，大部分关于体验的项目，作为观众和管理团队都在努力建立和维护更好的公共秩序。在采访中，河南艺术中心管理团队提到，这些年对观众行为的培养是有效的。

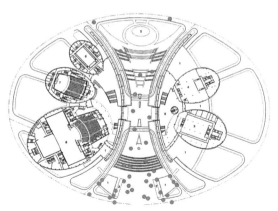

（a）夏季工作日，16：00~18：00

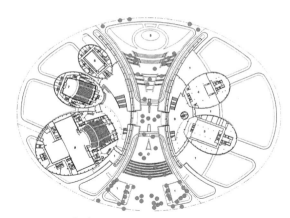

（b）夏季周末，16：00~18：00

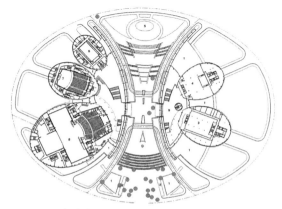

（c）冬季工作日，16：00~18：00

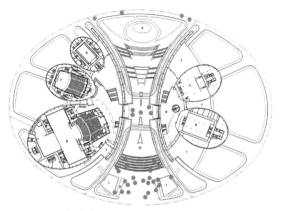

（d）冬季周末，16：00~18：00

· 两人以上的人群聚焦点

图7.6　2017年、2018年和2020年观察并整合人群在公共空间中不同时间段的分布情况

（a）临湖广场的免费开放演出　　　　　　　　　（b）前侧入口广场傍晚的市民活动

图7.7　河南艺术中心前后广场活动

除了建筑形式外，观众普遍对表演感到满意，随着消费水平的提高，很多人表示对票价的认可。同时，无论乘坐私家车还是公共交通工具，人们都认为到达河南艺术中心并不难，对其位置也十分满意。总而言之，观众的反馈普遍是积极的。

7.4　重塑与重构：城市多中心发展中的演艺建筑

在改革开放前的计划经济时代，华中地区大部分城市的城市布局以沿主城区轴线的行政建筑为主。剧院也沿着这些重要的城市轴线建造，当时的政府需要用有限的经济条件建立有秩序的行政空间，并进一步促进经济活动和城市发展。在这种背景下，文化活动要服务于政治宣传，戏剧是重要的宣传工具之一。郑州的老剧院位于两条主要的城市干道上：金水大道和中原路。金水大道为东西向道路，河南省人民政府、河南省文化和旅游厅、河南省人民会堂、河南人民剧院等省级行政大楼依次矗立（图7.8）。河南省人民会堂位于主干道的东北侧，河南人民剧院曾位于西南侧，两个观演建筑在这条重要的交通走廊上遥相对望，它们是上一个时代大型观演建筑的主要代表。

城市规模的扩张始终是过去30年城市发展的主题。随着工业化的快速发展，大量人口涌入城市，城镇化进程进入加速阶段，许多中国的省会城市逐渐从中型城市发展成为大型或特大型城市，人口规模从200多万迅速增长到超过1,000万。但是，一个城市中心区的承载能力是有限的。事实上，从20世纪90年代起，许多省会城市已经步入了"多中心、组团式"的发展模式，城市的建设量随着城市的向外扩张而大大增加，居民的消费能力提升，对文化建筑与文化活动的需求也相应增长。相应的，文化产业的发展也带动了经济发展，也使得部分文化建筑的建设逐渐朝着组团化的综合文化聚集区方向发展。由于服务范围的限制，城市规模的扩张必然导致一个大剧院的建设无法满足整个城市演艺演出的需求，许多中心城市纷纷出现了第二个甚至第三个大剧院建筑。不同形式的剧目和演出量的增加、演艺产业的多样化发展，促使一线城市中已经逐渐开始形成"小型—中型—大型"相结合的演艺场所发展结构，其他中心城市也建设了不同规模和等级的演艺建筑。

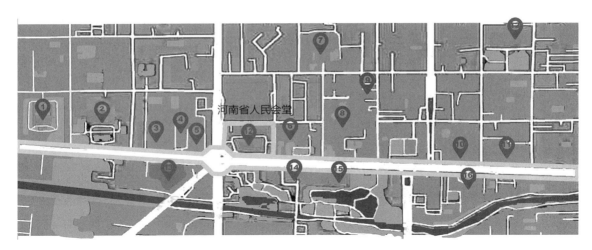

图7.8　位于金水大道的重要行政和文化建筑

1 中共河南省委宣传部　　　　7 河南省人民政府　　　　　　13 人民广场
2 河南省委员会　　　　　　　8 河南省司法厅　　　　　　　14 黄河勘测规划设计研究院有限公司
3 河南工会大厦　　　　　　　9 河南省公安厅　　　　　　　15 河南省气象局
4 河南省妇女联合会　　　　　10 河南省人民检察院检务公开大厅　　16 河南中州假日酒店
5 河南饭店　　　　　　　　　11 河南盛世民航国际酒店
6 水利部黄河水利委员会　　　12 河南省人民会堂

　　□ 主要道路与剧院　　　　　　● 主要行政建筑

　　郑州的城市发展在20世纪90年代就进入了"多中心组团发展"的模式[13]。1995年版城市规划从原有以铁路交会为城市中心的"单中心"模式，发展为"一轴线多中心"的规划模式。2010年后，郑东新区的建设量和经济总量迅速提升，带动城市经济的快速增长。新版的《郑州市城市总体规划（2010—2020）》提出了"一心两翼"的发展方向，即以原有的老城区为城市中心，带动东西两侧的新核心区域发展；"两翼"分别为东侧郑东新区CBD和西侧以中央文化区（Central Cultural District，CCD）为中心的新区区域。城市的"两翼"发展均以文化建筑和文化建筑组团为核心，文化产业对经济发展的巨大带动作用和对城市多样文化生活的影响更加受到重视。

　　不同于郑东新区CBD的规划，新CCD以文化建筑组团附加地下商业空间的模式进行设计，大剧院建筑是组团中的单体文化建筑之一，组团中的文化建筑还包括博物馆、美术馆、地方志馆、市民活动中心、广播塔、媒体中心等，几乎覆盖了文化产业相关的各个领域（图7.9、图7.10）。一方面，文化产业的强大经济驱动力通过不同文化建筑并置为文化组团的发展模式得以展现，是城市发展和市民生活中不可或缺的核心力量；另一方面，在全球化经济多样化发展的今天，单个体量剧院建筑对城市发展的影响力和标志性被逐渐削弱，未来会以文化建筑组团的群体空间发展方式为主导。

　　河南艺术中心开幕五年之后，经营状况已渐渐有了稳定的提升。郑州大剧院于2014年启动国际招标程序，2017年2月完成招标并经过国内外多个设计事务所的多轮竞标，最终哈尔滨工业大学建筑设计研究院梅洪元院士工作室以名为"黄河帆影·艺术之舟"的方案赢得了竞赛，项目在2020年底完工并交付使用。项目

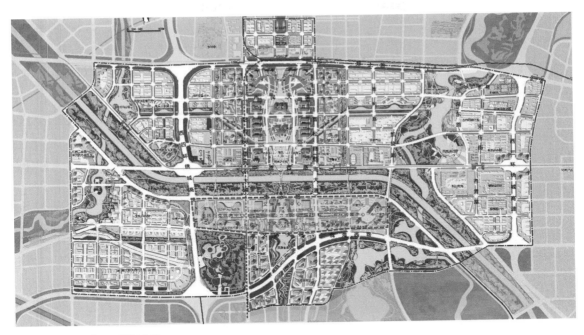

图7.9　城市西侧CCD规划方案
图片来源：郑州市自然资源和规划局中原分局

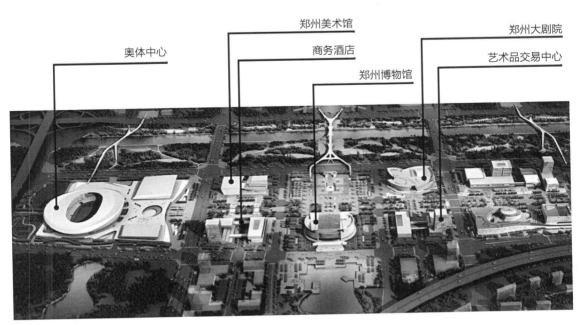

图7.10　郑州CCD核心建筑组团分布
图片来源：郑州市自然资源和规划局中原分局，笔者整理绘制

总建筑面积12.77万m²，主要演艺空间有一个1,687座的歌舞剧场、一个684座的音乐厅和一个421座的多功能厅，并设置戏曲排练厅和驻场剧团用房。和许多省会城市的剧院一样，以大剧院经营管理方现有的经营收入和文化创意团队的能力，还不足以支撑剧院拥有自己的驻场剧团。这个功能房间的设置顺应了扶持和推广豫剧发展的文化政策，也意味着未来随着剧院的有效经营，有可能实现拥有自身驻场剧团的目标。项目的建成效果并不完全如效果图中所展现的恢宏尺度，由于剧院的功能和造价限制，在设计落实中经过调整，造型略有改变，立面材料也有些更换。

城市边界持续扩张，东西分布的两座大剧院均位于城市公共交通的节点处，能够在未来有效缩短观众往返的交通距离。2015年的统计数据显示，河南全省的已登记演出团体超过800个，其中国有团体166个，演出市场的年度总收入超过10亿元人民币，演出票房收入从2012年的5亿增长至6亿元人民币，并且保持每年增长，其中专业剧场演出占全部演出量的50%以上，国有团体与私有团体的演出量均大幅增加。目前，河南艺术中心已经运营超过10年，每年的演出量接近500场次。管理团队在和笔者的交谈中，并不担心增加的大剧院会对原有的剧院演出形成冲击，演艺市场在本地持续扩大，在"一带一路"倡议下，也有一些演出交流让本地剧团也在尝试走出国门，走向更多国家的剧场。

7.5 讨论

大剧院建设热潮是中国改革开放以来城市扩张时期的特殊建设现象，过去的40多年里，

中国大量兴建文化场馆，但是文化建筑的数量依然不足。据资料统计，2007年美国、德国、英国、法国、日本每百万人平均专业剧场数分别为1.8个、3.4个、4.0个、4.2个和4.4个，相比于发达国家，我国2013年每百万人平均专业剧场数仅为0.64个，2019年仍不足1个，且一线城市远高于二、三线城市的平均值。大剧院建设热潮是其中关注度和讨论度极高的建筑、文化和城市现象，大剧院建筑本身也是具有经济和文化双重属性的文化建筑。从2000年中国开始重点发展创意文化产业以来，过去的20年里，中国的文化产业迅速发展，但仍在起始阶段，而演艺场馆和演艺产业作为重点发展项目，有影响力的原创剧目依然较少，其发展无法在短时期内快速"见效"，需要长期高投入并从多方面培养市场和观众[14]。

对于像郑州这样仍在发展中的国家中心城市来说，经济水平、人口数量和消费水平不可避免地限制了其各方向平衡发展的能力。在城市规模的扩大和新区的建设方面，各地政府以越发高昂的造价投入，将大剧院打造为城市的重点文化建筑和城市形象，而不以超高层金融中心作为城市天际线的标志，大尺度的文化建筑改变了城市的空间尺度，更影响了城市的文化格局。过去30年，郑州经历了从零到一，再到更多大剧院建筑的落成和转变，演艺空间的结构虽然仍以大中型专业剧场为主导，但更加丰富的剧场分布格局已经在城市中慢慢出现。

本章立足国家中心城市的发展现实和大剧院建设热潮的时代背景，以郑州为例，通过诠释大剧院建筑与城市演艺空间的构建，反思新千年以来演艺建筑建设、城市演艺产业发展与城市空间发展中的优势与困境，尝试更加深入地理解演艺空间与城市空间、文化发展之间的互动关系。

个人场景（张璐嘉）

我在郑州长大，在过去城市快速发展的三十年中，我始终觉得自己是与城市一同成长的。小时候，我家住在老城区的东南部，与现在的郑东新区只有不过两三站地铁的距离。那时，城市稍远的郊区都是农田，父亲周末骑自行车带着我，到田间地头去体验与城市不同的时令生活，教我一些关于农作物的知识。我懵懵懂懂地点头，我们还一起捡拾农田中丰收后剩余的大豆。那是我儿时对城乡发展的珍贵记忆。

随着我的成长，我读了更多的书，父亲也开始带我去看电影。有时我们会去他所在大学的礼堂，有时会在河南省人民会堂。小时候我觉得河南省人民会堂是我去过最高级的场所之一。每次走在入口的大台阶上我都兴奋而紧张，也能清晰地读到其他人脸上溢出的喜悦。这个场景带着些许严肃的仪式感，是我对"厅堂观演"的最初体验。

大约十五年前，郑东新区的建设已经初具规模，表弟一家搬到了位于老城区东部的新家，与郑东新区不过隔着一条中州大道。周末去表弟家时，我们常常会到附近的购物中心吃晚餐，饭后沿着如意湖散步，就像附近的一些居民一样。那时郑东新区已经摆脱了"鬼城"的争议，中央商务区附近也开始有熙熙攘攘的人群。对郑东新区、河南艺术中心以及地标建筑千玺广场的议论，从建设之初便是常常能听到的市民生活话题，至今仍是赞美与批评并置，且多数围绕生活琐碎，包括方向感、公园环境、如意湖与"大玉米"、演出票价、店铺品牌、停车位是否足够等。如今，曾经去会堂或是礼堂看演出的仪式感也变成了生活的日常，身边的朋友们常常关注河南艺术中心与郑州大剧院的演出预告，也时常感叹一些演出的可遇而不可求，实在不是在拼消费能力，而是在拼抢票速度。在某种程度上，这些新建文化场馆已经在新的消费场景里塑造了不同于以往的更轻松自如的城市文化。

■ 参考文献

[1] XUE C Q L. Building a revolution: Chinese architecture since 1980[M]. Hong Kong: Hong Kong University Press, 2006.

[2] SUDJIC D. The edifice complex: how the rich and powerful shape the world[M]. London: Penguin, 2006.

[3] 夏骏，阴山. 居住改变中国[M]. 北京：清华大学出版社，2006.

[4] 李克强. 2001年河南省政府工作报告——河南省第九届人民代表大会第四次会议[EB/OL].（2006-08-11）[2018-08-07]. https://www.henan.gov.cn/2006/08-11/226996.html.

[5] 河南省人民政府. 河南省国民经济和社会发展第十个五年计划纲要[EB/OL].（2006-12-21）[2018-08-14]. https://doc.docsou.com/bdea68f7299454b82ffeec30c-4.html.

[6] 郑州市郑东新区管理委员会，郑州市城市规划局. 郑州市郑东新区城市规划与建筑设计（2001—2009）郑东新区总体规划篇[M]. 北京：中国建筑工业出版社，2010.

[7] 喻新安，王建国，完世伟，等. 中国新城区建设研究——郑州新区建设的实践与探索[M]. 北京：社会科学文献出版，2010.

[8] 王仕俊，吕寻珠. 艺术的心境[M]. 北京：光明日报出版社，2012.

[9] 郑州市郑东新区管理委员会，郑州市城市规划局. 郑州市郑东新区城市规划与建筑设计（2001—2009）郑东新区商务中心区城市规划与建筑设计篇[M]. 北京：中国建筑工业出版社，2010.

[10] ZUKIN S. The cultures of cities[M]. Mass.: Blackwell, 1995.

[11] 邹广文，徐庆文. 全球化与文化产业发展[M]. 北京：中央文献出版社，2006.

[12] 文化部. 文化部"十二五"时期文化产业倍增计划[EB/OL].（2012-02-23）[2018-08-08]. https://zwgk.mct.gov.cn/zfxxgkml/ghjh/202012/t20201204_906363.html.

[13] 张善奎，孙玉娟. 郑州城市规划发展历程[J]. 中华建设，2018（9）：108-109.

[14] 卢向东. 中国现代剧场的演进——从大舞台到大剧院[M]. 北京：中国建筑工业出版社，2009.

第 8 章

山西大剧院：中国戏曲之乡的文艺复兴

■ 肖映博

8.1 发展历程：山西传统演艺空间

　　山西省是中华民族的发祥地之一，也是中国表演艺术的主要发源地之一。研究结果显示，至少有四处碑刻证明，山西早在北宋时期就已经出现了专门用于演艺的舞楼[1-2]。这种建筑形式往往坐落在祠庙内部，位置与明清时代的"献殿"相近。据此可以推断，这些建筑是为了适应用于戏曲歌舞表演来祭祀神灵之需而设立的。中国北方民众的传统风俗在以祈福消灾为目的的宗教祭祀系列活动中，一直深受百姓喜爱。

　　到了明清时期，随着有别于正统昆腔"花部"的兴起，山西的戏曲活动更为繁盛。"据粗略统计，这一时期，在山西的长年职业戏班剧社达三百个以上，从业人员超过一万，剧目近两千种。"[3]这种兼容并蓄、民众喜闻乐见的艺术形式，导致了其演出场所往往位于规模较大的村、镇、寺庙或贸易集市等人群聚集的开阔场地。随着时代的演变，宋代的舞楼转变为戏台或戏楼，其四周没有围墙，百姓不需要买票就能够随意出入。这类农村的戏曲演出依然与民间祭祀活动有关（称为赛社献艺）[4]，往往由祭祀活动的主办人而非观众来为演出团体提供报酬，甚至会邀请两个演出团队同时演出相似剧目来展开艺术竞赛，观众作为评委自由选择观看不同戏班演出的"对台戏"，呈现出早期的市场激励模式。

　　除了"迎神赛社"活动，商业性质的演出也是推动山西演艺空间发展的一个重要力量。到了清末民初，山西省由于相对封闭独立的自然地理环境，因此较少被外部社会动荡与战乱所波及。随着城市的发展以及商贸的繁荣，在繁华的街市中出现了较为封闭的室内演出场所——茶园与戏园。1902年，第一家茶园在太原市剪子巷开业，被设计为北方合院式空间，台前设茶座，有茶水与小吃供应。观众入茶园买茶座而非戏票。一些精明的晋商很快发现了演出市场的价值所在。1915年，晋商张积山率先将一个茶园改造为时尚新潮的戏园，不惜重金从北平邀请京剧名角来演出，首开"买票看戏"的先河。这些以营利为目的的演出场所，除了演出戏曲以外兼演话剧，有时还可以放映电影。在民国时期的戏园子几经修建，是当时城市文化生活消费中的主要场所，甚至有的延

图8.1　长风剧场
位于太原历史商业中心柳巷的长风剧场，曾是清朝的"八旗会馆"，1928年更名为"鸣盛楼"，是民国时期太原名噪一时的戏园代表。1958年进行现代化改造后，更名为长风剧院后的开幕大戏是由当时64岁高龄的梅兰芳领衔
图片来源：肖英 摄

伸成为新中国成立后的著名剧场（图8.1）。

　　新中国成立后，山西百业待兴，特别是1953年开始，由于丰富的煤炭与矿产资源，和军阀阎锡山留下的重工业基础，太原成为国家第一批重点建设城市。重点发展的重工业厂矿单位大多配套建有俱乐部演出场所，成为满足人民群众文化娱乐生活的一个重要组织类型，通过对原有戏园的现代化改造，当时仅太原一地可供大型演出的场所就有近五十处。自近代以来，西方文化和娱乐方式逐渐被新一代山西人民接受和模仿，并进行了一些改变和创新。传统的戏园很快就显得暗、小、陈旧，过于拥挤，不适应当时更为"现代化"的生活。因此，戏班逐渐将他们的表演搬到了以苏联建筑模式为模板的"现代剧院"里，表演组织形式也根据新的空间环境进行了适应性调整。为了配合太原市的工业现代化发展，1954年在时任

山西省副省长、太原市委书记的带领下，太原编制了《太原市总体规划（1954—1974年）》，指导城市建设发展，着重规划了老城以南的迎泽大街作为城市主干线[1]，在这条轴线两侧同时建起了现代化的城市基础设施，不仅有行政大楼和单位大院，交通枢纽、公园、宾馆、商城和剧场等现代化公共建筑也在其中被一并考量。

　　位于迎泽大街南侧的太原市工人文化宫就是这一时期典型的演艺建筑（图8.2）。该建筑在援华苏联专家的指导下，由山西省建筑设计研究院主持设计，是太原目前少有的大型苏式建筑。随着新中国工人社会地位的提高，他们的文化生活需求也受到了高度重视，工人文化宫从诞生起就肩负着"职工的学校与乐园"的职责使命。建筑正中由朱德题词"工人文化宫"，寓意这里是没有地域限制面向全体工人

①　迎泽大街是山西省太原市的主要街道与新中国建设时期重要的发展轴线，于1954年规划，1956年建成。它的设计宽度为70m，当时仅次于北京的长安街（120m）。

图8.2　太原市工人文化宫（图中为2017年时的旧名）
图片来源：肖英 摄

的文化家园，也成为20世纪50年代太原市最早、最大的综合文化娱乐场所，代表了1949年初期太原苏式建筑的施工工艺和水平。该建筑造型既有民族传统风格，又糅合现代建筑艺术的形象，与当时"民族形式，社会主义内容"的设计理念相呼应。随着迎泽大街轴线的区位优势不断被强化，坐落于黄金位置的太原市工人文化宫，成为新中国成立后太原演出和举行会议最多的场所，现在依然发挥着重要的作用。例如，山西每两年举办的省级戏曲最高奖项"杏花奖"评比演出、剧院创排的新剧展演等活动都在这里进行（表8.1）。

在这一时期，山西农村地区的演艺文化产品组织供给方式，从本土乡绅转变为新兴的社会团体及群团等集体组织形式。其中，以文化部、文学艺术界联合会与共青团中央委员会联合组织的农村文化工作队是最主要的运营形式。通过农村文化工作队深入人民公社、生产队的巡回流动演出，可以帮助当时的县级文化场所（文化馆、图书馆、书店、县剧团和电影放映队的临时搭建场所，通常为农村学校操场或打谷场）更好地开展农村文化工作。在开展文化宣传活动的同时，向广大农民群众进行社会主义教育。农村文化工作队会根据农村具体需求，在巡回演出的同时也提供各类图书、图片、电影资料拷贝以及适合农民集体演唱的材料。这一时期，在农村地区更为普遍的传播媒介是公共广播，几乎村村设立广播站，为农村日常文化演艺生活提供了更为可及的传播载体[5]。

1978年，改革开放背景下市场经济活跃，

太原市工人文化宫的基本资料　　　　表8.1

项目名称	建成使用时间	设计师	建筑面积（m²）	占地面积（m²）	大剧院（大）	多功能厅
太原市工人文化宫	1956~1958年	方奎元、尹谷	8,216	约9,000m²，包括5,000m²前广场	1,425座	500座

图8.3　山西剧院
山西剧院被认为是太原第一个现代化改造的剧场，但是同样受到了改革开放后市场化的冲击。入口立面复杂的广告牌显示，剧场空间拆分后，被网吧、卡拉OK与电影院等功能分割承包
图片来源：肖英 摄

图8.4　并州剧院
建成于1955年的并州剧院目前被改造成火锅餐厅
图片来源：肖英 摄

人们思想逐步得到解放，对传统文艺创作约束的时代宣告结束。随着流行音乐、卡拉OK与电子游戏等新鲜事物涌入并成为城市居民生活中的主导娱乐模式，传统表演艺术在这一代人的审美认同与消费选择中逐渐被边缘化。在市场化的大潮下，原有的演出空间及运营组织模式无法应对剧烈的社会变革而不得不面对市场的冲击，惨淡经营，将其空间化整为零，改造为文化培训、卡拉OK、餐厅、网吧甚至是洗浴歌舞厅等零散灰色产业场所。而这种无计划与应急性的改造与功能调整直接破坏了整个文化场所原有的格调氛围（图8.3、图8.4）。

相对于城市中因为市场竞争而略显颓败的演艺市场，农村的演艺场所则面临更为严重的生存危机，即无可避免的城镇化进程。在山西，城镇化率由2000年的34.91%提高到2020年的62.53%[6]，2015年以来，全省新增城镇人口中，县城（含县级市）及建制镇新增城镇人口占全省新增城镇人口的比率超过70%。现代机械化农业的发展也直接导致农村人口大幅减少，过去在农闲时认真品戏的乡民几乎难寻

踪迹；农村逐步被城市包围直至消失，停车场匮乏的城市也同样不会为戏台预留一片空地。这种城镇化过程极大地改变了村民的生活模式，撕裂了传统民俗的传承，也深刻影响到了孕育民间传统演艺文化的土壤。

8.2　战略：太原城市复兴、文化产业与大剧院

在中国，剧场一直被城市管理者视为对内凝聚城市精神的堡垒，对外展示城市文化建设的窗口。在21世纪初，太原市的城市管理者重新审视了城市文化基础设施与经济发展的内在联系，在2005～2007年采取了一系列措施以推动该省的文化与经济发展。山西政府借鉴沿海城市的经验，致力于推动山西从封闭向开放转型，以促进经济振兴。尽管太原在基础设施和投资条件上存在不足，但通过引入当时中国较发达珠三角地区的产业[7]，为山西带来了新的机遇和发展动力。

　　面对过度依赖煤炭产业所引发的潜在经济危机，山西政府提出了产业转型的必要性，并借鉴国际上资源型地区成功转型的案例①，强调了服务业在促进转型中的关键作用。为了满足服务业发展的需求，山西决定进行大规模基础设施改造升级，并在汾河西岸规划了长风文化商务区（简称长风新区）②，旨在构建一个集商务、行政、文化休闲和国际会展为一体的新型城市功能区，以此作为展示太原新形象和促进招商引资的平台。

　　2007年1月27日，山西省政府常务会议决定筹资50亿元，启动包括山西大剧院在内的六大社会公益类基础设施建设项目。这些项目的实施，不仅将填补山西省在社会公益设施方面的空白，而且有望成为推动全省经济社会快速发展的新引擎。通过这些举措，山西政府展现了其在文化基础设施建设方面的战略眼光和对城市发展瓶颈的深刻理解③。

　　太原现有中心城区主要分布在汾河东侧。根据总体发展规划，中心城区将向西南方向扩展。一系列"社会事业和社会公益类基础设施"的重点规划设置于汾河西侧的长风新区。2006年5月，太原市规划局（现为太原市规划和自然资源局）通过组织国际设计竞赛，邀请了法国夏邦杰建筑事务所、日本黑川纪章建筑事务所、美国威尔考特建筑事务所、德国冯·格康，玛格及合伙人建筑师事务所（gmp）及同济大学五家国际知名公司进行了详细规划

的编制。其中一位竞标者黑川纪章以距离太原不远的郑州郑东新区（见第7章）和深圳福田中心区（见第5章）城市区域规划而闻名。这两个城市的规划巨作也被广泛认为是他共生思想最重要的例子之一。在长风新区的方案中，黑川纪章计划将南端市级行政中心和北端会展中心作为新区内两个主要的"活力来源"，形成城市空间的两极，从而在基地内部形成内外功能的"交互区"，进而提高新城市中心的整体性（图8.5）。这一空间原型在同样是由黑川纪章参与设计的福田中心区"莲花山—市民中心—会展中心"轴线方案中也有体现（图8.6）。但最终的获胜者却是来自法国夏邦杰建筑事务所的方案。

　　相比黑川纪章方案南北轴线的自成体系并且平行于汾河河岸，夏邦杰方案的第一个明显区别是"跨河"设计策略，他们将项目理解为既是一处连接现有城区和未来新区的过渡和延展区，又颇具强烈的自身场所感，是打造成为这座千年名城的新城市形象代表。借鉴塞纳河与法国巴黎历代城市扩展的关系，通过垂直于河岸的轴线组织大型公共建筑和绿地广场，使得城市肌理在河岸两侧延伸，形成完整的城市骨架（图8.7）。

　　在法国巴黎，几个城市轴线都垂直于塞纳河，以便沿着塞纳河定位主要的基础设施，并在水上创建公共空间。在太原，我们决定将汾河引入我们的场地，创建一个绿色的岛屿，三

---

① 如德国的鲁尔区、法国的洛林大区和美国的匹兹堡区等。

② 该区域最初名为"长风新区"，作为2011年在太原召开的中博会（中部投资贸易博览会）主会场，后改为"长风商务区"，最终正式名为"长风文化商务区"。后文统一简称为"长风新区"。

③ 于2007年1月27日上午在召开山西省政府第95次常务会议上提及。会议分析了山西省社会事业和社会公益类基础设施建设滞后的状况，山西省现有的社会公益类基础设施大多建于20世纪五六十年代，年久失修，设备老化，功能落后，一些设施尚为空白，无法发挥支撑和推动社会事业快速健康发展的作用。目前，山西省尚没有大剧院、音乐厅和能够举办大型会议及展览活动的会展中心[8]。

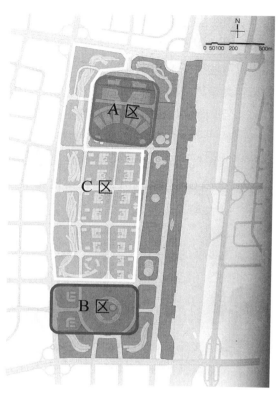

图8.5　黑川纪章设计的太原市长风新区分区图①
A区：会展区
B区：行政区
C区：商业区
图片来源：由笔者在陈一新提供的原图基础上绘制

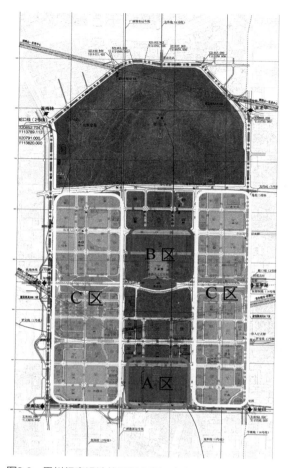

图8.6　黑川纪章设计的深圳市福田中心区分区图
A区：会展区
B区：行政区
C区：商业区
图片来源：由笔者在陈一新提供的原图基础上绘制

条轴线将从这里辐射出来[9]。

　　同时由基地内放射轴线的设计，将位于基地东北方向的现有城区和西南方向的未来晋阳湖新区贯穿起来，使城市实现"跨河"生长，延伸东部城市已有的中心空间，汾河成为城市的中心，通过轴线将两岸的城市结构衔接在一起。但是由于城市的地理分布，这种联系不可避免地导致一些轴线是斜的。在中国北方

的传统思想中，城市肌理沿南北轴线的定位象征着法统秩序构成的权威，通过南北轴线将城市管理机构和其他城市功能以对称的布局方式组织起来，是传统悠久的"坐北朝南"城市肌理的认知。所以在太原这座北方城市推行斜轴是有一定风险性的，但是当时政府相关部门在深思熟虑之后还是接受了这一大胆的城市肌理（图8.8）。

---

① 结构图自上而下分别为会展区、商业区、行政区。设计师期望会展区与行政区就像磁铁的两极，这两个活力中心将成为激活整个新区的活力之源，详见夏邦杰建筑事务所官网。

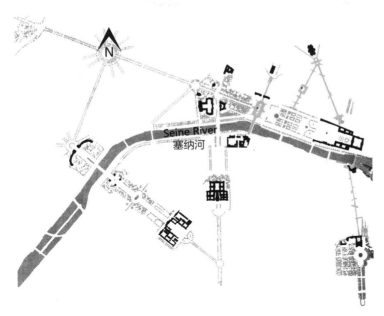

图8.7　法国巴黎垂直于塞纳河切线的城市轴线和开放空间
夏邦杰建筑事务所用法国巴黎塞纳河畔开放空间模式与太原汾河河畔基地
类比的想法成功说服评委尝试接受倾斜轴线
图片来源：夏邦杰建筑事务所

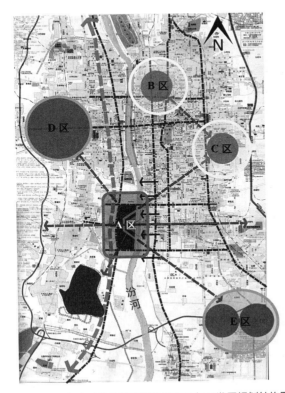

A区：太原长风新区
B区：太原老城区的行政和商业中心
C区：太原老城区的历史和文化中心
D区：太原新城的工业发展区
E区：太原新城的商业发展区

图8.8　夏邦杰建筑事务所设计的长风新区发展规划结构图
设计师认为这些轴线和大道既提供了与汾河对岸老城的联系，又提供了新城未来发展的延伸路线
图片来源：夏邦杰建筑事务所，笔者改绘

夏邦杰方案第二个有别于黑川纪章方案的策略，是以文化公共建筑而不是政府建筑作为新城的核心（图8.9）。设计师在垂直于汾河的方向设置了一条中轴线，在这条中轴线的端点上、轴线与水的交会处设置一个强有力的中心空间。一系列重要公共建筑、广场空间、开放绿地沿此轴线布置，实现对跨水轴线的塑造。由于6m高的汾河河堤会打断滨水空间的体验，设计师将所有轴线汇聚的中心区域整体架空，分为上下两层，设计双层的交通与绿化系统。平台上层围绕同一轴心围合布置五座文化类公共建筑。为了进一步强化文化建筑群的作用，设计师大胆地将汾河之水引入基地，形成文化绿岛。而汾河水的环绕仿佛将承载巨大建筑体量的平台"漂浮"了起来，这种巨大体量举重若轻漂浮在水面的场景在东亚地区的文化背景中具有深刻内涵。在来自法国设计师的实践中，我们可以明显地看出借鉴法国案例并且将文化建筑一步步"神格化"的企图。

山西演艺空间演化的历史过程中，往往基于当地演艺形式设置特殊功能场所，或者将外来范式（如苏式建筑所体现的社会主义内容）与本土形式相结合。但在长风新区与山西大剧院的营造方案中，无论是黑川纪章还是夏邦杰的方案，都表现出更为强势的外来范式更新本土演艺场所的企图。这也反映出中国城市在运用西方技术与理论进行城市建设实践时，需要面临与现有社会习俗和历史文化范式产生更加剧烈冲突的问题。从这一角度而言，所有建成项目应该更多地被视为一种集体实践，而不是设计师个体的一厢情愿。如果回到城市发展的决策者层面，笔者通过追溯其筹划会议记录或

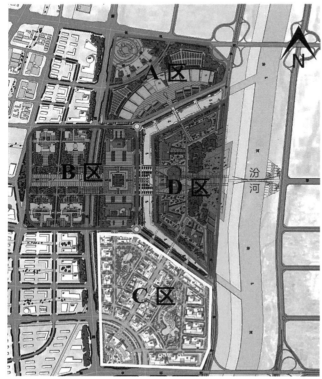

A区：会展区
B区：行政区
C区：商业区
D区：文化区

图8.9　夏邦杰建筑事务所设计的长风新区功能分区规划图
图片来源：夏邦杰建筑事务所，笔者后期绘制

文献，发现他们对于用何种建筑形式主导整个新城建设发展的认知变化过程：长风新区被赋予四种主要功能——省级文化艺术博览区、省级会展区、市级行政中心区、商务办公区。其中行政建筑的等级稍低，商务办公场所所占面积较大，往往成为城市设计的底图部分。讨论与争论的重点集中在"会展中心"与以山西大剧院等为代表的"文化建筑"谁更重要的问题上。对于长风新区是"商务区"还是"文化商务区"定义的变化，足以看出城市决策者对这一区域认知理念逐渐转变的过程，即从追求短期效益的展会经济引领区域发展，到追求长期效益的文化串联区域发展。

事实上，山西大剧院的筹备远远早于长风新区，但在改革开放早期，文化基础设施建设屡屡让位于经济建设。早在1982年，山西省计委①正式批复山西大剧院立项，并同时征购了土地，由省文化厅②负责筹建。但因1989年资金出现问题，省人民政府决定缓建。1996年，原计划用于建设大剧院的基地，被政府有关部门以招商引资为由挪作外资办公用地，就连筹备处办公地点也几经变迁，过程可谓千回百转、困难重重。然而进入新千年后，文化基础设施与商业基础设施的优先级别反转，山西大剧院建设项目受到空前重视，一跃成为商业新区的核心建筑。有文章在2007年指出：

健全公共文化服务网络，实施文化基础设施建设工程。以大型公共文化设施（如山西大剧院）为骨干，以社区和乡镇基层文化设施为基础，加强公共文化基础设施建设。重点建设一批代表山西形象的重大文化基础设施[10]。

8.3 植入与适应：法国设计师的山西城市实践

1978年改革开放引发的建筑革命，吸引了大量海外设计公司涌入中国。这些海外公司在中国的实践，构成了中国当代建筑不可或缺的图景[11]。当多数西方主要城市的音乐厅与大剧院因经费拮据、发展缓慢时，我国大剧院和其他文化建筑则如雨后春笋般争相上马，使得这类建筑成为设计竞赛的"角力场"。在成熟化市场浸淫多年的西方建筑师感受到了这种变化的冲击，义无反顾地加入东方的"淘金"热潮之中。与新世纪初刚刚开始接触大剧院这一类型的中国本土建筑师相比，西方建筑师具备相对丰富的类型经验，所以在这一轮的"大剧院建设热潮"中，西方建筑师占据了主导地位。

这种建筑热潮不可避免地受到同类型建筑在外部经验的影响。在我国大剧院建设热潮之前，西方世界最新一轮的文化设施建设热潮源于20世纪80年代法国密特朗总统执政期间的公共建筑建设计划（The Grands Projects），其中包括1977年在法国巴黎落成的蓬皮杜国家艺术和文化中心、1983年巴士底歌剧院在内的"总统工程项目"，以及曾被宣传为将会在20年内改变城市天际线的一系列不朽建筑项目[12]。这些文化建筑的盛世场景在20世纪80年代，给刚刚打开国门的中国的建筑师极大的震撼，并被广泛报道和讨论，建筑学界也逐渐接受了用标志性文化奇观来振兴城市的路径。1998年，时任法国总统希拉克提出了"150名中国建筑师在法国"的交流计划，此次交流活动聚集了

① 原山西省发展计划委员会。
② 现为山西省文化和旅游厅。

我国一批才华横溢的中青年建筑师与城市规划师，培养了他们对法国建筑的直观感受和文化情谊[13]。

虽然时间先后并不一定代表因果关系，但不可否认中法的文化交流使得中国建筑与城市规划的决策者们，在某种程度上更加倾向于认可文化建筑中"法国范式"的引领作用。在21世纪北京的国家大剧院项目中，法国建筑师的成功中标更是强化了这种认知，因此在中国大剧院的建设热潮中，来自欧洲特别是法国背景的设计师往往先拔头筹，就像20世纪改革开放早期，来自美国、日本等发达国家的建筑师在商业办公建筑中发挥的巨大作用一样。这种针对特殊类型建筑集中建设的热潮，博斯克（Bosker）曾经评论为"可能是中国力量的一种投射：它有能力通过隐喻的语境，将欧洲和美国的生活场景移植到中国的场域中来控制和重新组织现代化生活"[14]。在中国学者的认知中，大剧院是"建筑皇冠的明珠"的观点被广泛认可，从而导致中国城市的管理者期待通过引入原汁原味的西方演艺建筑，尝试让这些建筑扎根在中国来发挥同样"神奇"的效用，用这些带有纪念性的文化丰碑，来彰显中国在改革开放中所取得的巨大成就。

作为在中国取得显著成就的法国建筑师代表，夏邦杰试图通过理解文化差异和身份认同的途径，在海外输入和在地适应之间架起桥梁。1984年由法国建筑研究院组织并举办了两个重要的中法专题研讨会，从此开始了法国建筑师与上海市人民政府的合作，夏邦杰正是作为其中的重要一员首次来到中国。1994年，他迎来了人生的重要时刻：在浦东展览中心（未实施）设计竞赛获得认可后，于同年5月赢得了上海大剧院项目（第3章），这一作品的完成为他之后的事业开辟了广阔的道路，使得他以及更多的法国建筑师可以在上海获得参与其他大型城市设施设计的机会，并逐渐向中国其他城市扩展。现在，其公司在中国已完成了三个大剧院项目的落地，正好代表了中国一线到地级市不同情况的城市（表8.2）。

法国夏邦杰建筑事务所的大剧院项目统计　　　　　　　　　　　　　　　　表8.2

项目名称	中标时间	建成使用	建筑面积（m²）	大剧院（大）（座）	音乐厅（中）（座）	多功能剧场（小）（座）	附注
上海大剧院	1994年	1998年	64,000	1,800	600	300	中国建筑学会建筑创作大奖，2014年重修
山西大剧院	2008年	2012年	77,000	1,628	1,170	458	UIA（国际建筑师协会）特别奖——Interarch
忻州艺术中心	2012年	2015年	73,000	1,200	—	600	群艺馆、展览大厅等

城市与核心建筑一体化设计

由于在长风新区城市设计投标过程中获得的认可，夏邦杰建筑事务所因此受邀参加山西大剧院国际设计大赛。该剧院位于长风新区的中心地带，是在城市设计期间重点规划的文化岛部分。建筑在某种意义上是城市设计理念的延伸。夏邦杰建筑事务所的建筑师擅长以同步的方式进行城市设计、建筑和景观设计。该团队的项目经理周雯怡女士曾接受过法国建筑和城市设计方面的全面教育。据她介绍，夏邦杰建筑事务所设计团队认为：

广场、视觉轴或景观必须与建筑相结合，以创造强烈的场所感。同时，我们对场地以及城市与地形之间的关系进行了分析，使建筑、城市和景观形成了一个整体，就好像建筑是从场地中生长出来一样[15]。

"长风新区城市设计与山西大剧院建筑设计"的营建延续，使其成为夏邦杰建筑事务所实践其理念的理想项目组合（图8.10）。

关于门面（入口立面）的分析

夏邦杰建筑事务所对于山西大剧院建筑的设计，明显是他们在长风新区城市设计风格的延续。由于建筑物位于从市人民政府行政广场通往汾河岸边的主轴线上，它的区位使其具有明确的重要性，就像以巴黎歌剧院为尽头的奥斯曼的林荫大道轴线创造了理想氛围一样[16]。山西大剧院的一个大开口被视为轴线的通道（图8.11），长风新区的所有轴线都汇聚在这个开口下的大门廊上。大门廊位于一个台阶平台上，形成一个连续体，外在设计构图的中心。这个平台享有最佳的视野：从西面法方设计师所称的"市政厅广场"（今龙华停车场）到对面的亲水景观。作为一个类比，法国巴黎的大拱门使用象征性的罗马凯旋门，不仅

（a）城市设计竞赛阶段

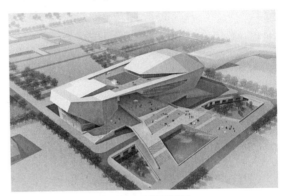

（b）建筑方案设计阶段

图8.10　两个阶段的山西大剧院设计方案
图片来源：夏邦杰建筑事务所

图8.11　山西大剧院与长风新区中轴线

标识了城市的西北延伸，而且还欢迎新的商业业态进入拉德芳斯（图8.12）。笔者认为埃德尔曼（Edelman）关于通过拉德芳斯大拱门对

公共空间层级结构的理念认知，同样适用于山西大剧院所营造的轴线与拱门，即这是一座同时体现公共服务功能并同样强调城市结构与秩

序的标志性建筑（图8.13）。

与西方现代主义建筑话语中所习惯运用的"立面"（façade）概念有微妙的差异，在东方传统建筑思想中，"门面"一词通常将建筑物的入口与建筑立面，甚至与主人的社会形象联系起来。字面上，"面"暗示了一个由人佩戴的绘画或雕塑的面具，用来增强、隐藏或改变佩戴者的外貌。因此，一个面孔同时兼有一种真诚表现与一种表演伪装的手段[17]。类似的，在长风新区的入口处，山西大剧院的门面兼有邀请客人、排斥陌生人的作用，并表明内外之间的各种关系的不同姿态，加上大剧院管理者在平时或者新冠疫情期间有意无意对于领域的强调，这个寓意门面的建筑呈现出了欢迎

图8.12　拉德芳斯大拱门（Grande Arche）与拉德芳斯中轴线

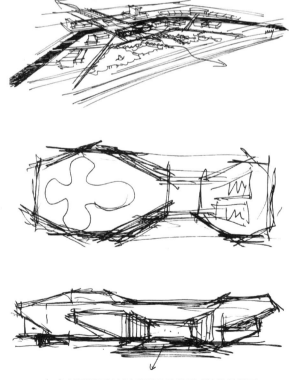

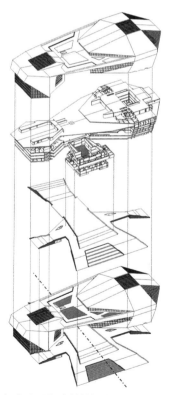

（a）长风新区的城市设计和建筑形式的推敲草图　　（b）山西大剧院的体积爆炸分析图

图8.13　长风新区中轴线在山西大剧院空间设计中的体现
图片来源：夏邦杰建筑事务所

宾客与领域区隔的丰富姿态，过度强调"正面形象"、需要宾客庄重沿着轴线接近的序列体验，无形中加强了大剧院建筑作为识别文化资本的圣殿性质，而并非是让所有人都可以感受到自在与随意的场所。此外，唐克扬的研究也指出，在中国传统关于"门面"的语境中，人们通常更强调这种建筑"门面"对于轴线强化的"深度"感受，而不是其"面部表情"的生动性，这也可以理解为大剧院建筑形式作为城市设计中的功能与建筑本体功能之间所产生的微妙矛盾。

综上所述，法式拱门与门框式山西大剧院这两座同构建筑，在不同的社会语境中具有不同的意义。在现代中国社会，这种定位往往与治理艺术相关[18]。随着长风新区的建设，新建成的一线购物中心改变了原有的城市设计规则，占据了原来连接行政中心和剧院台阶的广场。这座巨大体量的5层楼建筑，极其不合理地阻挡了原来连接行政中心和文化中心的轴线。在现实中，代表消费资本的巨大购物中心对设计师所精心维护轴线秩序的无视，象征着在法国和中国之间所作文化共鸣的努力受到的挫折（图8.14、图8.15）。

一目了然的轴线与曲径通幽的路径

事实上，"大台阶"与门框式的形式在长风新区的城市设计时期就得到了认可。所有参与设计竞赛的人员都运用了台阶的母题，可以看出这种城市设计形式的深刻影响力。与其他竞争者相比①，夏邦杰建筑事务所的方案无疑展示出了其在现代建筑语言运用方面的熟练程

图8.14　原版设计中连接行政中心与大剧院门框的广场

图8.15　原版设计的广场却被新设计的购物中心占据
图片来源：夏邦杰建筑事务所

度，而不仅仅是对于文化符号（鼓或者是风）的具象附会。剧院建筑包含歌剧厅、音乐厅和一个小剧场。在门框的两侧，歌剧厅和音乐厅塑造了建筑物的坚实外观；精心转折的屋顶让光线可以塑造出更具动感的形式。广场、台阶、滨水长廊和大厅被视为一个连续的视觉序列，通过使用同一色调的白色石材，这个序列营造了一种纯净和宁静的沉浸式体验。在表演厅附近，室内空间的红色引导着观众对建筑内部的探索，并激发出了观众对于剧场的情感（图8.16）。

────────────────────────────

① 例如太原市规划委员会所展示的"对鼓"方案与"三晋长风"方案[19]。

（a）外立面

（b）侧门厅

（c）主剧场的内部

图8.16　山西大剧院实景
图片来源：夏邦杰建筑事务所

8.4　总结：大剧院与中国城市升级的路径选择

本章将视角聚焦在山西太原，一个拥有辉煌历史却发展缓慢的二线城市。当一个有创新精神的城市管理者试图快速提振城市经济建设发展的时候，重大文化基础设施建设便成为重要的抓手，而其背后的文化资本代表一个城市的身份，定义着城市的雄心。当由在地土壤所孕育的传统文化演艺空间面对市场化大潮而纷

纷凋零、面临绝境时，通过引入西方先进的演艺建筑与配套的城市设计，似乎成为当时破题的最优解。笔者较为翔实地考察并分析研究了山西大剧院的城市尺度设计，建筑的布局、使用状况以及在空间方面的期望和不足。

从积极的角度来看，对大剧院建设的聚焦研讨是现代中国大众参与评论公共建筑的开端和进步。在此之前，民众往往是单方面接受固定的建筑评价，如辉煌的宫殿、蜿蜒的长城、雄伟的大会堂、宽阔的广场与高耸的大厦……但大剧院的出现改变了这一切：与以往的政府推动涉及国家尊严形象的公共建筑相比，文化建筑话题的范围广阔且政治敏感性较弱；与市场经济所推崇的高层建筑相比，文化建筑又受到较少的体制结构制约，而得以保留更为丰富的造型创作自由度。因此，大剧院是一个非常恰当的公共讨论样本，以大剧院为代表的大型文化建筑建设热潮积极引导公众参与这场全面而又彻底的建筑讨论，逐渐形成自己的认知和审美体系。

从城市管理者的角度来看，斥资13.8亿元投资的重点工程，使得当地政府开始逐渐懂得利用大型工程的建设实现社会经济发展的标志性来展示自己的愿景：当一个完全不同的建筑出现在一片传统的区域时，必然有着里程碑一般的意义。经过几年大规模的建设，城市的管理部门也开始通过一座大剧院的兴建，释放特殊的信息：表达一种开放的姿态，谋求世界的智慧与资源集聚，加快建设自己的国家，或是积极塑造时代腾飞的奇观，振奋士气增进国民对中华文明的自豪与认同感。虽然在开业初期，山西大剧院像很多"大剧院热"时期的建设项目一样存在上座率低、表演秩序混乱、观众群体难以拓展等共性问题，但是以大剧院建设为起点，有了这座最高等级文化基础设施的

保障，从市场上可以通过引入类似于保利院线的管理，从行政角度又可以加强宣传活动，通过一个核心建筑实现整个城市的文化氛围品质的飞跃。在新冠疫情期间，山西大剧院的室内功能只能有限运行，但是解封后的首场演出就是专门为抗疫事业作出巨大贡献的医务工作者、志愿者等人士呈现的慰问演出，体现了当地政府将大剧院演出所呈现的高级文化服务视为最高奖励[20]。此外在疫情期间，户外活动仍然被允许，所以以大剧院为背景的长风新区水幕灯光秀室外演出，仍然是吸引广大市民与文艺演出爱好者的重要文化活动，体现了大剧院建筑在疫情特殊时期，凝聚社会调整力、积极积累恢复力的特殊作用。

而从中国城市现代化建设的发展全局来看，以国家大剧院的建设为起点，大型文化建筑被放到了城市建设中一个新的高度，并且将这种理念自上而下地贯彻全社会，形成了"上行下效"的建设热潮：首都努力建设国家级的大型文化建筑；省会城市根据国家级的大型设施标准，推动自己省级建筑的建设；一般城市也对照着"现代城市"的配套设施标准查漏补缺。当全民都在讨论大剧院、大的展会中心建设时，就会不可避免地忽视城市与市民对其他类型建筑的需求与弱势区域的平衡发展。毕竟大规模城市建设的机遇可遇不可求，就像现在的法国巴黎已经无法承担20世纪80年代那样规模的建设，在选择自上而下快速推进城镇化的时候，慎重考量这样的建设所付出的机会成本，可以帮助我们作出更为科学性和理性的选择。

致谢

本章是在我的博士导师薛求理教授的悉心指导下完成的，特此表达最诚挚的感谢。笔者还要感谢张梁博士、蔡闻悦先生、周雯怡女士、皮埃尔·向博荣（Pierre Chambron）先生、梁佳女士、唐克扬教授、肖平博士和肖英先生等，他们在本章的写作过程中给予了我很多帮助，并且提供了建设性建议，给了我很多有益的启迪和帮助。

个人场景

我的童年是在太原市的一个传统机关大院中度过的，除了现代大剧院之外，还有很多建于20世纪五六十年代的苏式演出场所，在20世纪末仍在发挥作用。我所在的大院同样有一个这样的职工俱乐部（工人礼堂），用于会议、单位级别的文艺表演和电影播放。大礼堂前的小广场成了社区的中心，是我的童年记忆，也同样是我父亲的童年记忆。我们曾经在放学后，和同学在宽大的栏杆上完成作业。当孩子们在广场上踢足球或打篮球时，他们的父母就坐在门口的台阶上照看与闲谈……

我的父亲曾经在北京接受过外科医生专业的学习培训。他的导师习惯于在术前准备时聆听古典音乐，从而获得内心的平静。学成归来后，我父亲也将这种音乐哲学应用于我们家庭的日常生活中。除了磁带与CD，他尽可能多地带家人去更为专业的演出场所欣赏表演艺术节目。所以就这样走出大院，一个小男孩很不习惯地被父亲第一次带到音乐厅。回想这段经历，我完全记不住当日交响乐表演的节目单，而是深刻地记住了我是如何在拘谨地坐在本应该更为舒适的座位上，同时也被金碧辉煌的环境所震慑，显得不自在。

因搬迁到深圳，我们有了更为丰富的文艺演出服务可以选择，从此开始逐渐接受前往演出场所，从世界之窗的跨年狂欢演出，到深圳大剧院、音乐厅与保利剧院，欣赏了各种各样的文艺盛宴，使得我逐渐放下了曾经的拘谨，熟练地了解各种演出预告甚至是"黄牛票"价位，开始尝试鉴赏演出并且乐在其中。

这就是我从大院礼堂前的孩童，到大剧院爱乐者的成长经历，我对表演空间的积极认知是由我的快乐家庭生活所塑造的。也正因如此，我会非常理解山西人在文艺基础设施建设上曾经的挫败感与面向未来的雄心。

■ 参考文献

[1]　BRECHT B, Brecht on theatre: the development of an aesthetic[M]. 13th ed. New York: Hill and Wang, 1977: 190.

[2]　车文明. 北宋"舞楼"碑刻的新发现[J]. 文学遗产，2011（5）：144-147.

[3]　中国戏曲志编辑委员会. 中国戏曲志（山西卷）[M]. 北京：文化艺术出版社，1990：17.

[4]　车文明. 赛社献艺：中国古代戏曲生成与生存的基本方式[M]//胡忌. 戏史辨. 北京：中国戏剧出版社，2001.

[5]　新华社. 首都首批文化工作队下乡[J]. 戏剧报，1963（3）：23.

[6]　TANG K Y. Forming and performing: conditioning the concept of Chinese space in the case of National Theatre of China[J]. Space and Culture, 2019, 2(22): 153-171.

[7]　山西日报. 山西省政府筹资五十亿元兴建社会公益六大建筑[EB/OL]. （2007-01-29）[2018-08-15]. http://news.cctv.com/china/20070129/102300.shtml.

[8]　太原市规划委员会. 太原市规划设计方案丛书[M]. 北京：中国建筑工业出版社，2008：220.

[9]　薛求理. 世界建筑在中国[M]. 香港：三联书店（香港）有限公司，2010.

[10]　建筑时报. 放眼长远 合作共赢——就"150名中国建筑师在法国"项目采访法方负责人[EB/OL]. （2005-05-16）[2018-08-07]. http://www.abbs.com.cn/jzsb/read.php?cate=5&recid=13240.

[11]　MUSCAT C, PEEL. Museums and galleries of Paris[M]. Singapore: APA, 2002.

[12]　周雯怡. 从建筑到城市：法国ARTE–夏邦杰建筑事务所在中国[M]. 沈阳：辽宁科学技术出版社，2012.

[13]　BOSKER, et al. . Original copies: architectural mimicry in contemporary China[M]. Hong Kong: Hong Kong University Press, 2013.

[14]　CHASLIN F. A monument in perspective[M] //CHASLIN F, PICON-LEFEBVRE V, THEUIL R. La grande Arche de la Défense. Paris: Electa Moniteur, 1989: 19-25.

[15]　CODY J. Making history in Shanghai: architectural dialogues about space, place and face[M]// ROWE P, KUAN S. Shanghai: Architecture and urbanism for modern China. New York: Prestel, 2004: 128-141.

[16]　WU H. Remaking Beijing: Ti'anmen Square and the creation of political space[M]. London: Reaktion Books, 2013

[17]　米俊仁，李大鹏，邱健伟. 山西大剧院方案[J]. 建筑创作，2009（7）：158-159.

[18]　山西保利大剧院. 致敬最美逆行者｜山西大剧院邀您观演[EB/OL]. (2020-06-18）[2023-07-01]. https://mp.weixin.qq.com/s/d95-hw-hk_FwLqDbDYqpfQ.

[19]　段建宏. 戏台与社会：明清山西戏台研究[D]. 武汉：华中师范大学，2008.

[20]　GARTMAN D, EDELMAN M. From art to politics: how artistic creations shape political conceptions [J]. Contemporary Sociology, 1996, 25(1): 44.

第9章

无锡大剧院：蠡湖边上振翅欲飞的蝴蝶

■ 李　磷

　　蠡湖之滨的无锡大剧院外形优美，恰似一只翩翩起舞的蝴蝶，由芬兰萨米宁希诺宁建筑设计咨询（上海）有限公司（简称萨米宁公司）的建筑师佩卡·萨米宁（Pekka Salminen）担纲设计，于2012年4月30日落成首演（图9.1）。伴随着我国大规模的城镇化运动，无锡市的常住人口已由20世纪80年代的约100万人，增加至现在的700多万人；总面积由过去的130km²，发展至今天的4,627km²。本章以介绍文化地标无锡大剧院的建筑设计为线索，简要回顾无锡的城市及剧院的发展历史，并尝试分析艺术表演场所的建设与城市规划之间的关系。

心。不过，以上的客观局限并没有降低无锡的自信与抱负，她总是竭力跟上大都市的发展潮流，例如无锡大剧院的落成就是该市文化建设的里程碑，为当地提供了一个高端的艺术表演场地。

　　水城无锡历史悠久，其现存的古城区始建于元朝（1335年），呈罕见的菱形，并筑有城墙和护城河（图9.1）。根据《无锡县志》等历史文献的记录，明朝时城墙的周长约为17836尺，相当于6km[1]。无锡的交通要道是两条交汇于城中的河流，贯穿南北的长轴是原京杭大运河，即现在的中山路，全长约2.13km；横过东西的短轴原为河道，长约1.5km，即现在的崇宁路和后西溪路。由于水路交通发

9.1　无锡的历史背景

　　无锡市位于江苏省，处在南京和上海之间，与苏州为邻。尽管无锡的常住人口今天已达700多万，但与人口1,200多万的苏州和人口2,400多万的上海相比，它就显得有点小了。而且，由于在地理位置上太接近苏州和上海的缘故，使得无锡难以发展成为该地区的中

图9.1　无锡古县城模型，可见城墙和护城河

达，无锡渐渐成为一个物流中心以及大运河上著名的米市和布市，它的商业和手工业也很繁荣[①]。

无锡古县城依山傍水，它建于惠山东麓，太湖在它的西南方，只有6km之遥，是一个名副其实的山水城市。惠山上的寄畅园和天下第二泉、太湖边的鼋头渚风景区是闻名全国的古迹名胜。无锡县衙在西城门旁，金匮县衙靠近北城门，城中有文庙、武庙、城隍庙、三皇庙、书院、崇安寺、洞虚宫等重要建筑物。全城设五座城门，北、东、南三面各有一门，其中北门和南门都是水陆城门；西面有二门，一为陆门，一为水门[2-3]。

9.2　无锡的城市发展

1949年，无锡市区的面积大约只有10.55km²，但到了2005年，市区扩大至193km²，差不多是原来的20倍。回顾发展历史，无锡的城市建设可分为以下三个阶段：①1950～1979年；②1980～1999年；③2000年至今。

第一阶段的主要特征是拆除古城墙、将大运河从县城中改道至城外的西郊和南郊，以及大力拓展陆路交通。无锡的城建大致沿着沪宁铁路和公路，向西北—东南两端延伸，形成纺锤状的市区。这一阶段的重大建设包括了许多跨越河流的公路大桥，以配合陆路运输的发展，共有20条桥梁：吴桥、蓉湖大桥、莲蓉桥、锡山大桥、人民桥、文化宫桥、工运桥、亭子桥、槐古桥、南长桥、清名桥、伯渎桥、钢铁桥、化肥桥、梁溪大桥、红星桥、金

匮大桥、金城大桥、下甸大桥、利民桥。其中文化宫桥以新中国成立后建设的表演场地"文化宫"命名，文化宫位于旧县城外，下文有更详细的介绍。根据政府1953～1959年的规划大纲，无锡的发展目标是轻工业城市，以纺织业和电机业为主，以风景、度假及休养产业为辅。

第二阶段，无锡的规划目标是从64万人口、52km²（1982年）发展至100万人口、130km²（1986年），成为"江苏省重要的经济中心和旅游观光城市"。城市建设以旧城为中心、成环状向外围扩展，新区渐渐与惠山接壤。此阶段的著名项目有高层大厦，如楼高30层的无锡国际饭店和楼高28层的无锡锦江大饭店，以及占地面积多达100hm²的、由始建于1987年的中央电视台拍摄基地扩建而成的无锡影视城[4]。

第三阶段（即现阶段），根据无锡的城市规划思想，将有五个新城区围绕着旧城区：北面是惠山新城，东面是锡东新城，东南是科技新城（又名无锡市新区），南面是太湖新城，西面是蠡溪新城。旧城区改称为中心城区[①]。这六个城区又各自规划了一个新的核心公共空间——中心城区有太湖广场，惠山新城有中央公园，锡东新城有迎宾广场，无锡市新区有新洲生态园，太湖新城有金匮公园和尚贤河湿地公园，蠡溪新城有无锡体育中心（图9.2）。这一阶段的重大建设包括了基础设施、公共开放空间、文化设施及商业建筑等不同类型的项目。除上述的广场和公园，还有苏南硕放国际机场、无锡高铁站、无锡高铁东站、无锡市民中心、无锡博物馆、无锡大剧院、恒隆广场、

---

① 资料来自无锡城市规划展示馆。

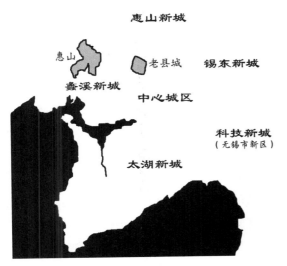

图9.2 无锡新规划的六个新区位置示意图

无锡茂业中心和无锡国际金融中心等，勾勒出城市的崭新面貌。

经过与全国城镇化同步的十年迅猛发展，无锡正在形成一个多中心的新型城市。位于中山路和人民路交会处的三阳广场，昔日曾是传统的老城闹市，现在摇身一变，成为繁华的中央商务区（CBD），高楼密集，摩登、喧嚣的店铺和娱乐场所随处可见。太湖广场在菱形的古县城区以南的1.5km处，它是新规划的中心城区的市政核心，公园阔450m、长800m，周围是无锡市人民大会堂、无锡博物院、无锡市图书馆、无锡市城市建设档案馆、无锡革命陈列馆、无锡科技馆、无锡青少年活动中心、国际金融中心大厦（IFS）、茂业中心大厦、世贸中心大厦、君来洲际酒店大楼、凯宾斯基饭店大楼以及一个大型购物商场。

中心城区以南是太湖新城。根据总体规划，这片150km²的新区的发展目标是向高端商业机构、金融机构、大企业的总部、专业服务、行政部门、科技与教育、文化及创意产业、生态宜居小区提供优质用地。太湖新城的

核心地带是金匮公园和尚贤河湿地公园，其中包括无锡市民中心在内的各类公共设施[5]。作为无锡市人民政府的新家，无锡市民中心的建筑由德国冯·格康，玛格及合伙人建筑师事务所（gmp）设计，于2010年落成。这座滨湖的综合性建筑长740m、高105m，建筑总面积达335,000m²，内设政府各部门的办公室以及一座会议中心和一座展览中心。市民中心的西侧是270m宽、850m长的金融区，它的地标是面向观山路的无锡国际金融中心大厦。太湖新城的东端是无锡国际科技园，占地面积23km²；西端是江南大学，占地面积215hm²；南端是贡湖湾；北端是东蠡湖，无锡大剧院就位于湖的南岸。

9.3 无锡的音乐艺术与演出场地简介

《二泉映月》是中国最著名的二胡音乐之一，它跟无锡有着密切的关系。这首二胡独奏曲原本是没有曲名的，它的创作者和演奏者华彦钧，人称"瞎子阿炳"，是无锡一位双目失明的音乐家。1950年，北京中央音乐学院教授杨荫浏、曹安专程到无锡为阿炳录音，之后才以惠山上的"天下第二泉"命名此曲为"二泉映月"。

以《珍珠塔》为经典的无锡地方戏被称为锡剧，出现在清朝初期，由传统的滩簧戏演变而成。根据历史文献记载，一位告老还乡的官员赵翼，在嘉庆十六年（1811年）与妻子同游小茅山庙会，他在《三月十八日檀桥门首同看小茅山香会经过》一诗中描述了看滩簧戏的情景，演出是在一个用条凳木板搭成的临时舞台上进行的。作为民间曲艺，锡剧最初流行于农

村，"演出场地也由就地作场到登上春台①演出，后来演出社戏时（旧时农村"迎神赛会"时演出的戏），则发展到临时登台或在寺庙的戏台上演出了"[6]。

到了民国初期，有一些锡剧戏班到上海演出并获得成功。例如，1919年常州帮艺人周甫艺和无锡艺人过昭容联合组班，在上海大世界演出，颇受欢迎。但讽刺的是，锡剧在无锡的发展反而不顺利，由于它的旧戏唱词偶带不雅的字眼，无锡政府一度取缔了锡剧的演出。然而，在1930年前后，锡剧艺人在苏州建班排戏，每逢演出，观众如潮。1955年，无锡正式成立了"无锡市锡剧团"。在"文化大革命"时期，锡剧团被取消了。"文化大革命"后，锡剧演出逐渐恢复，到了20世纪80年代达至高峰。可惜后继无力，特别是改革开放带来了演艺潮流的剧烈变化和多种艺术形式的竞争，锡剧未能与时并进，终于衰落了下去。

民国时期，无锡首屈一指的戏院叫中央大戏院，俗称百灵台，位于当年的万前路附近，即今工运路与解放北路交会处一带，专演滩簧或锡剧，艺人均以能在中央大戏院演出为荣。当年的中央大戏院上演过许多戏，如《梁祝》《狸猫换太子》《白蛇传》《杀子报》《牛郎织女》《攀弓带》《火烧红莲寺》《年羹尧》《荒江女侠》《周阿福》《西厢记》《信陵公子》等。新中国成立后，中央大戏院成为"无锡市文联首先实验锡剧团"的演出场地。"大跃进"前夕，中央戏院被拆，锡剧演出一度移师至"公花园"②内的"人民剧场"，后来又在无锡市人民大会堂演出。

1952年，无锡在今复兴路与解放西路的交会处兴建了无锡市人民大会堂，成为新的重大演出场所。1954年，无锡市工人文化宫落成，它位于古县城之南、环城河外的清扬路1号，供职工文艺表演之用。1999年，无锡市人民大会堂迁至新规划的中心城区，位于永和路2号、太湖广场的东北侧，新建筑具有政治会议、文化艺术活动、商贸洽谈展示等多种用途，其中的会场、剧场有1,248张座位。2012年，位于经济开发区（即太湖新城）大剧院路1号的无锡大剧院竣工。2014年，位于太湖新城观山路299号的无锡市新工人文化宫正式开放，它是一组多功能的建筑群，包括了一个设备先进的剧场。由此可见，现在无锡主要的演出场地都集中于新城区。至于老城内，笔者在解放南路558号发现一所"无锡演艺剧院"，隶属无锡市文化发展集团，其建筑物是老政协礼堂，当时（2018年）的演出均为少年儿童节目。

9.4　无锡大剧院

无锡大剧院的规划地点在太湖新城1号地段，位于东蠡湖南岸、蠡湖大桥东侧，那是一块滨水的地皮，面积约57,600m²，与老县城的直线距离约为6.5km。蠡湖是被鼋头渚半岛从太湖分隔出来的一片小水湾，湖水面积约8.6km²，宝界桥以东称东蠡湖、以西叫西蠡湖。早在1995年，无锡市就曾将蠡湖及沿岸地区规划为蠡湖景区，目的是打造一个"以秀丽的水景和近代园林及影视文化为特色，以游

---

① 旧时农民春作时用条凳木板搭成的台。
② 城中公园的俗称。

览、水上活动、文化娱乐为主，兼有别墅度假、休闲风情、旅游服务等多功能的湖泊型风景旅游区"[①]。

大剧院的旁边是太湖国际社区，由华润置地（北京）股份有限公司和新鸿基地产发展有限公司合资开发，社区面积约111hm²，建筑总面积约1,450,000m²，其中住宅建筑约1,100,000m²，商业建筑约360,000m²。社区北面的湖边有一U形的人工水湾，沿岸被规划为商业文化区，其中U形水湾的下方是华润万象城购物商场，U形水湾的左上方就是无锡大剧院所在之处，因此剧院建筑的东、北、西三面临水。

兴建无锡大剧院对无锡市意义重大，全力打造这样一个标志性和专业性的建筑，能够完善城市的功能，并提高演艺设施的标准以及文化品位。政府相信无锡大剧院能起到促进艺术文化产业的发展和区域甚至国际文化交流的作用。当地媒体亦对无锡大剧院寄予厚望，它作为文化领域的龙头和一个崭新的城市建设里程碑，未来将提升无锡的国际影响力。

2008年，无锡大剧院项目进行了国际建筑设计竞赛的招标，由芬兰萨米宁公司夺得第一名。建筑师佩卡·萨米宁是设计团队的主管，他同时也是公司的创办人。无锡大剧院的设计概念来自建筑地点及周围的三个重要环境元素：东蠡湖、人工半岛、蠡湖大桥（图9.3）。这一滨水特征很容易令人联想起澳大利亚著名的悉尼歌剧院：悉尼港湾、人工半岛、悉尼港湾大桥[7]。

位于赫尔辛基的萨米宁公司由佩卡·萨米宁在1968年创立，它是芬兰顶尖的建筑设计事

图9.3　无锡大剧院位置图

务所之一，曾设计不少综合性的公共建筑，如剧院、机场、火车站、大学校园、体育设施、购物中心、办公大楼以及住宅。自1986年，该公司一直参与芬兰赫尔辛基万塔机场的设计，主要工程包括于1999年竣工的国际候机大楼T2和2004年落成的往返"非申根"地区的候机大楼第一期。萨米宁公司的设计方案注重生态、经济和建筑质量方面的可持续性。创立公司之前，佩卡·萨米宁曾为芬兰著名建筑师蒂莫·彭蒂拉（Timo Penttilä）工作，是蒂莫·彭蒂拉的代表作品芬兰赫尔辛基城市剧院（建于1967年）的设计小组成员之一。在多年的设计生涯中，萨米宁获奖无数，其中包括芬兰混凝土设计大奖、芬兰钢结构设计大奖、欧盟当代建筑大奖密斯·凡·德·罗奖、德国混凝土设计大奖以及德国建筑大奖。他的其他代表作品有拉赫蒂体育中心、滑雪博物馆、拉赫蒂城立剧院、芬兰警察学院、德国纽伦堡圣玛利亚教堂的音乐厅。萨米宁于2003年进军中国并开展其设计业务，继无锡大剧院之后，他的另一重要项目是2018年开幕的福州海峡文化艺术中心。萨米宁在一次访问中被问及芬兰建筑设计

---

① 资料来自无锡城市规划展示馆。

的个性是什么？在中国工作有何感想？他回答，芬兰设计的特质是为建筑提供聪颖和方便使用的解决方案。他还婉转地说，中国的客户一般最关心外形，其次是造价，最后才是功能[8]。

悉尼歌剧院的建筑主要由两部分构成：平台层和贝壳造型屋顶。无独有偶，按照建筑师的说法，无锡大剧院给人的印象是八只翅膀高耸在一个石质底座及平台之上，就好似一只蝴蝶飞落在蠡湖岸边（图9.4）。"建筑师希望赋予这一新的艺术建筑非常独特的外形，从而令大剧院本身就已经是一件艺术品、一件大型雕塑。另外，这些高大的翅膀还体现了重要的爱护生态的意识，它们遮盖着建筑物，避免阳光直接照射，能在夏天减少热量吸收，从而节省空调的使用。"①大剧院的占地面积为57,600m²，总建筑面积约78,000m²，其底座高出地面6m，整幢建筑物的高度约50m。四顾周围，不得不说，其别出心裁的建筑造型是对风光如画的湖边环境的优美诠释。

大剧院的南侧是宽阔的入口广场，它连着一道大台阶，拾级而上，可达底座平台之顶，接着便抵大门（图9.5）。大剧院的大堂是穿堂式设计，可一览北面蠡湖水景，它同时将建筑物一分为二：左侧是有1,680个座位的大剧院，用于歌剧、音乐和芭蕾舞表演；右侧是有690个座位的综合演艺剧场（图9.6）。剧院外四周分布着平台和小路，与湖边的绿化景观交织在一起，因此在半岛散步的确是一种愉快的享受（图9.7）。

西侧五只、东侧三只、加起来共八只"翅膀"造型的金属大屋顶是一个独立的结构体系（图9.8），它与下方由贴石水泥外壳围筑起来的两个剧场互不混淆（图9.9），而位于剧场之间的入口大堂和位于后方、面对湖水的剧场门厅，则由玻璃幕墙和玻璃屋顶打造而成。所以大剧院的建筑主要是三种不同结构、材料与功能的完美统一：轻盈的屋顶、密实的剧场、通透的公共空间。

无锡大剧院其中一个最特别的地方，是应用了大量竹质物料作为观众席的内墙装饰。竹不但环保，而且可以达到良好的音响效果。根据有关报道，"由于使用了新的加工方法，超过15,000片坚实的竹块被铺贴在歌剧场的内

图9.4　无锡大剧院鸟瞰图
图片来源：萨米宁公司

图9.5　无锡大剧院正面
图片来源：萨米宁公司

---

① 参见萨米宁公司官方网站。

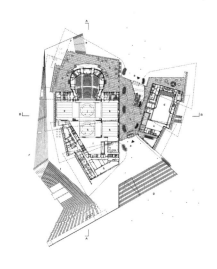

图9.6　无锡大剧院首层平面图
图片来源：萨米宁公司

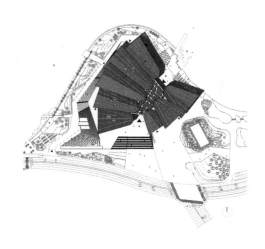

图9.7　无锡大剧院总平面图
图片来源：萨米宁公司

图9.8　无锡大剧院屋顶结构示意图
图片来源：萨米宁公司

图9.9　无锡大剧院南立面图
图片来源：萨米宁公司

部，其中很多形状特别的竹块是按照声学和建筑形象的需要而专门独立生产的"[9]。

9.5　分析

　　首先，无锡在20世纪90年代以前一直是一个侧重于发展轻工业的中型城市，由于附近有像上海、南京、苏州这样的大城市或历史名城，限制了无锡发展成为一个地区性的文化艺术中心的可能性，所以它并非一个高档文艺节目首选的演出地点。直至1999年，因为无锡市

新人民大会堂的落成，无锡才有了历史第一座高标准、大型、多功能的演出场所。

　　如果我们着眼分析历史上无锡演出场馆的所在地，会发现一个非常有趣的现象：新建场馆的选址与无锡的城市发展方向和新区规划的思路大体一致。先说民国初期专演滩簧戏或锡剧的中央大戏院，它建在菱形古县城东北方向的护城河外。参考1949年的无锡地图，由于无锡火车站、汽车公司、船公司都集中在城外东北方向的不远处，交通便利，而且市政府也在城北，所以火车站与护城河之间是新发展的区域，那一带不但有中央大戏院，还有中国饭

店、大上海电影院等。1952年新建的人民大会堂位于城西北的边界上，与城墙为邻，在今复兴路和解放西路交会处。无锡市人民大会堂为什么选址在此，暂无法考证，但可能与军管会和苏南行政公署就在旁边有关。同一时期，于1954年兴建的工人文化宫位于城南护城河外西岸的清扬路上。这一局面，与无锡后来向古县城外西、南两个城市发展方向不谋而合。

在世纪交替的1999年，无锡的城市发展又有了大动作，具有代表性的规划成果是面积达67万m²的太湖广场，位于古县城南1.5km外、靠近改道已久的京杭大运河。太湖广场不仅有宽阔的公共空间、绿化公园，还有各种文化艺术设施，其中包括了无锡市新人民大会堂，它内含一个多达1,248张座位的剧场。现在，太湖广场已变成无锡最新规划中心城区的重要心脏地带；而无锡在21世纪主要发展的区域之一是太湖新城，在古县城南约5km外。2012年开幕的无锡大剧院和2014年落成的新工人文化宫就位于太湖新城。由此可见，无锡的演出场地不断向城外以及在南郊落户，而且在每一个新时期都选择离古城更远的地址，正好说明了其规划思想是配合新城区的发展。所以无锡演艺场所的发展历史，同时也反映了无锡城市的发展历史，这是一个很独特的现象（图9.10）。

其次，无锡大剧院的具体选址有点出乎意料，落户僻静的蠡湖南岸，远离太湖新城金匮公园和尚贤河湿地公园之间的无锡市民中心，并未与现有的社区空间互相结合，其着眼点无疑是用悦目的湖景衬托亮丽的建筑造型。正如建筑师所言，无锡大剧院是以蠡湖为背景的"一件艺术品、一件巨型雕塑"。这与大都市一般都选址在公共设施集中的核心地带有些分别，像北京国家大剧院选址在天安门广场附近，上海大剧院选址在人民广

场，东方艺术中心选址在浦东世纪广场，广州歌剧院选址在花城广场，深圳音乐厅选址在福田中心区，杭州大剧院选址在钱江新城市民广场等。由于安排在无锡大剧院的演出，当属本市最高水平的演艺盛事，剧院选址在热闹市中心的好处之一是交通和各种配套成熟完善，方便广大市民前往欣赏。前文曾提及，无锡有一个"蠡湖景区"的规划构思。以无锡目前的发展方向，城市已呈从北、东、南三面包围着东蠡湖的势态；从地理位置看，东蠡湖位于无锡的中心，若无锡将来把这一天然的"金色港湾"发展为未来的城市中心，那无锡大剧院就是环湖滨水走廊项链上的第一颗明珠了，这的确具有远见。现在无锡地铁4号线已开通，设有大剧院站，它与位于沿地铁1号线上的无锡市工人文化宫、无锡市民中心、金匮公园、太湖广场、三阳广场、无锡火车站等已联网，比刚开幕时便利了许多。

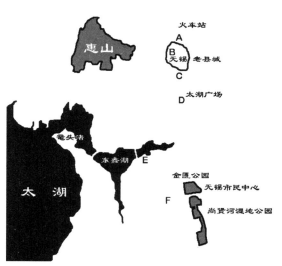

图9.10　无锡历年演艺场所位置图
A中央大戏院（民国时期）
B无锡市人民大会堂旧址（1952年）
C无锡市工人文化宫旧址（1954年）
D无锡市人民大会堂新址（1999年）
E无锡大剧院（2012年）
F无锡市工人文化宫新址（2014年）

在国外，大剧院这类场所一般是为了满足当地现有的市立音乐团体，如歌剧团、交响乐团演出和排练的需求而兴建。即便是澳大利亚悉尼歌剧院，其起源亦是由于新南威尔士州立音乐学院的校长尤金·古森斯（Eugene Goossens）当年正在构思一部大型的音乐剧，但他苦于找不到合适的演出场地，因为悉尼市大会堂太小了，容纳不下大型演出，于是他四处游说倡议新建剧院。同时，这类场所一般都有常驻艺术团，如法国巴黎歌剧院与巴黎国家歌剧院，意大利米兰斯卡拉大剧院与合唱团、芭蕾舞团、交响乐团，美国纽约林肯中心与大都会歌剧团、纽约爱乐乐团、纽约城市芭蕾舞团，奥地利维也纳金色音乐厅与维也纳爱乐乐团，德国柏林爱乐音乐厅与柏林爱乐乐团等。根据无锡市的官方文件，在2016年全市有四个艺术表演团体，其中三个单位是戏曲剧团，另一个是曲艺、杂技、木偶、皮影剧团，从业人员共120位[10]。当地政府官员透露，无锡将向北京、上海等大城市学习，组织国际艺术节，支持传统锡剧、音乐表演和本市的创意产业，旨在利用无锡大剧院别致的建筑形象向世界推广无锡①。无锡大剧院现由无锡大剧院保利管理有限公司经营。据笔者统计，2018年1～3月无锡大剧院的演出约有21场次（平均每月7场），6月份有14场次；2023年7～12月约有46场次（平均每月6.5场）②；新冠疫情之后，演艺市场正在复苏；从2023年6月中旬至9月上旬，无锡首届"城市艺术季"在无锡大剧院举行，共有45台剧目、59场演出轮番上演③；同时，无锡正在全球招聘组建交响乐团④。可见无锡大剧院的建成，是真正"繁荣文化事业和发展文化产业的新支点"，已大大改变了无锡的文化生态⑤。寄望未来，相信更多、更有分量、更经典的作品将出现在节目表上。

个人场景

我最早接触西洋古典音乐，是受了傅雷所译法国作家罗曼·罗兰的小说《约翰·克利斯朵夫》的影响。因为约翰·克利斯朵夫的原型是贝多芬，所以我就开始从电台收听贝多芬的音乐。第一次听他的命运交响乐感到很激动，而《月光奏鸣曲》又柔情似水，于是我慢慢喜欢上古典音乐，肖邦、柴可夫斯基的音乐我都爱听。我出生在广州，家住在中山纪念堂附近，相距只有10分钟的路程，因而我对这座中西合璧的宏伟剧院非常熟识，亦很佩服设计它的吕彦直建筑师。现在回想起来，我后来走上学习建筑设计专业的道路，与此不无关系。不过中山纪念堂很少有演出安排，我记忆之中在那里听过香港歌手罗文的演唱会。在广州，古典音乐的演出一般安排在人民北路的友谊剧院，它的旁边是"广州交易会"展馆和广州火车站。友谊剧院离我家也不远，骑自行车大约20分钟左右就到了。我经常留意《羊城晚报》上刊登的演出公告，每逢友谊剧院有重大演出，我都会去买票。我在那里看了很多戏剧，听了很多音乐会，记忆中有莎士比亚的《哈姆

① 资料来自中国新闻网。
② 资料来自无锡大剧院官方网站。
③ 资料来自中共江苏省委宣传网。
④ 资料来自新华网2023年6月19日的江苏要闻。
⑤ 引文来自无锡大剧院工程建设指挥部、无锡公共工程建设中心所立碑记《无锡大剧院建设散记》（2012年）。

莱特》，易卜生的《玩偶之家》，广州乐团的周末音乐会，著名钢琴家刘诗昆和殷承宗，小提琴家盛中国等人的演出。我印象最深刻的是看英国皇家芭蕾舞团演出柴可夫斯基的《天鹅湖》和严良堃指挥广州交响乐团及合唱队演奏贝多芬的《第九交响乐》，盛况空前，至今难忘。友谊剧院内有一个岭南风格的小庭院，中场休息时，我总会到庭院中走一走，呼吸一下新鲜空气，看一看庭中的植物和花。大抵只有广州的建筑师才有这种勇气，把岭南庭园与大剧院结合起来，这也是我喜欢友谊剧院的原因之一。在友谊剧院听音乐是我少年时一段美好的回忆，那是20世纪80年代的事了，为此当年我还曾翻译了一篇美国《时代》周刊介绍钢琴大师霍罗威茨传奇人生的文章，并发表在《环球》杂志上，名为《游子回故乡》。后来我去了纽约学习建筑，偶然有难得的机会到林肯中心和卡内基音乐厅欣赏世界级音乐大师们的精彩演出，包括伯恩斯坦指挥纽约爱乐乐团，可谓三生有幸。纽约虽然有很多音乐活动，但当地知音众多，名家的演出基本上都是一票难求。毕业后我在香港工作，自然就成了香港文化中心音乐厅、香港大会堂音乐厅的常客。香港除了有高水平的专业乐团，又有每年一度的"香港艺术节"，还有办得非常出色的古典音乐电台，我作为一位音乐爱好者觉得很幸运。说真的，建筑师跟音乐好似有着某种天然的缘分，设计音乐厅是一个建筑师的毕生梦想。正如德国诗人歌德所言："建筑是一首凝固的音乐。"我觉得无锡大剧院真是一个活生生的好例子，看着它仿如蝴蝶的外形，不知为什么，我的脑海里总是浮现出小提琴协奏曲《梁山伯与祝英台》的优美旋律《化蝶》。

■ 参考文献

[1]　庄申. 无锡市志[M]. 南京：江苏人民出版社，1995.

[2]　无锡市无锡编写组. 无锡[M]. 上海：上海文化出版社，1980.

[3]　中国旅游指南编委会. 无锡[M]. 北京：中华书局，2000.

[4]　无锡市史志办公室，无锡年鉴[M]. 上海：浦东电子出版社，2003.

[5]　李磷，薛求理. 21世纪中国城市主义[M]. 北京：中国建筑工业出版社，2017.

[6]　吴恩培. 吴文化概论[M]. 南京：东南大学出版社，2006.

[7]　无锡大剧院/PES-Architects[EB/OL]. (2015-1-29)[2023-7-7]. https://www.archdaily.cn/cn/760911/wu-xi-da-ju-yuan-pes-architects

[8]　EARS. Interview with Pekka Salminen[EB/OL]. (2015-7-30)[2023-7-7]. https://ears.asia/2015/07/30/interview-with-pekka-salminen/.

[9]　CHALCRAFT E. Wuxi Grand Theatre by PES-Architects[EB/OL]. (2012-9-9)[2023-7-7]. https://www.dezeen.com/2012/09/09/wuxi-grand-theatre-by-pes-architects/.

[10]　无锡市委宣传部，无锡市统计局，无锡市文化广电新闻出版局. 2016年无锡文化及相关产生统计概览[R]. 2017.

第10章

南京观演建筑的演进：从大会堂到剧院巨构

■ 孙　聪

1927～1937年的大规模首都建设，被公认为南京城市建设的"黄金十年"[1]。中国第一个国立戏剧音乐院就诞生于这"黄金十年"，这其实是一个披着歌剧院外衣的会堂建筑，也称"国民大会堂"，位于南京的老城中心、总统府附近。千禧年后，在大事件的触媒作用下，南京秦淮河以西地区迎来了发展契机，由城市边缘区快速转化为城市副中心，再快速发展成新的城市中心。先有伴随青奥会[①]赛后场馆再利用应运而生的南京保利大剧院，再有全国最大的剧院巨构——江苏大剧院在西边的新城市中心落成（图10.1）。对于后者这一艺术殿堂，南京人民等待了太久。国民大会堂和江苏大剧院分别是新旧城市中心的标志物，也分别是该历史阶段斥资最大的公共建筑。

本章通过回顾梳理南京新旧城市中心的标志性观演建筑，对比几轮大剧院建设的投资主体、规划目的及背后政策、与城市结构的关

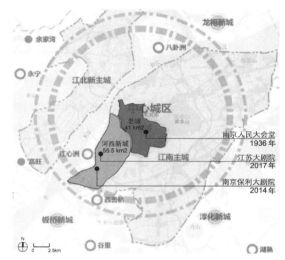

图10.1　南京中心城区及重要观演建筑位置示意图
图片来源：笔者基于《南京市城市总体规划（2011-2020年）》中的市域城镇体系规划图补充绘制

系、建筑尺度与风格、生产机制，以期捕捉南京这样有着丰富历史、双中心共生城市的城市空间结构演化和不同年代文化空间生产机制和产品的变化。

---

①　2014年南京青年奥林匹克运动会的简称。

10.1　流产的"宪政梦"：
国民大会堂

　　国民大会堂的建设计划始于1933年，源于国民政府为筹备原定于1935年3月召开的国民大会[1]。国民大会堂的建设方案、详细图说及经费概算书由内政部负责。1933年12月，经中央执行委员会常务委员会[2]第一百次会议讨论，决议如下：①会堂地点在明故宫行政区基地内；②会堂建筑以能容2,500人之议席为准；③建筑费定为100~200万元；④征求图案及延聘专家审查等费用为1万元，由党务费第一预备费项下拨付（图10.2）。1934年1月，由行政院筹设国民大会堂设计委员会全面负责

此项目。

　　但项目进入到选址阶段就开始一波三折。原选址于明故宫西长安门西面基地，即"首都规划"中国民政府五院基地的西面，但是由于该地块处在明故宫民用飞行场的范围内，后提出另一选址方案——东长安门东面空地，但此地块邻近古城墙，以有碍建筑观瞻之风险为由，所以未被进一步讨论与考虑（图10.7）。此后，内政部与军政部针对是国民大会堂重新选址还是民用机场搬迁的问题开始了漫长的博弈，互不相让，始终无法达成共识，国民大会堂的筹办动议暂时被搁置。

　　1935年3月7日，国民党中央执行委员会在第161次中央常务会议中通过建造国立美术陈

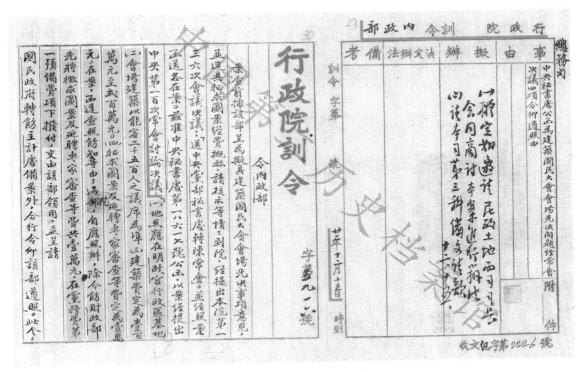

图10.2　1933年筹备国民大会堂的相关官方文件
图片来源：中国第二历史档案馆

---

① 源于1932年12月召开的国民党四届三中全会决议。
② 国民党中央执行委员会，是由国民党全国代表大会选举产生的最高党务机关，其主要职权是：对外代表国民党；执行全国代表大会之决议；组织并指挥各地党部；组织党的中央各部会；支配党的经费。

列馆和国立戏剧音乐院的议案，并推举19人为筹备委员，拨款建筑经费20万元[2]。到同年7月，筹备小组已完成选址和购地10.78亩（0.72公顷），共计2.5万元[3]。并由时任南京特别市政府参事①为筹委会工程组总干事（工程组最高领导）。之后，筹委会又聘请建筑师李宗楷担任设计师、范文照作顾问，结合第二、三名方案的优点对奚福泉的设计进行修改后作为最后的实施方案（图10.3）。由上可见，国立美术陈列馆和国立戏剧音乐院这样与当时的首都南京建设息息相关的重要公共建筑均被划入"中央"权治范围。"国立戏剧音乐院及国立美术陈列馆筹备委员会"一跃成为指挥国民大会堂空间生产的权力主体，为这两个项目的实际"话事人"。

1935年5月12日，蒋介石在给年底即将上任国民政府内政部长的亲笔信中提到："国民代表大会场不求其精美，只求尽坚，速，并须

从速开工为荷（图10.4a）。"由于国民大会堂的建设迟而未决，经孔祥熙等五位筹委会成员提议，1935年9月，中央决定将国立戏剧音乐院充用为国民大会的临时会场，随后将原拟建国民大会堂的20万元拨予此项目[4]。之后的相关新闻报道均以国民大会会场或国民大会堂指代国立音乐戏剧院项目。国立戏剧音乐院竣

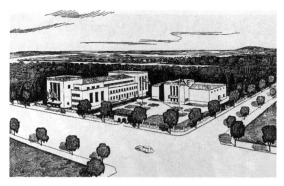

图10.3　国立戏剧音乐院及国立美术陈列馆实施方案透视图
图片来源：卢海鸣，杨新华. 南京民国建筑［M］. 南京：南京大学出版社，2001.

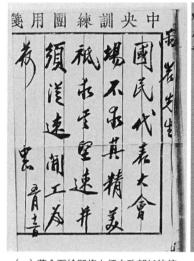

（a）蒋介石给即将上任内政部长的信

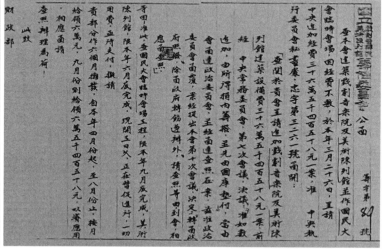

（b）国民大会堂建设期间追加费用的文件

图10.4　国民大会堂历史资料
图片来源：南京人民大会堂

---

① 参事，国民政府内一种文官官职，仅次于处长、秘书的级别。

工后，正门上的名称也自然而然地变为了国民大会堂①。

　　1935年10月25日，筹委会在《中央日报》上刊登了营造商的招标广告，有六家公司投标，最后由上海陆根记营造厂以最低报价竞标成功，工期为10个月。原预算造价约40万元（其中国立美术陈列馆62,343元，国立戏剧音乐院为314,886元）[5]。同年11月29日，两大项目举行了奠基仪式，时任立法院院长、行政院秘书长等数百人出席[6]。1936年3月26日，国民政府对该项目追加投资365,458元（图10.4b）。待竣工时，两个建筑实际总造价共110万余元，美术馆花费11万余元，而国民大会堂花费899,581元，剩下的是地价及其他零星开支②。到4月16日，大会堂打桩地基等基本工作完成，瓦木工程开始；11月12日，举行了盛大的验收仪式，参与人士包括国民政府的高官、各报记者及社会各界人士共五六百人。

　　1937年，南京沦陷，这座建筑被伪宪政实施委员会占用，召开国民代表大会计划随着抗日战争的全面爆发而宣告暂停。1946年11月，蒋介石在南京召开国民大会，这座建筑才得以完成其建设的初衷。1948年国民政府发行的各种数额的金圆券，正面为蒋介石图像，背面均为国民大会堂图像。国民大会堂一度成为代表国家形象的建筑，这是中国剧场建筑从私人的商业性建筑转为国家所有的纪念性建筑、从而成为城市名片甚至国家名片的开端。1949年5月1日，来自9个解放区的随军南下干部和南京地下党干部3,000余人，在国民大会堂（新中国成立后改名为"南京人民大会堂"）召开会

师大会。在江苏大剧院建成前，这里一直是江苏省和南京市召开重要会议、举行庆典活动和文艺演出的重要场所，可以说是江苏省、南京市的政治文化活动中心。

　　民国之前，南京城的建成区集中在城市南部，原文化和商业中心均位于江南贡院夫子庙一带。伴随着首都计划中道路系统的建设推进，新街口成为交通枢纽。再者，新街口由于邻近政府机关和居民区，加上各大银行建筑的落成及中央商场的开幕，迅速成为新的商业中心[7]。20世纪30年代起，南京城形成了以夫子庙、太平路、新街口"一轴两中心"的商业中心格局[8]。政府建筑分散排布在中山大道两侧，由于西北面空地较多，可免去征地之烦恼，城市建设向西北推进，城市中心也呈向北发展的趋势，新街口也发展成为当时南京城的地理中心。而四大剧院及国民大会堂、美术陈列馆等文化建筑的陆续建成，使得城市的文化中心逐渐从夫子庙一带北移至新街口附近（图10.5）。1870年起，政治中心就在总统府的位置，这里不但曾为清朝时期两江总督署所在地，也曾是太平天国天王府的原址。而日军占领南京的八年期间，政治中心短暂向北转移至原考试院的位置。国民大会堂与国立美术陈列馆是当时离政治中心（总统府）最近的文化建筑，仅400m不到。

　　相较于那些喜好集中在屋顶表达中国形式的政府和公共建筑，国民大会堂的中国风表达是内敛的，主要在立面细节以及功能的处理上。国民大会堂坐北朝南，中轴对称，楼高4层，建筑面积为5,100m²，观众厅共计3,153座[9]。

---

① 新中国成立后，正门上的名称改为南京人民大会堂。
② 信息来源于1936年11月12日《民报》。

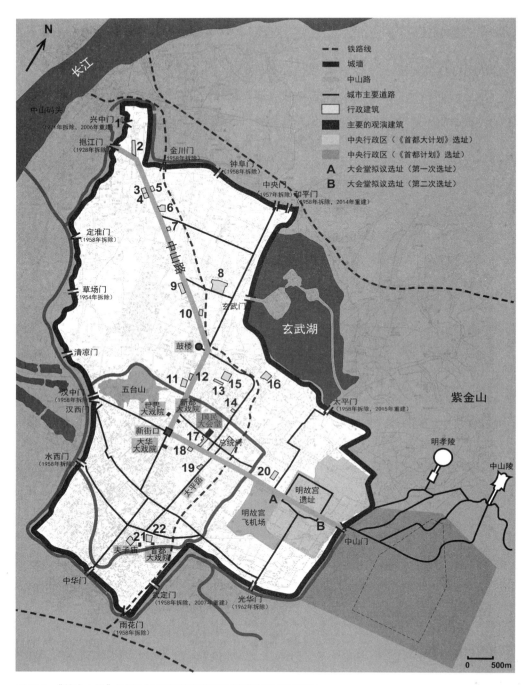

图10.5 "黄金十年"南京城主要观演建筑和行政建筑位置示意图

1 电话局
2 海军部
3 邮政总局
4 交通部
5 铁道部
6 军政部
7 海关税务署
8 中央党部

9 立法院、监查院、最高法院
10 外交部
11 司法行政部
12 司法部
13 农林部
14 教育部
15 陆地测量总局
16 考试院

17 实业部
18 财政部
19 电信
20 卫生部
21 内政部
22 市政府

立面采用了西方古典主义的三段式构图，分为基座、墙身和檐部三部分[10]（图10.6）。在西方现代建筑几何构图和平屋顶的基础上增加了中国传统建筑的花纹装饰。①檐部雕刻回字形纹样装饰，而檐下采用类似传统建筑中箍头的部件装饰；②主立面两层通高的玻璃窗，覆以传统朱红色回纹窗棂装饰；③主立面柱间做了类似空枋心的浮雕装饰；④主入口三门并立，门的颜色是官式建筑惯用的红色，而上面的回字形门把手是金色的；⑤前伸覆盖着主入口楼梯的雨篷上也有简约的回纹装饰。

国民大会堂从构想到实施，均处于国民政府预想的训政阶段，这个阶段的任务是逐渐训练人民参与民主政治的过渡阶段。所以，这个项目的建设，从立项、选址、易址、预算、方案征集、追加工程款、兴建过程等相关会场建设的每一重大事项，均有公文记录，并在《民报》《申报》《立报》《益世报》等主流报纸上公布。由此可看出，国民政府对大型公共建筑的招标和项目管理呈现出规范化的进步，也体现了政府在培养普通民众的政治意识和逐渐赋予一定政治权力所作的努力。

国立戏剧音乐院的建设在被赋予了国民大会临时会场的使命后，政府在其西式现代剧场的基础上结合会堂（议会）的功能进行了改良——舞台、侧台、乐池、观众厅、门厅、休息厅一应俱全（图10.7）；观众厅兼作议会代表的空间，所以在座椅的椅背都加装了表决器，直接通向主席台的显示器。虽然是"洋风"的建筑类型，但兼顾会堂的形式和其建造目的，体现了国民党的政治体系，文化建筑被蒙上浓厚的政治色彩。除了在功能上要满足国家行政方面的大会堂使用需要，同时还要构建出民主意义的空间形式，作为一个新的政权象征，以争取民众在意识形态方面的认同。同时，国民大会堂与一墙之隔的"双生子"建筑——国立美术陈列馆在主立面上贯通两层的大面积开窗不仅是建筑特色，也使得它们成为国民政府和公共建筑中最为透明的两大建筑[11]。即便国民大会堂在布局上直接临街和大面积的

图10.6　现南京人民大会堂

（a）礼堂

（b）舞台

（c）入口大厅

（d）主立面的窗户

图10.7　国民大会堂

开窗显得更开放，在实际管制中还是延续一贯的封闭性，对公民并不是开放的。

10.2　老城剧场的辉煌

辛亥革命至20世纪20年代中期，中国电影事业经历了从无到百花齐放的过程[12]。电影院的建设热潮和繁荣从上海传播到南京[13]。

伴随1927年定都南京，加上《首都计划》推进后，城市规模扩大，人口也迅速增加（从起初的360,500人，十年内激增至1,189,506人[①]），相应影剧院的建设也进入爆发期。南京的戏院一部分由老戏园或茶楼改造而成，规模都比较小；另一部分规模较大的戏院多由本土实业家开发——一般由业主自行购置或租用场地，再委托建筑师绘制方案图。与上海那些大部分由外国人设计的影剧院不同，南京剧院的设计基

① 人口数据来源于《首都志》卷6，户口，正中书局1935年版，500~501页及国民政府主计处统计局编印《统计月报》第121~122号合刊，第20页，"各大城市户口变动"。

本都出自中国本土建筑师之手。而一些重要的高档剧场，则是由第一批留洋归来的建筑师们操刀设计，如有着"民国首都四大剧院"之称的前三家——首都大戏院（黄檀甫）、新都大戏院（李锦沛）和大华大戏院（杨廷宝）。这些新式剧场中，75%的剧院在放映电影之余可兼顾戏曲表演，可见当时专业剧场和电影院是没有严格区分的（表10.1）。南京于1949年前

改革开放前南京的主要剧场　　　　　　　　　　表10.1

原始名称	其他名称	始建年份	建筑面积（m²）	座位数（个）	结构
中央大戏院	大光明大戏院（1931）京华大戏院（1934）大光明影戏院（1952）燎原电影院（1966）	1927	1,570	1,300	砖木结构
南京大戏院	—	1929	—	1,073	砖木结构
新光电影院	陶陶大戏院（1933）	1929	—	845	砖木结构
国民大戏院	人民剧场（1953）	1929	—	1,414	砖木结构改钢筋混凝土结构
世界大戏院	国际剧场（1938）世界剧场（1951）延安剧场（1966）延安影剧院（1976）延安艺术影剧院（1989）	1929		800	砖木结构
明星大戏院	月宫电影院（1930）明星电影院（1956）红星电影院（1966）	1930	1,055	1,012	砖木结构
首都大戏院	中华戏院（1937）解放电影院（1950）	1931	2,270	1,400	钢筋混凝土结构
新都大戏院	东和剧场（1943）胜利电影院（1950）	1935	3,685	1,446	混合结构—钢筋混凝土框架和钢结构屋架
中央大舞台	新中央大戏院（1937）中华剧场（1950）	1935	1,862	1,245	钢筋混凝土结构
大华大戏院	大华电影院（1950）	1936	3,728	1,785	钢筋混凝土结构
鸿运戏院	鸿运戏院（1952）秦淮剧场（1957）	1945	—	697	砖木结构
介寿堂	工人电影院（1951）	1947	—	800	砖木结构
明星大舞台	下关电影院（1951）渡江电影院（1966）	1947	1,167	800	砖木结构
南京会堂	东风剧场（1966）	1951	2,986	938	砖木结构
和平电影院	—	1955	2,600	1,161	砖木结构
曙光宽银幕电影院	—	1958	2,200	1,500	混合结构—钢筋混凝土框架和钢结构屋架

资料来源：笔者根据南京市文化局档案馆资料整理和绘制；被称为"民国首都四大剧院"的剧院在表格中以斜体标出

兴建的戏院均非政府出资，而由私人集资或公司兴建居多，商业性强。要开发尽可能多的座位以获得更高的票房利润，所以导致舞台、座位尺寸及间距都比较小，且观众厅视听效果不理想。再者，大部分戏院是砖木结构的，体现了业主"成本低、工期短"的追求。位置上看，南京老戏院的分布基本是从南往北依次分布在夫子庙商圈、太平南路商圈、新街口商圈、鼓楼商圈。剧院的发展轨迹依托商业区，与城市中心在地理空间上的扩展基本同步。虽然《首都计划》中有"采用中国固有形式"的倡导，但是由于影剧院非政府开发，属于私营的商业建筑，所以在其建筑风格上比较自由。四大剧院中，除了首都大戏院是简化版的西方古典主义风格以外，其余三家剧院均为现代主义风格，立面设计中省去了繁琐的传统装饰。

1949年新中国定都北京，国家将工业发展放于首位。南京的城市建设重心放在老城区的基础设施建设和居住条件的改善上，城市空间在原有基础上小规模地拓展、改造和重建。政府对于大型影院进行了社会主义改造，改为国家经营，归属于文化部门管理。文化设施建设在21世纪以前几乎处于半停滞的状态，主要是对民国时期建造的戏院进行修缮或改建，新盖的剧场并不多，比较有名的和平电影院和曙光宽银幕电影院都分布在鼓楼地区，业主均为当地文化部门。曙光宽银幕电影院位于中山北路鼓楼广场的西南角，建造于1958年，是为新中国成立十周年献礼所建的影院。该剧院是由南京工学院（现东南大学）建筑学院的教师设计[14]。20世纪80年代，南京流行一句歌谣："胜利在新街口，曙光在鼓楼。"说的就是原新都大戏院和曙光电影院。这座剧院不禁让笔者想到几乎同时建设的重庆山城宽银幕电影院，不管是建筑时间、建筑规模、建筑风格、设计主体、最终宿命都很相似，而且均为新中国成立后该城市观演建筑的杰出代表（表10.2）。两个影院均采用现代主义建筑形式，

20世纪50年代末南京和重庆新建剧院对比   表10.2

类别	曙光宽银幕电影院	山城宽银幕电影院
照片		
城市	南京	重庆
城市特别之处	中华民国首都	战时首都
建成年份	1958年	1959年
总建筑面积（m²）	2,200	3,600
座位数（个）	1,500	1,500
设计师	原南京工学院建筑系	原重庆建筑工程学院建筑系
建筑风格	节约现代风格	节约现代风格
现状	2002年拆除	1996年拆除

立面没有纯粹为装饰而设的材料和结构，主要靠主立面上的玻璃幕墙与实体墙面的分割、映衬来体现美学追求。这恰恰体现了在经济困难的时期，当地文化部门和建筑团队响应建设部于1955年提出的"适用、经济，在可能的条件下注意美观"的建筑方针。曙光宽银幕电影院于2002年拆除，由美国SOM建筑设计事务所设计的南京第一高楼——紫峰大厦就是在其原址上盖的。千禧年后，民国老戏院纷纷被拆除，包含演艺功能的新建筑——紫金大戏院（2000年竣工）和南京文化艺术中心（原玄武区文化艺术中心，2013年竣工）相继落成，分别坐落在鼓楼和新街口，均集中在老城中心。

10.3 江苏大剧院与河西新城开发

江苏大剧院的命运就如同那60年前的国民大会堂一般，好事多磨，从选址开始就一波三折（图10.8）。其实江苏大剧院早在1994年2月就已立项；1996年，江苏省人民政府成立由原省建设委员会主任担任总指挥的江苏大剧院工程建设领导小组和工程建设指挥部，建设地点选址在明故宫，预算4,000万元；第二年组织了设计招标，由11位建筑专家组成的评审团队结合民意调查的评选结果选定加拿大国际发展有限公司的设计为实施方案[15]。同年，为配合江苏大剧院工程的选址，南京博物院在明故宫遗址公园北部进行局部发掘，发现了谨身殿的建筑台基。因涉及文物保护的问题，江苏大剧院就此被搁置再议。

2004年，江苏省委提出"千亿元打造文

化大省"的战略目标，江苏大剧院作为新中国成立后江苏省最大的标志性文化建筑重新被提上议程。2005年，省发展和改革委员会组织召开江苏大剧院选址大会，八个选址中有一半均位于正如火如荼建设的河西新城。但是，在专家和大量市民的支持下，江苏大剧院选址定在了南京市玄武湖滨，理由是像大本钟建在泰晤士河畔、东方明珠屹立在黄浦江边，南京的文化地标也应该建在"山水城林"意象的玄武湖畔[①]。2010年1月，由南京紫金文化发展有限公司组织方案征集，此次竞赛采取的是"意向邀请+公开征集"两种报名方式。作为"体现时代精神，具有前瞻性，汇集建筑艺术与科学技术于一体，并反映江苏省和南京市人文特点的高雅艺术殿堂和标志性文化建筑"（设计征集文件中的项目定位），大剧院包含1个2,300座的歌剧院、一个1,500座的音乐厅、一个1,000座的戏剧厅、一个5,000m²的多功能厅，总建

图10.8 江苏大剧院选址示意图
图片来源：笔者基于南京市规划和自然资源局提供的市域规划范围图补充绘制

① 根据现代快报2010年7月20日F2和F8版面内容整理。

筑面积13万m²，并额外提出应将湖景纳入大剧院的南立面设计之中，着重研究其与玄武湖、紫金山、明城墙之间的视线关系，使建筑与山水共融。

这个当时不管从预算（任务书中表述为预算17亿元）到建筑规模都被定位为全国第二大剧院的重要项目立即引起了国内外的广泛关注，共有36家单位报名，九家设计单位通过资格预审参加方案竞标。评委由九位专业背景为城市规划和建筑学、声学、舞台工艺、消防等专业的专家和业主代表组成。2010年4月，经过两轮评审，决定1、2、5、7、9号方案入围，并于3个月后在南京市规划建设展览馆向市民公示（图10.9）。公示期间，对大剧院的选址有这样的描述："该区域背靠紫金山，面向玄武湖，大剧院像一颗明珠镶嵌于山水之间。"只有扎哈·哈迪德（Zaha Hadid）的1号方案

有简要的文字说明，其余8个方案均以模型和图片的形式进行公示。大多数方案，如方案1、2、4、6、7、9均为舒展自由的形态。另外，九个方案均使用了古风的名字，但是建筑外形却极具现代感，并都以白色或银色为主，这反映了中外建筑师们纷纷揣摩决策者的想法、寄望以各种别具一格的设计配以寓意以突围而出的风气。2011年4月，专家组一致认为："扎哈设计的1号方案与周边的山水环境结合较好，特点突出，现代感强，推荐为实施方案。"扎哈·哈迪德的方案延续了其一贯的风格，通过灵动而富有张力的曲线勾勒，宛如一件充满动感与韵律的艺术珍品坐落在湖畔。由于江苏大剧院此时的选址处于国家级风景名胜区内，按规定应由省级建设主管部门审查后报住房和城乡建设部，但最终被驳回了[①]。江苏大剧院又一次流产。

图10.9　2010年7月15～30日在南京市规划建设展览馆公示的九个方案的模型

图片来源：《现代快报》

———————————————

① 根据笔者与南京市规划局访谈整理。

2011年6月，由副省长挂帅的副省级单位——江苏大剧院工程建设领导小组成立，领导小组下设工程建设指挥部，负责江苏大剧院的工程建设组织实施工作。指挥部主要成员包括：总指挥张大强（省人民政府原副秘书长）、副总指挥张晓铃（省交通运输厅副厅长、省铁路办公室副主任）、赵正嘉（南京市住房城乡建设委员会副主任）、孙向东（南京紫金文化发展有限公司董事长）。这样的人事阵容使得工程建设指挥部在与南京市和市各职能部门对接工作的时候具有更强的协调能力。简而言之，集中管理项目的设计和开发建设、并在该项目生产的过程中实际行使甲方职能的是这个工程建设指挥部。2012年7月，江苏大剧院工程建设领导小组迅速决定将大剧院选址到河西新城文体轴上预留的最大一片空地（图10.10），这是河西新城最核心的地段，总用地面积为19.66万 m^2，比国家大剧院大了近8万 m^2。选址至此地，一方面是由于该地块本身就预留为文化设施用地，能满足大剧院的体量要求，并能与金陵图书馆、艺兰斋美术馆（目前烂尾状态，项目暂未重启）等文化设施相得益彰，使河西新城文体轴更完整，打造南京河西文体新城；另一方面是源自时任江苏大剧院工程建设指挥部总指挥的张大强在其著作的扉页中提到："江苏大剧院新址开始建设时，全国已有20多个省、自治区、直辖市建成了大剧院。工程建设指挥部按照省领导的要求，确立了建设国内一流大剧院的目标。"可见，城市的竞争和高规格发展的构想是文化旗舰项目建设热潮的动因之一。这一次设计征集文件中的项目定位大体与上一版相同，比较特别的是因项目迁址，增加了体现滨江特点的要求，以及额外强调了建筑风格、形式、体量、色彩要新颖别致。从两轮竞赛的任务书中，体现出江苏省人民政府愿意为新颖建筑设计冒险以及对当地自然环境和人文特点的重视。

通过梳理，笔者发现文体轴上的文化建筑在初衷或用途上，大部分都对应了重要的节庆活动。2002年3月，南京市规划局针对河西新城中心地区开展了城市设计方案的国际征集。此次竞赛结果为第一名空缺，由东南大学城市规划设计研究院和美国HOK建筑师事务所提供的方案被评为并列二等奖。而东南大学城市规划设计研究院的方案是文体轴的雏形，奠定了沿贯穿南京奥体中心的轴线布置公共建筑的设计思想。同年8月，由东南大学城市规划设计研究院（段进教授团队）和南京市规划设计研究院对二等奖的两个方案进行修改、完善。文体轴的思想得以延续并向西延伸。河西新城中心呈现以商务办公、文化体育、商业休闲三大轴线为骨架，以奥体中心和会展中心两大核心建筑为标志的"三轴两核"地区。而江苏大剧院和南京保利大剧院分别坐落在中部的文体轴和南部的青奥轴上。

文体轴上最核心的建筑为造价40亿元、于2005年落成的南京奥体中心（"十运会"主会场），圆满地承办了"十运会"开幕式和各项田径赛事。作为迎接"十运会"的重要配套和献礼工程，由MVRDV建筑规划事务所设计的"第壹区"和黑川纪章设计的艺兰斋美术馆后因资金链断裂，至今仍处于烂尾阶段。同样是2005年落成的、造价2.5亿元的南京中国绿化博览会（简称绿博园）同时满足绿化博览会主会场与生态公园的双重功能，后于2021年进行施工，现为综合性的宪法公园。为完善河西新城的配套和文体轴，金陵图书馆、南京市妇女儿童活动中心分别于2009年、2013年相继落成在文体轴的北侧。而位于以上两个建筑之间的、造价1亿元的圣训堂，先后作为了亚青

奥体中心
2005年；40亿元；澳大利亚博普思建筑公司（Populous）

金陵图书馆
2009年；2亿元；东南大学建筑设计研究院有限公司

南京市妇女儿童活动中心
2013年；东南大学建筑设计研究院有限公司

南京基督教圣训堂
2013年；1亿元；东南大学建筑设计研究院有限公司

江苏大剧院
2017年；39亿元；上海华东建筑设计研究院有限公司

艺兰斋美术馆
烂尾；黑川纪章

南京宪法公园
2005年；张·雷设计研究azla

"第壹区"
烂尾；MVRDV建筑规划事务所

★　南京市政务服务中心、建邺区政府
　　文体轴（2.8km）

图10.10　河西新城文体轴和主要文化建筑分布

会[①]、青奥会期间指定接待外宾的宗教活动场所。到2017年，伴随着江苏大剧院的开幕，以2.8km长的文体轴（东起新城中心[②]，西至宪法公园）来组织的一系列代表新南京形象的文化体育建筑全部落成，这是南京历史上最大规模的文化建筑组团建设，也是南京公共设施最为集中的区域。

江苏大剧院建筑面积近29万m²，包含1个2,037座的歌剧厅、1个1,476座的音乐厅、1个1,014座的戏剧厅、1个2,540座的会堂（综艺厅），还有1个746座的国际报告厅及1个325座的多功能厅，算上后来新增的会堂厅，容量超过国家大剧院的规模，是世界上最大的剧院综合体。定址河西新城后，2012年8月，江苏大剧院工程建设指挥部组织设计方案邀请招标，来自法国的包赞巴克建筑事务所（Christian de Portzamparc）、德国的冯·格康，玛格及合伙人建筑师事务所（gmp）、澳大利亚博普乐思建筑公司（Populous）、上海华东建筑设计研究院（简称华东院）、华南理工大学建筑设计研究院五家设计单位参加方案竞标。2012年10月27～28日，南京市城乡规划委员会办公室和江苏大剧院工程建设指挥部在南京金陵江滨国际会议中心酒店组织召开了"江苏大剧院建筑方案设计"专家评选会。专家组组长为中国科学院院士、同济大学原副校长郑时龄教授，成员几乎为当地乃至全国第一梯队的建筑专家，只有段院士一位规划专家，占评委总数的1/9。这与许多文化旗舰项目的情况类似，戏剧、剧场专家，艺术团体和公众往往是缺席的。这也反映了业主的首位追求是一座地标性的建筑产品。

专家组在南京市南京公证处的公证下进行了无记名投票。投票分两轮：第一轮从5个方案中选出3个入围方案，第二轮就3个入围方案进行排序，最后由华东院方案摘得桂冠，华南理工大学建筑设计研究院方案为第二名，gmp方案紧随其后，名列第三。2012年11月下旬，江苏大剧院设计方案在南京规划建设展览馆向市民公示征求意见；2012年12月，省委常委会同意专家组评审推荐的华东院方案，并提出增加会场功能。

崔中芳带领的华东院团队击败包赞巴克团队，赢得江苏大剧院的设计权，这一现象是有划时代意义的。崔大师在江苏大剧院中标前，有着丰富的剧院设计和施工经验：作为国内设计团队负责施工图设计和现场配合，与保罗·安德鲁合作了上海东方艺术中心、苏州科技文化艺术中心；与gmp合作了青岛大剧院、天津大剧院等一批当时中国首屈一指的大剧院，尽可能地保证了原设计构想落地。海外事务所纷纷慕名而来，希望能与崔中芳合作以保证自己的设计能高度还原，其中就有在江苏大剧院在玄武湖畔选址的那轮竞赛中胜出的扎哈·哈迪德团队。

自1998年上海大剧院举办国际设计大赛以来，几乎所有的文化地标建筑都采用国际竞赛（招标）的形式，一般分为纯有限邀请或有限邀请+公开征集。而那些经济发达的城市，业主发出的邀请大多直接寄到了有声望的国际事务所的邮箱。公开征集的资格预审对事务所的经验和资质要求很高，本土事务所参与到此类竞赛中并不容易，更不要说那些小型、年轻的事务所了。加上近些年决策者们对于地标建筑

---

① 亚洲青年运动会的简称。
② 新城中心包含了南京市政务服务中心、市公共资源交易中心及南京市级机关21个部门。

项目的招标和筛选，逐渐形成了视外国建筑师（事务所）为首选的风气。所以，此次华东院在新一线城市打败知名海外事务所而赢得地标性设计的事件，一方面代表着本土建筑设计公司的成长迅速，另一方面也反过来给各级决策者增强了对中国本土建筑师的信心。

回到方案的遴选上，专家评委普遍对华东院和华南理工大学建筑设计研究院的方案比较满意（图10.11）。博普乐思和包赞巴克两家的方案，被评委们认为均过于注重形式，而功能布局、流线设计上有明显缺陷，外加设计深度不足，不宜作为实施方案。gmp的方案以四个方块体的形式分散布局，评委们认为其设计首先缺乏作为大型文化建筑的可识别性（标志性），造型太普通，且与环境及文体轴上相同体量的奥体中心极度不协调；再者，四个方块中的其中一个是独立的共享空间，其余三个分别对应三个表演场馆，互不关联的四个单体形式的布局会造成后期运营管理面临很大的困难。华南理工大学建筑设计研究院的方案采用"云锦"的概念，评委对其用公共大厅将三个剧院联系起来所形成的整体感给予了肯定。但正是这样一个超大的体量，以及水平方向过长的处理，使得其形态上更像是一座大型的候机楼，效果和大剧院的意向形象有偏差。另外，巨大的建筑使得在人视角形成水平的弧线，无法让人感受到完整的形象感，可识别性差。

华东院的方案被称为"荷叶水滴"，四颗球形的水珠对应四个功能区域，坐落在12m高的荷叶平台上。专家评委认为华东院方案的设计优势主要在于建筑概念和造型具有流畅、轻盈、大气的特点，水的主题与基地位于长江之畔及江苏的特色相吻合，符合文化建筑的个性和地域性，又具时代感。该方案的优点还体现在处理各个功能单元的分与合上，做到了较好

的平衡，相对集中的分散布局在视觉上从一定程度解决了该项目巨大体量的问题。同时，评委也指出了该方案存在的一些问题，如二层大

博普乐思建筑公司

华南理工大学建筑设计研究院

冯·格康，玛格及合伙人建筑师事务所

上海华东建筑设计研究院

包赞巴克建筑事务所

图10.11　江苏大剧院竞赛方案
图片来源：南京市规划和自然资源局

平台系统过大（非人尺度），另需加强中轴线的景观通廊以保持文体轴线的贯穿等。从任务书到实施方案，笔者捕捉到决策者对江苏大剧院这一重要文化旗舰项目的在地性表达、标志性（可识别性），以及其与城市布局（文体轴）、城市界面的关系三方面的看重。

从与项目设计师访谈中了解到，在方案设计之初，建筑的公共性就作为最重要的关键词。建筑师利用了相似形体的有机组织形成合力，又通过接地的公共活动平台设置，让空间保持一种流动的姿态，并借助场地扩展及高度之利，试图为市民提供更具开阔视野、更具活力的交往体验场所，体现出了文化建筑应有的公共性。多处连通内外的空间设计亦能表达设计团队对建筑公共性的思考。可是，目前江苏大剧院由于大会堂功能的加入，被定为反恐一级单位，这导致在实际运营中，这个号称为市民提供远眺滨江风光的12m高平台的开放是无法做到的。对此，管理团队也表示很无奈。不光建筑师美好的设想被忽略，文体轴也由于这样级别的封闭管理，在江苏大剧院这个节点上断裂了。加上周边巨大的街廓尺寸、暂时不算便利的交通、烂尾的项目、被打断的路线等，使得文体轴上这群文化组团没有预想的有人气。江苏大剧院的票房独立设置在主体建筑正门的下方，位于剧院二层的公共大厅只有在有演出或活动时开放，也就是说，路人在绝大多数时候只能在室外欣赏这座庞然的剧院巨构。再者，剧院的架空层设有的大面积商业区并没有得到相应开发。建筑师在架空层留白了许多供公众开展文化艺术活动的开放空间，还有面积不小的美术馆，也因缺乏有趣的节点、受到运营的种种限制，导致人气不高，鲜有人问津。许多大众媒体对江苏大剧院的吐槽也多集中在交通和尺度上。经笔者走访观察，以及在

无演出的时间对室外零星人群的无差别采访得知，这些人多数都是住附近日常来散步的，并表示"大剧院很气派""高大上""不知道屋面平台是可上人的，一直有围栏挡着""绿化很好"……这反映出江苏大剧院在视线可及、物理可及等方面都尚欠缺。

另外，与建筑规模相当的国家大剧院相比（不计2,700座的会堂和746座的国际报告厅），江苏大剧院的演出场次——227场（2018年）、389场（2019年）、173场（2020年），对应北京国家大剧院的商业演出数据——919场（2018年）、839场（2019年）、308场（2020年），还是有很大差距的。这说明没有像北京、上海那样庞大的演出市场，剧院出色的硬件配置并不是演出频次和票房数据的保证。有趣的是，通过一南一北两大剧院相关指标的对比，笔者发现：尽管在总体规模上，江苏大剧院是亚洲第一大剧院综合体，但是细分到每个专业的演出大厅上，可以看到四个厅的坐席数都略小于国家大剧院对应的数据。虽然附近有专业的大型会议中心，江苏大剧院还是巧妙地"秉承"了80年前国民大会堂的剧场与会堂功能相结合的特征，承担了重要会议主会场的职能，如江苏发展大会、省两会等会务，而南京市的两会仍维持在南京人民大会堂（原国民大会堂）举办。正如前文提到的，剧场功能与政治活动功能融合，这是中国大剧院的特征之一。

10.4　青奥会遗留的"礼物"：南京保利大剧院

"与青奥共成长"的战略目标是南京申办2014年青年奥林匹克运动会的理念口号，规划设计以青奥轴线串联一系列特色资源，形成城

市滨江发展的新格局（图10.12）。南京国际青年文化中心是青奥会最重要兼造价最高昂的配套工程，是青奥轴线以及滨江风光带上重要的景观节点和标志性建筑物，总建筑面积达465,000m²，由扎哈·哈迪德设计。建筑由3个主体组成，包括1栋46.9m高6层会议中心、1栋314.5m高68层五星级酒店及办公塔楼、1栋249.5m高58层会议型酒店塔楼。建筑风格延续了扎哈·哈迪德一贯的风格，双塔写字楼以连续、动感、飘逸的姿态延伸至水平伸展的会议中心，非常具有雕塑感。

作为青奥轴线上最有标志性的建筑，为确保该大型项目在赛后的合理利用，早在青奥会开幕的四个月前，南京河西新城区开发建设管委会代表南京市人民政府作为业主方，与北京保利剧院管理有限公司正式签约，委托其在赛后经营管理南京国际青年文化中心大剧院（即之后的南京保利大剧院），以填补南京市没有高水平演出、高雅艺术展示的重要场所的空白[①]，并于赛后2个月内隆重开幕。南京保利大剧院包含1个可容纳1,917人，并配有多功能舞台，适合于会议、文化和戏剧活动的大剧场，还有1个441座的音乐厅（图10.13）。再伴随附近南京国际博览中心扩建工程的完善，河西新城会展业的硬件设施及其整体规模在全中国处于领先地位，加上南京国际青年文化中心裙房的会议中心和塔楼的酒店配套，每年在河西新城举办的展会和大型会议数以百计。一次次的体育类、经济类、文化类的城市事件成为河西新城城市空间结构演化的动力。两条轴线上省级、城市级等大型公共建筑项目的进驻，使得河西新城成为南京市新的文化中心，而且在规

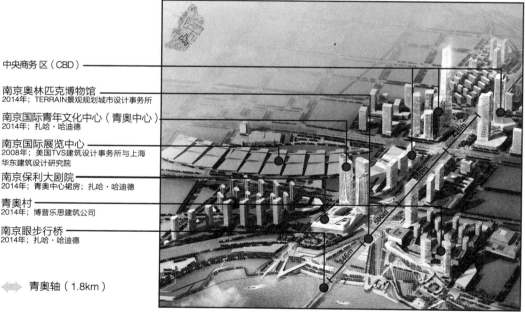

中央商务区（CBD）

南京奥林匹克博物馆
2014年；TERRAIN景观规划城市设计事务所

南京国际青年文化中心（青奥中心）
2014年；扎哈·哈迪德

南京国际展览中心
2008年；美国TVS建筑设计事务所与上海华东建筑设计研究院

南京保利大剧院
2014年；青奥中心裙房；扎哈·哈迪德

青奥村
2014年；博普乐思建筑公司

南京眼步行桥
2014年；扎哈·哈迪德

青奥轴（1.8km）

图10.12 青奥轴及其两侧重要建筑
图片来源：根据南京市规划和自然资源局提供的图片绘制

[①] 信息来源于扬子晚报2014年4月23日报道《牵手保利院线 南京亮相青奥大剧院》。

（b）入口大堂

（a）外景

（c）外观

图10.13　南京保利大剧院

模、设备、交通配套等方面全面超过市中心的现有场馆。对城市结构最明显的影响在于南京的文化中心西移至此。

但处于青奥轴线端头的南京保利大剧院，是该片区内较早开发的项目。尽管在2014年已落成使用，但目前其配套的公共交通设施建设滞后。以南京保利大剧院为圆心、半径1km范围内共覆盖了10个公交站点，其中5个公交站点处于5分钟步行服务半径内，但尚无地铁通达。正在建设的地铁9号线将在江苏大剧院、南京保利大剧院所在的青奥中心附近设立站点，此线路将被打造成易于接驳其他线路的加密线，沿线共设8个换乘站。这对于青奥轴上的建筑以及更南面的鱼嘴地区的轨道交通而言是个巨大的补充。

10.5　总结

从老城中心到在田野和江滩的土地上开发的河西新城，从大会堂到剧院巨构，它们承载着南京对跻身国际现代化城市的极致渴望和梦想。南京各个时期主要的观演建筑在地理空间上的反映与城市中心的发展存在一致性。

国民政府定都南京后，立即开始着手打造新国都，除了引入欧美的城市规划理念及市政建设经验，还带来了现代的娱乐和生活方式。《首都计划》体现了这个新兴的民族国家对于"现代性"的渴望与想象，虽未完全实施，但是奠定了南京老城的功能轮廓，并促使商业、文化中心向北移至新街口。大量在放映电影之余可兼顾戏曲表演的新式剧场从南往北依次分布在夫子庙商圈、太平南路商圈、新街口商圈。此时剧院是依托商业区发展布局的，建筑风格上比较自由。另外，《首都计划》对政府和公共建筑明确提出的采用"中国固有之形式"倡议，催生出中国古典复兴形式（宫殿式）和新民族形式两种风格。国民大会堂用于召开制宪国民大会以结束训政阶段，所以当国立戏剧音乐院兼任国民大会会场功能后，这座剧场就被赋予了强烈的政治性，是中国会堂剧场化的开端。而这座代表新都形象、象征迈入"宪政"阶段的公共建筑，是新民族形式的代表作。而四大剧院及国民大会堂、国立美术陈列馆等文化建筑的陆续建成，使得城市的文化中心逐渐从夫子庙一带北移至新街口附近。1949年新中国成立后，南京政府对于民国时期建造的戏院进行了社会主义改造，归属于当地文化部门管理。曙光宽银幕电影院为新中国成立十周年献礼所建，位于鼓楼广场，此后逐渐形成新街口—鼓楼的商业文化活动中心格局。该剧院的建筑设计委派给东南大学师生。为响应国家当时提出的"适用、经济，在可能的条件下注意美观"的建筑方针，建筑风格表现为节约现代主义，这反映了计划经济时期，我国建筑市场呈现指令性强、统一分配等计划性特点。

随着21世纪的到来，南京河西新城从一次次的体育类、经济类、文化类的城市事件中获益匪浅，并逐渐成为南京市现代化、国际性的城市新中心。正因如此，该区域的文化建筑在初衷或用途上，大部分都对应了重要的节事活动。南京保利大剧院位于青奥轴滨江段的端头，是伴随青奥会赛后场馆再利用应运而生的，设计是典型的解构主义风格（表10.3，图10.14）。建筑造型完全脱离古都和历史名城印象，是一座充满动感、超现实、轻盈的、形似帆船的文化地标。这座看似不顾周围的城市风貌、文脉和景观的建筑，已成为向世界展示"新南京"形象的城市名片，其承载的"新南京"文化意义与价值远超过建筑本身。江苏大剧院经历明故宫、玄武湖畔的两次选址和建筑设计方案征集，最终落址河西新城文体轴上的最后一块空地，与奥体中心分列轴线的一西一东，是文体轴上相似体量的重大旗舰项目。它的落成，一方面是对江苏省观演类旗舰项目的补白，另一方面是完成与新市中心核心区等级相匹配的文化资源部署，双中心城市结构进一步强化。建筑体量巨大，是剧院巨构的代表，与文体轴上另一端的体育巨构相平衡。设计风格是极具未来感、抽象、造价高昂的全球风格。造型取义于"江畔水珠"的概念，建筑形象的象征意义很好地与南京的地域特色契合。而会堂功能的加入，也使江苏大剧院承载着政府各项重大政治会议、文化节庆活动的重任，这也延续了中国观演建筑有别于西方剧院在功能上的一个特殊属性——政治性。

南京几轮文化规划比较

表10.3

标志性观演建筑	国民大会堂 （1936年）	曙光宽银幕剧院 （1958年）	南京保利大剧院 （2014年）	江苏大剧院 （2017年）
对城市空间结构的影响	旧城中心的重要组成；文化中心由夫子庙往北移至新街口附近	城市扩张——鼓楼组团开发	新城市中心建设——青奥轴	新城市中心建设——文体轴
布局	集中	分散	集中	集中

续表

标志性观演建筑	国民大会堂（1936年）	曙光宽银幕剧院（1958年）	南京保利大剧院（2014年）	江苏大剧院（2017年）
背后政策或宣言	满足国民大会召开的需要，以结束训政阶段	"大跃进"运动	对于轴线空间的整体塑造和CBD功能的完善，带动河西新城南部发展，完善城市结构的触媒	加快江苏省文化基础设施建设；满足人民日益增长的精神文化需求；完善城市功能；优化城市环境
投资者	政府	政府	政府	政府
代表性观演建筑项目立意	填补大规模的公共会场的空缺；建设首都永久的纪念品，增进国家地位；各种民众集会、学术讲演皆汇集于此，使得南京逐渐具备新首都的气象	新中国成立十周年献礼	凸显青奥轴线的纪念性地标与自然和现代发展的紧密关系；是赛后场馆利用；一个集地标、工作休闲娱乐、连接历史与未来为一体的明星建筑	体现时代精神，具有前瞻性，汇集建筑艺术与科学技术于一体的反映江苏省和南京市人文特点的高雅艺术殿堂和标志性文化建筑
建筑风格	新民族形式	节约现代主义	解构主义	全球风格
建筑形式	双生子建筑	单体	单体	剧院巨构
设计师	奚福泉（第一批留洋归国建筑师）	原南京工学院建筑系	扎哈·哈迪德	崔中芳（华东院）
贡献	会堂剧场化的开端；开创文化建筑联合开发的模式，文化集群的雏形	标志性建筑	新南京地标建筑	在新城规划中基于有序美学发展的文化集群布局

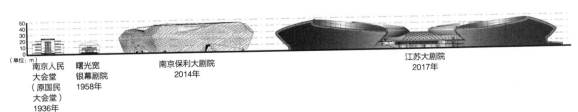

（单位：m）
南京人民大会堂（原国民大会堂）1936年　曙光宽银幕剧院 1958年　南京保利大剧院 2014年　江苏大剧院 2017年

图10.14　南京不同时期主要观演建筑的立面造型对比

致谢

衷心感谢我的博士生导师薛求理教授在本章书写中给予的指导。我还要特别感谢以下各位在研究开展过程中给予的支持和帮助：上海华东建筑设计研究院有限公司的崔中芳大师；清华大学的卢向东教授；东南大学的王晓俊教授；南京市规划和自然资源局卢长瑜老师；南京市规划和自然资源局建邺分局余爽老师；江苏大剧院徐熙先生、王泰云女士、杨强先生；南京人民大会堂刘科长；国家大剧院徐奇女士。

■ 参考文献

[1]　刘丹，赵锋. 民国建筑[M]. 太原：山西出版传媒集团，2015.

[2]　叶皓. 南京民国建筑的故事[M]. 南京：南京出版社，2010.

[3]　尚辉. 国立美术陈列馆成立始末[J]. 民国春秋，1996（4）：18-21.

[4]　汪晓茜. 南京历代经典建筑[M]. 南京：南京出版社，2018.

[5]　卢海鸣，杨新华. 南京民国建筑[M]. 南京：南京大学出版社，2001.

[6]　卢海鸣，刘晓宁，朱明. 南京民国官府史话[M]. 南京：南京出版社，2003.

[7]　徐振. 南京城市开放空间形态研究[M]. 北京：中国建筑工业出版社，2016.

[8]　张小翼. 南京新街口地区民国时期商业建筑研究[D]. 西安：西安建筑科技大学，2018.

[9]　清华大学土木建筑系剧院建筑设计组师生. 中国会堂剧场建筑[M]. 北京：清华大学土木建筑系，
　　　1960.

[10]　汪晓茜. 大匠筑迹：民国时代的南京职业建筑师[M]. 南京：东南大学出版社，2014.

[11]　Esherick J W. Remaking the Chinese city: modernity and national identity, 1900-1950[M].
　　　Honolulu: University of Hawaii Press, 2000.

[12]　路云亭，乔冉. 浮世梦影：上海剧场往事[M]. 上海：文汇出版社，2015.

[13]　陶旻翰. 1927-1937年南京电影放映业研究[D]. 南京：南京艺术学院，2016.

[14]　南京工学院建筑系. 南京曙光宽银幕电影院设计介绍[J]. 建筑学报，1959（4）：2.

[15]　张大强. 江苏大剧院建设撷英[M]. 南京：东南大学出版社，2018.

第11章

武汉的近现代观演建筑：楚腔汉调

■ 邹　涵

近代武汉作为中部地区重要的商业文化中心，其观演建筑呈现繁荣发展的现象。从晚清传统戏剧空间的神庙戏台、宗祠戏台、会馆戏台，再到民国的茶园、新式剧院，再到新型剧院，集中反映了时代与地域性特征，体现了武汉近现代建筑敢为人先、与时俱进的特点。

湖北属于荆楚地区，音乐戏剧历史可上溯至战国时代。曾侯乙编钟的出土，力证了中国自战国时代起礼乐已相当成熟发达，即有七声音阶与十二半音体系。王国维在《宋元戏曲史》中认为楚地屈原的《九歌》"是则灵之为职，或偃蹇以象神，或婆娑以乐神，盖后世戏剧之萌芽，已有存焉者矣"，是中国戏剧的萌芽[1]。

传统的戏剧空间曾经遍布湖北地区的城池与乡间。武汉所在的江汉平原于宋代产生戏文，一直流传着汉剧、楚剧、荆州花鼓戏、黄梅戏等地方剧种，由此也产生了大量传统戏剧演出场地和建筑空间。江湖戏班（也称"草台班子"，这个词现也比喻临时拼凑组成的水平不高的团队）为了丰富百姓的娱乐生活并祈求风调雨顺，在田间地头临时搭建露天舞台，称为"草台"，一般由简易的木板和帘布围合一个舞台。村镇的演艺活动常结合时令节庆等当地民俗和民间信仰进行祭祖或酬神等活动，兼具世俗性与神圣性，是重要的娱乐交流活动。

薛林平认为"传统戏台建筑和中国戏曲类似，起源早，但经历了漫长的历史过程，最终才形成专门化、形式较为固定的戏台建筑"[2]。湖北地区传统戏剧空间的发展历史，也经历了从"草台"的露天开敞、不分明确朝向的广场，到在寺庙、茶园或祠堂等相对固定的演出场所中"搭台"的过程。经过孕育发展，到元明时期，"观"和"演"的关系逐渐确定下来，渐而在露台上加盖棚顶，于是出现了传统戏剧空间的雏形——围合了屋顶的戏台。

在戏剧空间的类型方面，根据李德喜的论著，"最原始的演出场所是广场、厅堂、露台，进而有庙宇乐楼、瓦市勾栏、宅第舞台、酒楼茶楼、戏园及近代剧场和众多的流动戏台。就建筑而言，以唐代的戏场、宋代的勾阑（也作勾拦、构栏）、元明时期的戏台和清代的戏楼、戏园为其主流"[3]。

清乾隆年间，汉口已蔚然形成湖北乃至全国的演艺中心。据《汉剧志》记载，清乾隆年间已有多个戏班在汉口建立行会，组织表演汉剧"楚调"。《汉口丛谈》记载"清扬楚调吴侬让"的诗句,证明当时"楚调"在汉口比昆曲更受欢迎。

当时的传统戏台有神庙戏台、会馆戏台、宗祠戏台、私宅堂会戏台等类型。湖北明清时期遗存的戏台建筑多分布在随州、钟祥、襄阳、孝感、黄冈、恩施、沙市、鄂州等地,建筑具有强烈的荆楚地域性特色,如高台基、重装饰、造型活泼灵动、布局中轴对称且重视留足观演空间等。

神庙戏台是传统戏剧建筑的早期类型。例如,湖北省黄冈市浠水县的福主庙万年台(图11.1),是全国重点文物保护单位,具有荆楚地区传统神庙戏台的典型代表性。它建在一个自然缓坡地上,前面是开阔的广场,便于百姓观看表演。万年台由前台、后台、化妆室3部分组成,平面呈凸字形,三面观,为双层

飞檐斗栱塔式砖木结构。前台屋顶为重檐歇山灰瓦顶,正脊中瓦垒三角形饰,垂脊微上翘,檐下置如意斗栱;后台为硬山灰瓦顶,檐下亦置如意斗栱,两山为三山屏风山墙[4],中间由木板分隔。看戏成为村落中非常重要的聚集盛会,是百姓精神文化的寄托;戏台成为村落中最重要的文化空间。此类神庙戏台还有湖北省团风县回龙山镇的东岳庙戏楼等(表11.1)。

图11.1 湖北省黄冈市浠水县的福主庙万年台

湖北现存戏台一览表   表11.1

序号	地点与名称	时代	平面	屋顶及山面
1	房县泰山庙戏楼	1763年	凸字形	单檐歇山灰瓦顶
2	随州解河戏楼	1767年	圆角方形	单檐歇山灰瓦顶
3	钟祥石牌戏楼	1777年	长方形	单檐歇山琉璃瓦顶
4	襄阳牛首镇戏楼	1781年	长方形	单檐歇山灰瓦顶
5	孝感孝南陡岗戏楼	1794年	长方形	单檐歇山灰瓦顶
6	黄冈团凤回龙戏楼	1795年	长方形	单檐歇山灰瓦顶
7	恩施武圣宫戏楼	清	长方形	单檐歇山灰瓦顶
8	应山徐店戏楼	1799年	长方形	单檐歇山灰瓦顶
9	广水徐店戏楼	1799年	凸字形	单檐歇山灰瓦顶
10	沙市春秋阁	1806年	长方形	单檐歇山琉璃瓦顶
11	宣恩禹王宫戏楼	1820年	凸字形	单檐歇山灰瓦顶
12	谷城三神殿戏楼	1843年	长方形	单檐歇山灰瓦顶
13	郧西侯王庙戏楼	1869年	凸字形	单檐歇山釉、灰瓦

续表

序号	地点与名称	时代	平面	屋顶及山面
14	郧县罗公庙戏楼	1871年	长方形	单檐歇山灰瓦顶
15	王明璠府第戏楼	1873年	长方形	硬山小青瓦顶
16	竹溪药王庙戏楼	1881年	凸字形	单檐歇山灰瓦顶
17	蕲春万年台戏楼	1884年	凸字形	重檐歇山灰瓦顶
18	浠水福主庙万年台	清	凸字形	单檐歇山灰瓦顶
19	丹江口蒿口泰山庙戏楼	清	凸字形	单檐歇山灰瓦顶
20	郧县高庙戏楼	清	凸字形	单檐歇山灰瓦
21	郧县柏营戏楼	清	凸字形	单檐歇山灰瓦
22	郧西河南会馆戏楼	清	凸字形	单檐歇山灰筒瓦
23	竹山大庙戏楼	清	凸字形	单檐歇山灰筒瓦
24	竹山火神庙戏楼	清	凸字形	单檐歇山灰瓦
25	黄冈团冈县东岳庙戏楼	清	凸字形	庑殿琉璃瓦
26	随州九里湾戏楼	清	凸字形	单檐歇山灰瓦
27	鄂州城隍庙戏楼	清	凸字形	单檐歇山灰瓦
28	丹江市孙家湾过街楼	清	凸字形	单檐歇山灰瓦
29	襄樊抚州会馆戏楼	清	长方形	单檐歇琉璃瓦
30	襄樊山陕会馆戏楼	清	长方形	庑殿琉璃瓦
31	襄樊黄州会馆戏楼	清	长方形	庑殿小青瓦
32	通山程氏祠堂戏楼	清	长方形	庑殿小青瓦
33	红安吴氏祠戏楼	1902年	长方形	庑殿小青瓦

资料来源：国家文物局. 中国文物地图集·湖北分册（上、下册）[M]. 西安：西安地图出版社，2002.

　　宗祠戏台是湖北地区传统戏剧建筑的主要形式。由于明清时期"江西填湖广""湖广填四川"的迁徙运动，湖北总人口中的移民占比甚至超过了本土居民，形成移民型社会，因此宗祠成为村落建筑中重要的核心，兼具处理家族事务的功能和维系宗族关系的象征。在湖北尤其鄂东南地区，宗祠设有戏台，族人祭祖和办理红白喜事时请戏班演出的场所，祠堂由最初的祭祖逐渐演变成为集会、唱戏、拜神、聚餐等多重功能。例如，红安县八里湾镇吴氏祠戏楼（观乐楼），是全国重点文物保护单位，为砖木结构，分上下两层。中央的戏台重檐飞升，雕梁画栋，内部有八边形八卦藻井，绘有彩绘。戏台由凸字形外廊包围，可让观众落座，从多个角度观看表演；戏台后部有"出将"和"入相"两个门；戏台下部架空以供交通，作为宗祠入口（图11.2）。此类宗祠戏台还有阳新县太子镇徐氏宗祠戏台等（图11.3）。

神庙戏台和宗祠戏台的形制趋于稳定后，出现了会馆戏台，更强调规模和细节。会馆是同籍贯或同行业的人在各大城市所设立的机构，建有馆所，供同乡同行集会、寄寓、互助之用。汉口作为近代"天下四大名镇"，交通和商业发达，吸引商贾云集，建设了大量会馆建筑。山西和陕西商人在建立关帝庙的基础上，创立山陕会馆，其规模宏大，多进院落，建筑巍峨（图11.4）。会馆内十几座建筑中，

有戏台七座，分别是正殿（图11.5）、春秋楼、关圣殿、天后宫、七皇殿、魁星楼和花园亭（图11.6），作为祭祀神灵、聚会演戏、举行庆典的场所，举行大型公共活动时气氛热烈、人头攒动（图11.7），成为重要的公共活动空间。

中国古代的典型戏剧空间形式始终与中国传统戏曲演出相契合。古代特有的戏剧建筑空间与形式来源于传统的戏曲演出形式，戏曲形式变化不大，因此戏剧空间的主要形式在数百年内也未发生大的变化。

直至清末民初，汉口开埠后，西方文化伴随商业进入内陆地区，逐渐兴起城市戏园，茶馆与茶园成为最受百姓欢迎的戏剧演出场所。

图11.2 红安县八里湾镇吴氏祠戏楼（观乐楼）

图11.3 阳新县太子镇徐氏宗祠戏台
图片来源：彭然，莫玲伟，唐楷. 我国传统宗祠戏场的空间营造研究——以鄂东南地区为例［J］. 中国建筑装饰装修，2019.

1 正殿戏台
2 关圣殿
3 春秋楼
4 花园亭
5 奎星楼

图11.4 山陕会馆平面图
图片来源：山西祁县晋商文化研究所，湖北长盛川青砖茶研究所. 汉口山陕会馆志［M］. 山西：三晋出版社，2017.

图11.5　汉口山陕会馆的正殿
图片来源：拉里贝 摄

图11.6　汉口山陕会馆的花园亭
图片来源：拉里贝 摄

图11.7　1906年，汉口山陕会馆内上演汉调《四郎探母》
图片来源：田联申. 图说汉口山陕会馆[J]. 武汉文史资料，2016（5）：8.

武汉最初的剧场基本是在之前戏园舞台的基础上改建或扩建而来的，如武汉的丹桂茶园、天一茶园、满春茶园、怡园、新民茶园等十几家茶园演出京剧和汉剧（表11.2）。

1911年后，中国的戏剧建筑空间开始多元化发展。受到西方建筑思潮的影响，中国的剧场建筑形式逐渐走向了西化的发展道路[5-6]，新式剧场逐渐取代茶园走上历史舞台，由府邸戏台、会馆戏台或营业性的民间茶园，逐渐向镜框式舞台的剧场发展（表11.3）。"剧

晚清汉口茶园一览表　　　　　　　　　　　　表11.2

茶园名称	地址	开设年份	备注
丹桂茶园	大智门外如寿里	1899年	汉口第一家茶园，演唱京剧
天一茶园	花楼街笃安里	1901年	汪笑侬、余元洪等京剧汉口名角曾同台演出
满春茶园	满春路三无殿后	1902年	可容纳观众2,000人左右
贤乐茶园	后城马路（今中山大道）贤乐巷	1902年	后改名咏霓茶园
清正茶园	汉口华景街	1902年	楚剧入城后的第一个演出场所
美观茶园	汉口花楼街	1903年	—
怡园（又称群仙茶园）	后城马路歆生路口（今中山大道江汉路口）	1903年	—
荣华茶园	长提街	1906年	—

续表

茶园名称	地址	开设年份	备注
同乐茶园	后城马路	1907年	—
玉壶春茶园	车站路辅堂里	1908年	原名买春茶园
鹤鸣茶园	长订和（今汉口自治街）	1909年	—
福朗茶园	大智街附近	1909年	—
双桂茶园	汉润里对面	1911年	—
春桂茶园	汉润里对面	1911年	—
新民茶园	后城马路天津路口	1911年	1919年改名美商大舞台

资料来源：武汉地方志编纂委员会. 武汉市志（文化志）[M]. 武汉：武汉大学出版社，1998：190-191.

民国初年汉口影戏院一览表　　　　　　表11.3

名称	地址	开设年份	备注
百代大戏院	福熙将军街（今蔡锷路）江边	1912年	铁路工人俱乐部原址
美成大戏院	汉口清芬三路北段	1913年	后为清芬文化娱乐厅
楼外楼	歆生路花楼街口	1913年	后为人民饭店
老圃游戏场	老圃正街	1914年	原名爱国花园
天仙大舞台	汉口铁路街（今天声街）	1914年	原名春仙、新汉，后为木偶剧团团部
长乐戏院	汉口济生四路（今前进四路）	1916年	后为楚风剧院
维多利大舞台	今沿江大道一元路	1917年	青年剧场，后为市政府礼堂
威严大戏院	德托美领事馆（胜利街蔡锷路口）	1918年	后为解放电影院
天声戏院	汉口天声街	1918年	后为民主剧场
笑舞台	后城马路桃源坊口	1919年	后为东方旅社
汉口新市场（汉口民众乐园）	后城马路贤乐巷口	1919年	—
协和戏院	—	1920年	—
汉口大戏院	福熙将军街	1920年	又名康登大戏院，后为武汉电影院

资料来源：武汉地方志编纂委员会. 武汉市志（文化志）[M]. 武汉：武汉大学出版社，1998：190-191.

场"一词源自希腊文theatron，意为"观看的地方"。这类剧场，在1949年之后得到大规模发展。

其中，汉口新市场（后称汉口民众乐园）是其中的代表性建筑（图11.8）。汉口民众乐园建于1919年，由汉口官商集资建成，成为民初汉口的地标性娱乐场所。作为汉口近代最著名的公共娱乐场所，具有娱乐、政治、对外交往、日常生活、历史景观等多重社会功能[7]，承载了汉口近代城市和社会发展的历史记忆。在这里，人们不仅可以欣赏到各式各样的戏剧演出，同时还能看到各种新式表演和展览。民初西风东渐，建筑形式呈中西合璧，体现了汉口文化的包容性。汉口民众乐园由建筑师祝康成设计，分两阶段建设，主楼由协利营造厂承建，后院大舞台等附楼由协兴营造厂承建。主体建筑为钢筋混凝土结构，仿欧洲文艺复兴式样，具有罗马式古典主义建筑风格[8]。

新中国成立之后，最早在汉口中山大道兰陵路的武汉人民艺术剧院上演第一个解放区的新歌剧《白毛女》，后更名为中南剧场。

1953年中苏友好期间接待苏联莫斯科大剧院演出，但缺少合适的演出空间，因此武汉开始筹备一座高水平剧场的建设。1959年10月，武汉剧院落成，是新中国成立初期武汉兴建的第一个大型剧场，也是当年武汉市最大的现代化观演剧场（图11.9）。武汉剧院由时任中南建筑设计院的建筑师王秉忱、何浣芬、俞蜀瑜先生设计，建筑面积7,000m²，可容纳1,000人观演。观众厅为钟形平面，舞台可容纳200人演出。建筑为古典优雅的苏联式建筑风格，是民族形式简约化的建筑作品，风格凝练。建筑整体造型线条简洁，开大窗户大门，庄严典雅，整体形式大方、高阔、端正，塑造出庄重、伟大、高尚的气氛。武汉剧院作为武汉市新中国的重要建筑，代表了武汉市的形象，被评为"武汉市新中国的十大建筑"之一和"武汉市地标性建筑"，并被列入"中国建筑学会建筑创作大奖"的获奖项目。国家编制的相关歌剧院剧场的技术数据及标准是从武汉剧院设计中采集并获得的，为以后国家建设相关文艺演出场所作出了不可磨灭的贡献[9]。2008年，武汉剧院被列入"武汉市优秀历史建筑"；2011年被评为"武汉市市级文物保护单位"；2019年被入选"第四批中国20世纪建筑遗产项目"；2021年对武汉剧院进行了修缮（图11.10、图11.11）。

汉口有武汉剧院，武昌有湖北剧院。湖北剧院原名湖北剧场，始建于"一五"计划时

图11.8 汉口民众乐园

图11.9 武汉剧院建成初期实景
图片来源：武汉剧院

图11.10 武汉剧院修缮后实景
图片来源：邓乐帧 摄

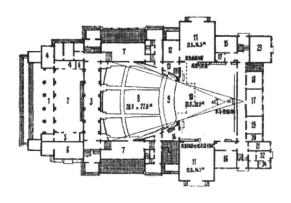

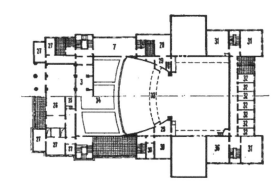

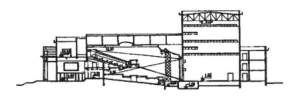

图11.11 武汉剧院的平面图和剖面图
图片来源：武汉剧院［J］. 建筑学报，1962（1）：37.

期。剧院于1953年开工建设，1956年建设完工并开业。为当时武汉地区设备较好的剧院之一。湖北剧院占地面积6,000m²，楼上楼下共设座位1,234个，右侧设有两个休息室，后半部设有演员宿舍、化妆室、服装室。1956年，湖北省第一届戏曲观摩会在新建成的湖北剧院隆重举行，著名戏曲表演艺术家梅兰芳、荀慧生、常香玉、潘凤霞都曾在湖北剧院演出。20世纪50年代，湖北剧院的演出多以歌剧和话剧为主，国内外大型剧团来鄂也多在此进行演出。20世纪60年代，湖北剧院曾经作为湖北省话剧团的排练场地。1971年湖北剧院扩建。2002年1月，在原址建设的新湖北剧院正式投入使用（图11.12），建筑面积11,767m²，高48m，整个建筑按中轴对称布局，设有1,353个固定座位，镜框式台口，液压式升降乐池，1,200m²的品字形大型舞台。剧场舞台和观众厅的大尺度设计取得了良好的视听效果，能够满足歌舞、交响乐、戏曲、话剧等现代各类大型演出的需要。湖北剧院的设计构思取黄鹤、鼓琴、歇山之意，符合楚文化的特点，并体现以现代的建筑语言表达传统文化的内涵。

汉阳于2004年开工建成琴台文化艺术中心（图11.13），占地面积24,543m²，总建筑面

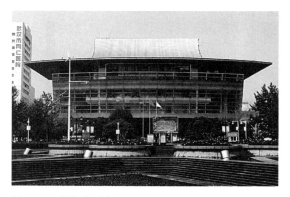

图11.12 新湖北剧院

积65,650m²，地下4层，地上6层，建筑高度40m，当时属国内特大型剧场。主体建筑由1,800座的琴台大剧院（图11.14）、1,600座的琴台音乐厅（图11.15）和其他辅助设施组成。大剧院以演出大型歌剧、舞剧为主；音乐厅以自然声演出交响乐为主。

琴台文化艺术中心位于汉江、月湖之间，

用地相对局促，且有汉江防洪堤坝及月湖路将汉江和月湖分隔。规划采用楚国传统建筑中的"高台建筑"手法，以中轴线步行桥跨月湖路，北联汉江大堤，南向逐步跌级坡向月湖。亲水广场将汉江、月湖联成一整体。市民既可北向拾级而上，于汉江观景台远眺汉江两岸，又可向南信步而下，一路观景，到达湖畔亲水

图11.13　琴台文化艺术中心鸟瞰图

图11.14　琴台大剧院

图11.15　琴台音乐厅

广场，强化了空间中轴线。室外广场能够容纳1万人进行大型室外活动，琴台的大剧院、音乐厅的巨构建筑成为武汉市地标性建筑物，城市空间节点属性尤为突出。

建筑方案设计创意是"抚琴明志，流水寄情"，古琴台作为知音文化的象征和载体，是武汉市具有独特价值的文化遗产。知音文化既是中华文明的一部分，也是"人神交融"、富于艺术想象力的楚文化的再现。因此，建筑设计着意体现高山流水的意境，体现楚文化浪漫的人文精神和地域性文化。

2014年10月，汉秀剧场于中国武汉的东湖边建成，项目总投资25亿元，剧场建筑由伦敦斯图菲什娱乐（Stufish Entertainment）建筑事务所设计建造。为了呼应汉秀剧场所要演绎的楚汉文化，设计灵感取自中国传统的红灯笼造型，运用八根相交的钢管环替代灯笼传统的竹质结构，采用钢桁架整体提升结构技术，即将屋架先在地面上拼装、焊接成整体，再通过液压提升装置将整个屋架提升到屋面预定位置，即先将"灯笼盖子"在地面"拼装"成整体，再盖上"盖子"的过程。建筑照明设计也非常有特色，建筑外立面采用小型红色铝合金碟片进行包裹，夜间红色的LED灯启动后，周边的河面与建筑外立面都呈现亮眼的红色（图11.16）。

"汉秀"取义"楚汉"文化与"秀（Show）"文化，中西合璧，既传承了中国楚汉文化的精髓，又借助全球流行的"秀"文化为演出形式。建筑功能融合了音乐、舞蹈、杂技、高空跳水、特技动作等多种表演形式，剧场通过声、光、电的运用，辅以量身定制的拥有可移动座椅的舞台建筑，形成了非常戏剧性的科技呈现。汉秀剧场创造多个国际领先：世界首个可结合剧情升降、错落无限变化的梦幻舞台；世界最大的可移动开合式的观众坐席；世界最具特色、可飞行移动的LED巨型屏幕等，建筑技术又一次走在时代前列。

千年楚天文化孕育了东西南北通衢的武汉，演艺建筑随定居点和民众娱乐产生，在城市更新中演化。在文化巨构的浪潮中，武汉没有领军，却也紧随潮流。

图11.16 汉秀剧场

■ 参考文献

[1] 王国维. 宋元戏曲史[M]. 北京：中华书局，2016.

[2] 薛林平，王季卿. 山西传统戏场建筑[M]. 北京：中国建筑工业出版社，2005.

[3] 李德喜. 湖北传统戏台[J]. 华中建筑. 2008（4）：45-52.

[4] 彭然. 湖北传统戏场建筑研究[D]. 广州：华南理工大学，2010.

[5] 彭然，胡江伟. 鄂东北地区传统戏场建筑丛考（上）——戏场建筑的产生及其发展沿革[J]. 华中建筑，2009，27（10）：114-116.

[6] 彭然，胡江伟. 鄂东北地区传统戏场建筑丛考（下）——戏场建筑的实例及其建筑特征[J]. 华中建筑，2009，27（11）：133-136.

[7] 赵煌. 从场所到文化意象：汉口民众乐园与城市记忆塑造研究[J]. 地域文化研究，2020（4）：42-51，154.

[8] 钟星，甘超逊. 汉口民众乐园[J]. 档案记忆，2019（4）：11-13，50.

[9] 叶炜，戴威，阚欣馨. 历史保护建筑的可持续利用——以武汉剧院文物保护工程为例[J]. 世界建筑，2022（8）：64-69.

第 12 章

台中歌剧院、文化图景及其技术趋向

■ 肖　靖

12.1　引言：新文化设施

　　自20世纪80年代初，密特朗任总统时期开始，由法国兴起的战后文化建筑热潮，体现出法国权力机构的一种意愿，即利用大型文化设施（cultural institution）来带动整体社会精神面貌重塑。彼时，法国政府执行了一系列公众宣传和建筑设计竞赛，推动包括博物馆、图书馆、歌剧院等在内的文化设施项目的建造和对外开放，应该说无论是决策方还是建设方，都是这场新型"文化重塑"活动的参与者。通过国家级别文化建筑，将发展的时代精神传达给人民群众，成为这个过程的根本诉求。自20世纪末，在国家大剧院竞赛和兴建的引领下，我国也逐渐开始了新一轮符合自身发展需求的"文化重塑"活动。作为标准的"四菜一汤"或"八菜一汤"的建设菜单之一，歌剧院因其特殊的文化属性和高规格的艺术内涵，在"文化重塑"过程中起到举足轻重的作用。这场盛宴的背后具有一套完整的文化构建逻辑，并且通过具体设计竞赛的邀请和定标环节，借由对地方文化特色和新时代精神需求的理解，促成包括国际知名建筑事务所在内的国内外设计力量的交流

和比拼，博众家之长而不护自我之短，共同贡献这场新的文化图景未来发展的可能性。

　　我国台湾地区因其自身发展的特殊语境和经济实力的限定，相对更早地认识、接受和发展了这种"文化重塑"活动的内涵，与大陆几乎同时开始推动大型歌剧院和表演艺术中心的竞赛和建设。相较于全国其他地区的具体做法，台湾地区的文化建筑呈现出自身的设计倾向和空间特色，紧密结合其历史发展因素和格局；尤其以高新数字技术和建造技术支撑的创新性空间理念，堪为镜鉴。本章将切入台湾地区近年来的歌剧院设计项目，着重关注普利兹克奖获得者——日本建筑师伊东丰雄设计的台中歌剧院，从项目的变迁和落成过程，以及城市历史发展的角度，来梳理设计初衷和技术价值之间的密切关系，以此反观其利用文化设施来推动文化建设方面的诉求和展望。

12.2　城市发展格局与文化设施热潮的兴起

　　长期的历史演变下，我国台湾地区发展

出特殊的城市布局，成为后续文化建设的线索。到明清时期，台湾已经发展出沿西部海岸线一线排开的台南、嘉义、基隆等相对大型的海港城镇，凭借其丰富的林业和渔业资源，在横跨海峡的经济贸易网络中发挥着重要作用。清初，台南兴建孔庙，后清廷改为府学，并号"全台首学"；康熙末年设御史巡台，主管台湾地区学政，考察风土人情，强化地方文教管理建设；1885年增立台湾行省而设三府治和直隶州；两年后省治管理机构由台南迁往台中，不久继续北上至台北。1895年后，若干重要城镇的区域体系和城市格局开始产生新的变化，规划决策者试图通过一系列被称为"市区改正计划"的试验性城市改造计划，开展新型的现代化城市发展模式，尤其是铁路、产业和公共卫生等方面，成为新型现代化城市发展的重要标准。20世纪50年代，台湾面临大量人口迁入而引发的土地、居住、生活配套等问题，各城市需要快速解决规划困境，逐步完善和解决当地的基础设施和产业结构，预期发展为产业设施聚集地，并在城市更新过程中成为新一轮文化类公共建设的核心区。1965年，联合国都市建设与住宅计划小组（Urban and Housing Development Committee，UHDC）应邀进行都市政策、土地整备等基础资料调查131项，重点拟定台中等市区纲要计划以及重要都会区的建设方案，积极促成1973年新版《都市计划法》的颁布，包括涉及文教、风景等的土地使用分区管制（第32～41条），并提出公共设施的定义、规划和配置方式（第42～56条）。同时，过程性的讨论不断加深对新市区建设中的公共设施建设用地和方式的阐释，鼓励私人或团体投资经营扩大兴建都市公共设施，优先发展地区内公共设施用地的征收，并最终以《都市计划法》中的第四章"公共设施用地"和第五章"新市区之建设"奠定了后续城市公共建筑第一轮兴建热潮的发展基础。

因此，后续大型区域性文化建筑群彻底贯彻执行了这一版《都市计划法》所规定文化类公共建筑的建设方式。以台北故宫博物院的建成为标志，新时期文化建设热潮逐渐开启。这一阶段之前，台湾多数早期文化类公共建筑秉持了借用传统文化象征和符号的理念，试图将地区性文化建设建立于文化脉络之上，因此设计需要依托传统建筑的整体造型和布局式样，融合现代观演建筑所必备的结构形式和表演设备，体现和满足现当代公众社会生活的需求。20世纪50年代末我国的"十大建筑"献礼、20世纪70年代包括法国等欧洲国家的文化建筑热潮以及台湾地区意识到新时期文化实施的重要社会价值，都恰巧处于这个时期的过渡阶段，意识非常相似。千禧年之后，社会公民意识的不断觉醒与城市形象建设的转向，推动了理念完全不同的文化设施建设。观演建筑演变为一种特殊的文化符号，承载了不同的文化题材，国际化、高科技化等口号也逐渐成为这个舞台的核心驱动力。

12.3 第二轮观演文化设施建设热潮及其特征

新时期的文化设施承载了不同于过去的文化诉求。1998年，地处宜兰的田中央联合建筑师事务所与黄声远设计师开始主持"罗东文化工场"的设计开发。黄声远原本可以复制传统观演场所的基本理念，为当地原住居民打造一个小型表演场地。不过，他选择建造一个钢结构与钢筋混凝土结构相结合的"大农棚"。这不仅体现了当地以农业生产为主的田园生活状态，也通过架空手段将社会公众观演活动显露出来，让半露天的演出或公益活动成为公众生活的显性组成部分。一直以来，这种思想是设计师秉持的"市民性"和"公共性"设计的体现。宜兰的公民建筑实验开启了一种新时期公共建筑，尤其是文化设施建设的新思路，将生活的日常性和公共空间的开放性作为新文化图景的承接物，突破传统符号的约束，通过新的建造方式，实现更为广泛的社会功能，关心公民参与和建造本身。文化设施设计成为一种文化事件和图景建构的重要组成部分，成功地将空间本质和使用方式纳入到社会公共活动的整体叙事。

观演建筑的"市民性"和"公共性"被融合到其项目策划与设计全过程中，这种做法逐渐得到社会公众愈发强烈的重视和讨论。讨论范围也不局限于设计里的专项指标，而更多地关注社会公众的诉求是否得到有效回应，这对于建筑师背景、竞图过程和最终实现效果有更高要求，因此吸引越来越多知名建筑师参与到这种图景的想象中。2006年，台中歌剧院几经辗转，最终定标伊东丰雄的设计，成为第二轮文化设施建设热潮的开端。接下来五年间，高雄市异军突起，连续完成若干举足轻重的观演建筑项目竞赛。2007年，"卫武营艺术文化中心"设计竞赛的中标设计师是荷兰麦肯诺（Mecanoo）建筑事务所的法兰馨·侯班（Francine Houben），项目占地30,000m²，该项目是全球具有最大单一屋顶的剧院；同年，市政府推进"大东文化艺术中心"竞赛，中标者是张玛龙+陈玉霖建筑师事务所（MAYU Architects）与荷兰de Architekten Cie建筑事务所；2011年推出的高雄"海洋文化及流行音乐中心"设计竞赛由西班牙曼努埃尔·阿尔瓦雷斯·蒙特塞林·拉霍兹（Manuel Alvarez-Monteserin Lahoz）建筑师事务所和翁祖模建筑师事务所联合中标；屏东地区在2009年组织了"屏东演艺厅"竞赛，并由姚仁喜和大元联合建筑师事务所中标，设计的核心特色是一个四面开放式的舞台设计以及巨大的管风琴造型。与此同时，台北在新热潮中也不甘示弱，2009年士林区的台北表演艺术中心竞赛由荷兰大都会建筑事务所（OMA）的雷姆·库哈斯中标；同年，RUR Architecture DPC事务所和宗迈建筑师事务所赢得了台北流行音乐中心的设计项目（见本章附录）。

同时，这一时期的观演建筑在若干设计与建造方面呈现出共同趋势。在规模方面，项目的建筑体量逐渐增大，地区级别的剧院和音乐中心的建筑面积由最初的万余平方米发展成为动辄七八万平方米的大型建筑（群）。在功能使用方面，原先相对单一的戏院模式已经无法满足新时期的公众文化生活需求，功能设定已逐步发展成以大、中、小型剧院为组群，配备表演、演奏、实验话剧、礼堂，以及更多展览与商业区域，由此形成了围绕观演空间而展开的复合型公共空间体系。这一方面通过对演出功能内部流线的灵活组织，提升了建筑单体本身的公共性；另一方面也对观演建筑所处地区的城市架构、交通和自然环境的整体把控提出了更高的要求，对大型交通基础设施、有效的城市设计引导下的公共活动类型，以及建筑内外空间联系模式等方面的系统性研究成为具体设计回应的重点。

如今，设计重视高新技术和建造方式，这早已成为新时期观演建筑属性的集中表现。以前，此类建筑设计更为重视功能和形象，而对塑造当今新文化图景来说，高新技术和建造方式显得愈发重要。高雄卫武营艺术文化中心的巨大钢结构屋面设计，需要将形状不一的钢片连接起来，使得建筑从周边城市公园的绿色背景中飘浮起来。高雄海洋文化及流行音乐中心则选用了钢结构的桁架系统，用以承托中心塔楼、礼堂、展演空间、独立餐厅四个主体建筑；大东文化艺术中心的张拉膜结构，采用造型独特的钢支架漏斗形的薄膜屋顶，使得其下方的城市客厅获得大面积的遮阳阵列区域，其薄膜结构是奥雅纳工程咨询公司（Arup）阿姆斯特丹分公司与当地工程公司合作的产物。Arup作为世界顶尖的结构设计方，近年来不断参与我国台湾地区文化设施设计，尤其在有特殊空间要求的观演建筑项目中，更是如鱼得水。例如，在台北表演艺术中心项目与雷姆·库哈斯的配合中，Arup提出利用"扭转刚性支撑结构"，试图解决建筑形体外墙突出部分的荷载需横向传导的特殊要求。这种体系可确保整体结构的稳定，同时提供一个能够供使用者休憩和停留的底层对外缓冲空间，这对用地相对局促的士林夜市来说非常重要，因为"寸土必争"的节约用地方式才是回应公共活动的最佳选择。在台北流行音乐中心设计中，Arup又提出外层为阳极氧化铝板、内层为石膏板的折面双层表皮系统，使得该中心能跳脱出周边的流行音乐文化馆和产业区馆的整体架空体系，这不仅有利于塑造室内空间跨度，而且赋予这个地标建筑以强烈的视觉识别性。

这些新型观演建筑项目在规模、功能和建造技术等方面脱颖而出，代表着国际一流建筑师和工程师参与设计的新文化形象。无论是在项目的初步项目策划还是后期的建筑意象提取阶段，这种操作方式无疑会强化新时期文化产业的关注力、输出强度和经济效益。在这股热潮中，台中歌剧院是千禧年后首屈一指的文化大事件，其演变、形成和建成完美体现出文化产业模式的遗存和影响。

12.4　从"古根海姆花园计划"到"壶中居"：台中歌剧院设计竞赛的沿革

1971年，在UHDC规划政策的引导下，台中市被提升为重点发展的三大都会区之一，这对当地未来文化休闲需求来说，带来了预期和挑战。台中都会区规划在这一轮修订首次提出，计划在市区范围内寻找适合的土地建设一座台中市立文化中心，最终选定在市区西北部所谓"副都心中心专用区"的"第七重划区"地块内，这里将成为未来市政与公共建筑的集中地带（图12.1）。其后十年间，台中市立文化中心的提案被反复更改，并于1999年定格为"台中歌剧院"。"9·12大地震"并未太多影响工程进展，反而推动"第七重划区"的兴建，市政中心的搬迁也因此迫在眉睫。尽管自20世纪80年代以来，市政府已修建自然科学博物馆（首任馆长是台湾地区建筑师汉宝德）等场馆，但是这里依然非常缺乏高等级的文化设施。1995年，台中市举行"第七重划区"市政府大楼设计竞赛，由瑞士苏黎世韦伯·霍夫建筑师事务所（Weber Hofer Partner AG）夺标；并由此逐渐成为国际一流建筑师的竞技场，包括普利兹克奖获得者理查德·迈耶（Richard Meier）的住宅设计项目、日本 SANAA建筑事务所的中央公园和城市文化中心竞赛、安藤忠雄的亚洲现代艺术博物馆等。

2002年，台中市市长前往美国古根海姆基金会，提出要在"第七重划区"兴建能够代表当地未来新地标的文化设施群。这个大胆的设想被认为是新时期文化设施热潮的"升级版"，其规模和文化内容也远非其他地区项目所及。古根海姆基金会通过名下公益机构长期推动国际艺术交流，如由美国著名建筑师弗兰克·劳

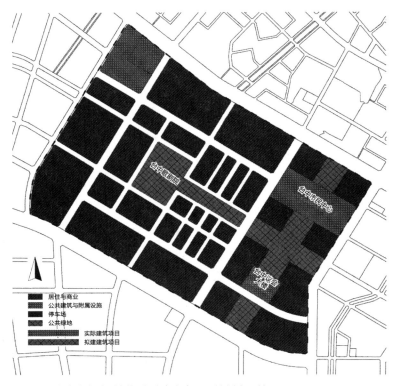

图12.1 台中市都市计划新市政中心专用区计划变更情况

埃德·赖特（Frank Lloyd Wright）设计的经典
作品——纽约古根海姆博物馆，以及出自建筑
师弗兰克·盖里（Frank O. Gehry）之手、以
艺术博物馆带动城市产业更新和活力复苏的
经典案例——西班牙毕尔巴鄂古根海姆博物
馆，这两个案例已经成为文化产业发展的经
典。台中市市长试图通过引入世界顶级文化投
资集团，协助台中市打造国际文化品牌和形
象，这个做法在当时来说非常先进，因为艺术
文化的资本投入和管理经验正是当时台中市文
化品牌建设中所缺失的重要一环。台中市政府
慷慨地拿出"第七重划区"最为核心的公共区
域，邀请弗兰克·盖里参与设计市政大楼、英
国建筑师扎哈·哈迪德（Zaha Hadid）设计台
中市古根海姆博物馆，以及法国建筑师让·努
维尔（Jean Nouvel）设计歌剧院，设计指标分
别为博物馆8.8万m²、歌剧院3.8万m²、市政厅

3.5万m²、议会大楼3.1万m²。这个城市设计项
目被台中市市长和古根海姆基金会共同定名为
"古根海姆花园计划"，预期将成为古根海姆基
金会有史以来投资规模最大的市政文化项目。
"第七重划区"的轴线上布置着市政大楼和议
会大楼，而博物馆和歌剧院分列两侧。如果对
比台北的"两厅院"，这个布局清晰地呈现出
空间形态的相似性，但更为重要的是，台中市
政文化项目的设计内涵有根本不同，它用"市
民性"和"公共性"取代了传统的"个人崇
拜"，真实的公共文化生活取代了抽象的区域
文化象征，呼应着周边邻里住区，让未来大量
潜在人群的日常使用成为可能。

扎哈·哈迪德赢得台中市古根海姆博物
馆设计竞赛的时候，也中标了广州歌剧院竞
赛。这两个同时期、同类型、同等重要的地区
级文化设施，理所应当成为2004年扎哈·哈迪

德斩获普利兹克奖的重要成果。她动态奇观的设计理念，是通过一系列连廊和线性广场，将流动性空间与周边区域联系起来。不过，后续行政资金投入不足，导致整个"古根海姆花园计划"流产，诸位建筑师的项目也被取消，也导致台中歌剧院的定位被"降级"。即便如此，市政府仍坚持推进台中歌剧院的建设构想，于2005年9月对外宣布启动台中歌剧院的新一轮国际设计竞赛；10月初完成首轮方案投标、资格审查和专家评审工作，并公布进入下一轮竞标的五个设计公司；同年12月15日完成最终设计评审，16号公布竞赛结果，2010年项目正式动工。

由世界顶尖建筑师和学者组成的专家评审委员会是台中歌剧院项目竞赛的核心，他们引导着整个项目的设计理念发展。委员会成员包括美国哈佛大学设计研究生院教授莫斯塔法维（Mohsen Mostafavi）、意大利威尼斯建筑大学的著名建筑评论家弗朗切斯科·达·科（Francesco Dal Co）、日本建筑师原广司（Hiroshi Hara）、东海大学教授郭肇立、宗迈建筑师事务所陈迈、著名剧作家兼导演赖声川。达·科认为表演艺术应当来源于生活和历史，因此当代公共文化建筑也应该是这种精神生活的体现，他的理念在方案投标中得到众多建筑师的回应，其中包括汤姆·梅恩（Thom Mayne）、长谷川逸子（Itsuko Hasegawa）、汉斯·霍莱茵（Hans Hollein）、安托内·普雷多克（Antoine Predock）、包赞巴克（Christian de Portzamparc）和理查德·罗杰斯（Richard Rogers）等国际知名建筑师。与之相比，新加坡建筑师陈家毅、台湾地区建筑师潘冀、姚仁喜、林洲民等则更强调"日常性"的建构价值。最终，评审委员会遴选出进入第二轮竞赛的五个事务所，其中就包括荷兰的克劳

斯·恩·康（Claus en Kaan）、日本的远藤秀平（Shuhei Endo）、当地建筑师简学义、日本的伊东丰雄和英国的扎哈·哈迪德。

扎哈·哈迪德的动态建筑设计也依旧保持着强劲势头，决心以几近相同的设计理念来贯彻未竟的"古根海姆花园计划"事业，引入到新一轮台中歌剧院的设计中。方案充分利用新的场地条件，依托城市边界，将不同方向的使用流线汇入主门厅；整个建筑看上去像是个下沉枢纽，连廊被整体提升，艺术家工坊和商店被充分打开，文化广场、户外表演区和大台阶等要素向观众和游客敞开，在不远的将来，他们将从北面的新光三越综合购物中心和地铁系统方向鱼贯而来。从某种程度上讲，扎哈·哈迪德的城市设计试图控制"第七重划区"的文化轴线，将"市民性"和"公共性"建立在尺度规模巨大的开放区域及其复杂功能之上。不过，最终获胜的设计师伊东丰雄也通过一种另类手法，把控新文化的脉搏。这种风尚集中体现出高科技的建造方式，实现惊艳的视觉效果与富于诗意的禅宗思想的完美结合。一个自诩为"壶中居"的理想世界，需要依托现代的复杂几何结构体系和原始的洞穴奇观，才能被构建得淋漓尽致。

12.5 伊东丰雄的技术文化：衍生结构、声音洞穴与几何桁架系统

伊东丰雄在我国台湾地区有很多建成的设计项目，台中歌剧院项目更能体现他对社会生活的理解。他获得2009年高雄世界运动会主体育场设计、2011年的世界贸易中心广场设计以及2013年台北创意文化中心和台湾大学社会科

学院等项目。2013年，伊东丰雄因富于人文精神的建筑适应性研究而获得普利兹克奖，日本3·11震后社会住宅项目也为他赢得威尼斯建筑双年展首奖。在台中歌剧院的竞赛方案中，伊东丰雄坚持将社会生活带回自然，特别设想出一个丛林洞穴般的实体，能提供5.7万m²的公共活动区；主体总建筑面积5.1万m²，地下2层，地上6层，高度32m，容纳了三种主要的空间类型，包含2014座的大剧场、800座的演奏厅和200座的"黑盒子"创意剧场。除此之外，该设计还提供了艺术广场、创意工作坊、餐厅和咖啡厅等附属公共功能，各自散布在首层、5层和6层区域（图12.2）。项目总投资36亿新台币（当时折合1.2亿美元）。

伊东丰雄对台中歌剧院的设计核心是"衍生结构"。这种类型学设计方法强调从最为基本的几何形态入手，通过不断变形而得到新的建筑形式，同时还能依靠其基本形态而保持结构逻辑的清晰，如此就可便捷地生成形式和结构。伊东丰雄的成名作——日本仙台媒体中心——也具有同样的形式特征，整个建筑从柯布西耶的多米诺结构体系出发，重新定义了空间基本构成方式，包括开放楼层、附属表皮与核心筒支撑体。伊东丰雄将传统柱网转变为"占据空间"的交通盒或者单纯的贯穿式中庭，推动楼层的全面开放，而玻璃表皮可作为一种适应性界面，满足室内环境的舒适性和内外通透的效果。在2002年的伦敦蛇形画廊设计中，伊东丰雄也采用非常基本的嵌套式方形布局，通过不断内部方形的黄金比例进行等比缩小，被不断分割的几何形便成为建筑的主体结构，向四周搭接；而外围的方形部位则成为次要结构，让荷载传递清晰合理，同时保持着非常复杂的建筑意象。此外，这种平面的基本几何变形也被伊东丰雄拓展到三维空间中。例如，在未能实施的美国伯克利美术博物馆项目中，传统的梁板墙正交体系被一系列直角打开，"破坏"掉无趣的分割方式，硬分割被转变为柔软平滑的圆角，原本被切割得七零八落的方形盒子被串联为体验丰富的观览流线。因此，在台中歌剧院的设计里，伊东丰雄将类似的曲墙体系发挥到极致，形成被曲墙包裹的竖横"空腔"

图12.2 台中歌剧院实景

（演出区域）；角部原本被割裂的区域都充分暴露出来，成为堪比"空腔"效果的公共场所。

在使用过程中，曲墙的几何形态"衍生结构"之间的缝隙才是剧院中日常公共活动的真正主体。被打开的缝隙使室内外过渡区域公共活动流通，让观者、游客与工作人员进行交流，呼应"空腔"内部的表演者与观者的互动。腔体内外都有良好的声学效果，视线通透的门厅和游憩区配备了水庭和花园，打破了室内外的景观隔绝，巨大的"空腔"成为打破建筑外部基本几何形态的手段。内部设计也不断增强功能使用的便捷性。例如，"黑盒子"被下沉至地下层，强化了它的公共性；曲墙将剧场空间提升至2层，能在首层开辟出尽可能多的开放区域，而不同尺寸和形状的腔体也是划分多种使用流线的工具，暗示出两层通高的门厅和顶层展览厅的存在感；大剧场的坐席和舞台位置也被调换了方向，以便演出时的场景切换与演员换装。这些建筑空间效果都要依靠完美的曲墙施工水平来呈现（图12.3）。

正因如此，巨大的"空腔"系统成为台中歌剧院在实施过程中异常艰难的挑战，初期的施工投标都进行得不太顺利，不仅因为特殊的结构体系和当地尚未出台针对性建造规范，而且因腔体本身的复杂性，需要用到多重节点控制和拼接方式。经过多次流标，最终大矩联合建筑师事务所决定接手这个工程的具体施工任务，两位事务所合伙人是毕业于成功大学的杨逸咏与杨立华。在配合伊东丰雄深化设计的过程中，他们也保持了与Arup的研发。Arup当时设想的"钢结构加混凝土面层"的曲墙设计，仅有隧道工程的实证经验，而且施工费时费力，况且传统的塑形方法也无法满足曲墙多变的造型需要。株式会社竹中工务店和特种玻璃制造商旭硝子株式会社则提出采用钢筋混凝土桁架体系——内部钢桁架使用多种锚固方式，外附三层钢丝网以塑造曲墙的造型，组成一套可预制的钢桁架"箱型"结构。因此，整体结构可被简化为29个连续曲面的构成单元，每个单元又由4个几何控制点定义，并拼接为顺滑表面。该技术难点在于如何用二维图纸表达三维结构，这意味着必须通过对控制点的精细化标记，才能实现完美的曲线变化。建筑师需要依据不同的连接原则，才能将成千上万的施工节点划分为一系列结构的单元，这在当时缺乏BIM系统的现实条件下，只能通过手动调

图12.3 台中歌剧院室内实景

图12.4 台湾科技大学建造的缩尺模型

图12.5 现场墙体施工样板展示

整节点来实现全过程监控，仅曲墙系统和钢结构部分就有上万张图纸，需要全部由人工审核。

针对曲墙的施工厚度和声学问题，Arup跨领域地引入汽车工业的建造方式。最早提出的钢筋混凝土曲墙设计，厚度达到了80cm；在如此巨大的空间尺度下，这种相对传统的建造方式会导致结构重量过大而无法实现自我支撑，承担其他"缝隙"的荷载更是无从谈起，况且在结构上还需要额外的填充物，这更加不利于后期的维护。于是工程师询问了Arup内部负责汽车设计的研发部门，后者认为如果采用高端汽车的建造方式，精确模拟和处理应力集中区域，则有可能将这些曲墙的厚度降低至40cm。此外，传统剧场设计并不会对结构本身提出过多的声学处理要求，而往往通过内部装修的方法来优化最终的声学效果。台中歌剧院的特殊结构体系则要求一步到位，"结构即是装修本身"，争取不需要二次装修以调整混响效果。负责声学工程的是世界著名的日本永田声学工程公司（Nagata Acoustic Inc.），他们利用曲面钢筋混凝土来作剧场室内的隔声，用浇筑完工后留下的墙体背面来产生多样的混响

环境。为了测试上述结构和声学效果，台湾科技大学团队建造1：10的缩尺模型来模拟歌剧院的整体效果（图12.4）。结果表明，Arup所提出的40cm厚钢筋混凝土曲墙结构，可实现完美的结构和声学性能（图12.5）。

12.6 技术趋势下的观演建筑与文化涵义的转变：一种反思视角

城市格局的历史演变是奠定我国台湾地区自明清时期以来、不断适应时代文化精神的基础。一方面，从最初的地方府治管理"文化归流"到20世纪中叶，新时期都市计划体系的"现代化"推动着当地文化设施的兴建，开始重视公共设施的社会作用，并通过立法来完善公共文化设施在城市建设中的条件，以实现三大都会区未来的文化发展图景；另一方面，文化设施也完成了自身含义的转变，从早期建立于传统符号与象征之上的区域文化形象，转变为近二十年以来、脱胎于高新结构和施工技术的公共生活和物质形态塑造，已逐渐成为新型

文化观演建筑的基本共识。从高雄卫武营艺术文化中心的漂浮钢架、到台中歌剧院的"衍生结构"，建筑技术对于设计的统治力无疑成为提升观演建筑空间质量的重要手段。

台中歌剧院等新一批观演建筑的设计表明，文化含义的转变可具体体现在以下几个方面：①文化设施由"纪念碑式"的单一建筑作品转变为社会文化事件的组成部分，原有城市的发展格局对这类建筑的约束力被逐渐消解，改变了文化设施以往从区域文脉中提取图景的方式；②新观演建筑不断挑战更大的规模和尺度，意欲塑造当代的文化"奇观"。一方面，这种奇观回应了公共生活，释放了这类建筑参与社会交流的潜力；另一方面，对类似"古根海姆花园计划"的探究，吸引了更多有影响力的国际知名建筑师的加入，促成新观演建筑设计竞赛的开放性；③新技术所带来的冲击和可能性如此耀眼，使得以强调技术含量为宗旨的大型歌剧院项目成为最佳试验田；人们乐于沉浸在视觉奇观和多样密集的功能活动中，而高新技术的加持有利于大型歌剧院的塑造和空间品质的优化，形成一种可轻易

抽离掉任何文化符号的有效替代品，成为新时期"文化图景"的塑造工具。正如伊东丰雄在台中歌剧院设计中尝试回应"第七重划区"城市设计一样，他谨慎地划定"壶中居"与城市边界的控制范围，不愿让建筑僵化地迁就周边的城市文脉：它自己便是"衍生"而来的完美世界。

致谢

在本研究的初期筹划以及后续资料收集和分析过程中，笔者得到众多国内外机构的帮助，包括扎哈·哈迪德建筑事务所、伊东丰雄建筑设计事务所、奥雅纳工程咨询公司等，以及包括加拿大蒙特利尔魁北克大学安妮·玛丽·布鲁杜（Anne-Marie Broudehoux）教授、台湾科技大学施植明教授、东海大学关华山教授、成功大学吴光庭教授的支持。最后还要特别感谢香港城市大学薛求理教授及所有研究团队成员，2013~2016年笔者作为博士后研究员，长期以来就中国城镇化进程以及大剧院的演变和发展专题进行深入探讨，最终以此文作为阶段性总结，在此表示衷心的感谢。

本章附录

序号	项目名称	地点	竞赛定标年份	开幕日期	建筑事务所及主持建筑师	结构配合方	建筑面积	核心设计特征	核心结构技术特征
1	罗东文化工场	宜兰	1998	2012.7	黄声远	黄声远、田中央联合建筑师事务所	占地面积43,455m²，建筑面积2,997m²	原名宜兰县立第二文化中心，建筑可以分成三个部分：文化工场，天空艺廊和棚架广场	钢结构+钢筋混凝土结构
2	台中歌剧院	台中	2006	2016.9	伊东丰雄	建造负责：丽明营造股份有限公司，工程管理：杨炳国建筑师事务所，详细设计：大矩联合建筑师事务所	占地面积57,020m²	2014座大型剧院、800座中型剧院、200座实验剧场	钢筋混凝土+钢结构，58片曲墙
3	卫武营艺术文化中心	高雄	2007	2018.1	荷兰麦肯诺（Mecanoo）建筑事务所，法兰馨·侯班；当地建筑团队：瀚亚建筑设计咨询有限公司（Archasia Design Group）	Supertech公司，详细设计：Supertek公司	占地30,000m²	全球最大单一屋顶剧院；1,981座音乐厅和2,260座歌剧院；470座演奏厅，底层"榕树广场"，四个表演厅	钢结构
4	大东文化艺术中心	高雄	2007	2012.3	张玛龙+陈玉霖建筑师事务所（MAYU Architects），荷兰de Architekten Cie事务所	Arup，天矽工程顾问有限公司	建筑面积24,470m²	四栋建筑：剧院、展览中心、图书馆和教育中心	张拉膜结构，支撑由独特的钢材支架而成的建筑体系

续表

序号	项目名称	地点	竞赛定标年份	开幕日期	建筑事务所及主持建筑师	结构配合方	建筑面积	核心设计特征	核心结构技术特征
5	台北表演艺术中心	台北	2009	2022.8	雷姆·库哈斯（OMA），姚仁喜	Arup，长荣工程咨询有限公司	总面积58,658m²，一座1,500座大剧院、两座名为球剧场与蓝盒子的可容纳800人的中型剧场	大剧院、球剧场和蓝盒子剧场组成	扭转刚性支撑结构方案，在中央立方体外部采用横向扭转刚性的支撑结构，承担全部扭转横向受力以及大部分受重力，确保整体结构稳定
6	台北流行音乐中心	台北	2009	2020.9	RUR Architecture DPC事务所，宗迈建筑师事务所	概念设计：Arup，详细设计：Supertech公司	总建筑面积70,200m²	6,000座音乐厅，展览大厅和创意空间	多折面的双层表皮结构，由外层阳极氧化铝板及内层石膏板组成
7	屏东演艺厅	屏东	2009	2015	姚仁喜，大元联合建筑事务所	联邦工程顾问股份有限公司	总建筑面积20,800m²	该地区首座音乐专用演艺厅，采用四面式开放舞台设计，配置45个音栓、2,793根音管的管风琴，是首座创意音乐表演艺术场所	钢筋混凝土
8	高雄海洋文化及流行音乐中心	高雄	2011	2021.1	Manuel Alvarez-Monteserin Lahoz建筑师事务所，翁祖模建筑师事务所	BAC工程咨询集团，科建联合工程顾问有限公司，联邦工程顾问股份有限公司	占地面积约11.89hm²，总建筑面积88,000m²	建筑生态系统；四个主建筑均以海洋意向为理念：中心塔楼和礼堂、展演空间、独立餐厅、复合型商业空间	钢结构、桁架系统

第13章

台北表演艺术中心：大隐于市的剧场机器

■ 冯国安　伊　葛

13.1 城市记忆营造：台湾公共建筑历程

从1895年中日甲午战争时中国台湾被割让给日本的五十年中，台湾建筑进入了多样性的发展，同时兼容了西洋式、闽南式和传统日式设计。台湾日据时期重要的公共建筑，如台湾总督府、州厅、警察局这些建筑，都是以西洋建筑风格来设计，与清朝传统建筑不一样。日本殖民政府这样做的原因，一方面是中国传统建筑布局不能满足需要，另一方面是利用新建筑风格表达新时代的来临。从现存的建筑来看，这一时期的公共建筑都有一种威严感，未能为市民提供公共活动的场所。

现代主义时期的台湾公共建筑，一方面摆脱了古典风格的繁琐元素，另一方面去装饰化、关注以人为本的设计思想。例如，陈仁和设计的高雄私立三信高级家事商业职业学校学生活动中心、张肇康与虞曰镇的有巢建筑师事务所合作设计的台湾大学农业陈列馆，建成于1963年。在空间布局上，除了一层架空之外，二、三层的自由平面皆是现代主义中常见的手法，但同时张肇康也汇入了中华文化建筑的特

征，如中轴线、台基、梁柱悬挑等，这些细节也能从他在东海大学设计的建筑上找到。在外立面上，台湾大学农业陈列馆的别名叫"洞洞楼"，外墙由陶烧铜瓦作为漏窗，这一兼顾遮阳与通风的设计历久不衰，由此也可以看到张肇康关注本地材料与文化的情怀。另一个重要案例就是高而潘设计的台北市立美术馆。作为台湾第一代本地培养的建筑师，高而潘的专业养成在台湾，但是日后的路径深受日本文化影响。高而潘曾于1960年在佐藤武夫设计事务所和前川国男建筑师事务所各工作了两个月，这些不长的经历为他后来的台湾实践带来启发。高而潘在参观奈良的东大寺后说："是不是华人建筑之美在于往上看见朱红的屋顶？如果让它飘浮在空中，不是很好吗？"所以他在设计新淡水高尔夫球场俱乐部时，采用了反曲的弧形大屋顶。在北美馆的竞标中，他排除了传统建筑的元素，以中空的管子组成格状，形构出四方几何、同时留有中庭的现代感建筑，并大胆采用当时只运用在桥梁设计上的预应力结构技术。

近年来，我国台湾公共建筑也多了国际建筑师的参与，这使得居民拥有了更为丰富的

生活体验，这些公共建筑挑战了台湾地区的建筑技术与规范，正面推动了建筑行业，如伊东丰雄设计的台中歌剧院、麦肯诺（Mecanoo）建筑事务所设计的高雄卫武营艺术文化中心和荷兰MVRDV建筑规划事务所设计的河乐公园等（图13.1）。

伊东丰雄说："台中歌剧院并不只是一座名为歌剧院的建筑，而是整座建筑就如同一场歌剧。无论是入口大厅或门厅、餐厅或空中花园，无论你身处哪个角落，都能感受到声音、光和空气的流动。在这里，你的全身都将震慑于这栋建筑的绝妙磅礴。"台中歌剧院以无梁无柱、曲面的混凝土承重墙体为建筑特色，通过连续的墙体形成流动与多变的室内空间，一楼公共层如洞穴般的大厅，连接不同尺度的表演厅。在建筑语汇上，室内空间的结果也在立面上诚实地表现出来。通过外形，我们可以看清楚空间的组织。主建筑由58面曲墙组成，建设难度高，一度被称为全球最难盖的房子。室内配置上包含大型剧院（2,014席）、中型剧院（800席）、实验剧场（200席），建筑屋顶与周边景观设计以美声涵洞做设计。

麦肯诺建筑事务所设计的高雄卫武营艺术文化中心建于2018年，主创设计师法兰馨·侯班（Francine Houben）在亚洲有多个建筑实践的经验。卫武营艺术文化中心拥有四个室内表演厅分别为歌剧院（2,236席）、音乐厅（1,981席）、戏剧院（1,209席）与表演厅（434席）；南侧设有户外剧场，与都会公园中央草坪连接，可容纳3万人欣赏户外演出活动。作为拥有世界最大的单一屋顶的剧院，屋顶的流线与地面相互交叉连接，使居民可以从四方八面进入建筑的一层或屋顶，通透感的外形符合高雄的气候。使用者在大厅空间犹如处于大树荫下。这种把公共建筑与广场结合使用的案例，在台湾也是少见的。

MVRDV建筑事务所设计的河乐公园是虚空间的公共建筑。河乐公园的原址为20世纪80年代南台湾"中国城"最繁华热闹的商圈之一，但是由于商圈转移，"中国城"与地下商场街日渐没落，更存在治安隐患。随着"都更计划"的开展，河乐公园以新面貌开放给台南市民。负责设计的荷兰MVRDV建筑事务所重塑了T形轴线，以城市广场与都市景观水池贯

图13.1　高雄卫武营艺术文化中心

穿1公里长的海安路，同时现场保留了原"中国城"的部分遗构。"在河乐公园，人们可以在绿意盎然的商场旧址上冲凉，孩子们不久将可以在历史的废墟中玩水——这有多奇妙？"马斯（Winy Maas）说道，"受台南历史的启发，原始丛林和水都是重要的灵感来源。台南是个灰色的城市，随着绿意丛林被重新引入每一个角落，城市也将重新融入周围的地景。在海安路的绿色街道，你可以看到重新引入绿意是我们整体计划中的重要环节。我们将当地的原生植物混合在一起，以模仿台南东部的自然景观。我想这座城市将从中受益许多。"河乐公园的下沉广场是最受欢迎的空间，起伏的地面，以抿石子铺造，如台湾多样性的地形变化；随时喷起的水雾，打造迷幻的空间体验，晚上更是居民来乘凉的热门地点。

我们从城市生活与公共建筑的文明程度可以体会一个城市的文明与发达。对比其他先进地区，中国台湾可能还不是最成功的，但不难发现台湾在公共建筑的创新上在不断寻找突破。

13.2　从歌仔戏到歌舞剧：台湾演艺文化场所的演变

如果城市需要公共生活，那公共生活到底是如何形成的？是在场所还是在建筑里？看表演从来是普通老百姓最喜欢的娱乐休闲活动之一，因为台上表演的故事就是发生在自己身边的，观众自然投入其中。台湾戏剧的发展起源于清朝，南管戏是18世纪之前的代表，后来被北管戏取代。日据时期台湾引入新剧，突破传统戏剧的形式。除此之外，还有查某戏、团仔戏、子弟戏、车鼓戏、皮影戏、傀儡戏，以

及歌仔戏、客家大戏、新剧和木偶戏等新兴剧种。

新剧起源于日本改良剧，利用非传统的舞台背景。剧本的创作时空为现代，使用白话文演出，并以商业模式运作，以达到推广到老百姓的可能性。新剧的理想是以新的戏剧来取代传统戏剧，推动民间的文化水平与思想进步，从中可以分成两类：一是以艺术发展为主，如张维贤的"星光演剧研究会""民烽演剧研究会""鼎新社"，以及林抟秋、张文环、王井泉等人的"厚生演剧研究会"；另一类是以社会宣传为主，以"台湾文化协会"为代表。

由于新剧的发展后来被日本殖民政府或国民政府压制，沦为业余的娱乐，没有真正发挥其影响力，但大约同时兴起的歌仔戏却快速取代了其他戏剧，成为老百姓最喜爱的娱乐之一。

歌仔戏于20世纪发祥于宜兰，也是目前台湾最流行的表演艺术之一。以文言文与闽南语为主的歌剧，其内容主要都是关于民间忠孝仁义的故事，2009年被颁定为台湾文化资产。台湾的传统戏剧大多与宗教活动有关，演出目的多为庙会、祈福等。现存的歌仔戏都是以外台戏为主。外台戏的演出从请戏、搭台、演出都有既定的程序与规则。作为建筑师，我们更关注舞台设计，尽管歌仔戏的规模不大，但小巧的设计却能反映剧团文化和台湾地区独特的历史。

戏台的搭建时间通常在演出前一天或当天上午，戏台外形如闽南式建筑，屋顶有单向斜式（前檐高、后檐低）和悬山式（中脊高、前后檐低）两种。早年的戏台以竹子为结构，后来慢慢改成铁制鹰架，再铺上木板（戏棚板）作为舞台，戏台屋顶和左右后侧盖上帆布，形成镜框式舞台。这些舞台如缩小的建筑一样，

也许没有空间的深度，但是却能提供观众对于环境的想象，更不用说独特的图案本身就是文化的表达。

在物资短缺的年代，台湾市民可能家里没电视，户外娱乐之一就是看歌仔戏。作为生活的投影，歌仔戏的故事不但反映老百姓的真实生活，更是结合宗教和流传民间历史的重要媒介。也许今天的歌仔戏已失去昔日的影响力，但依然是一种活历史，我们要如何传承或创新呢？

歌仔戏这样的户外表演当然很受老百姓欢迎，但随着台湾的发展，也开始出现许多具有规模的大剧院。从20世纪30年代开始，如台中天外天剧场、台中座32、新竹世界馆、台北第一剧场、台湾剧场、台北大世界馆、麻豆电姬馆、北港剧场等，这些剧场成为中产阶级的社交场所，某些还兼顾复合式的空间发展，如台北第一剧院有舞厅、台北大世界馆则有咖啡馆等。

近代西方歌剧在中国台湾地区发展，当然对于场地也要求与世界接轨。我们可以看到，演艺文化的场所都是从较小的空间发展为大型的复合空间，歌剧院已经不只是表演空间，当中也包括餐饮空间以及举办展览或文创活动的灵活空间。无论用何种尺度设计，建筑的公共性、包容性和技术性都要整体考虑。也正是这些复杂性和技术性，使得大型剧院逐渐成为精英人士出入的"宫殿"，再也不是老百姓日常生活的一部分。

13.3 大隐于市的剧场机器：台北表演艺术中心

基于上面的论述，我们清楚当代歌剧院已经超越单纯表演需求，台湾需要一个怎样的剧场建筑？我们能否通过地标建筑去提高一个城市的吸引力？如果要说到作为城市地标的歌剧院，我们不能不提悉尼歌剧院。作为澳大利亚的名片，悉尼歌剧院一方面是约恩·伍重建筑生涯中的巅峰之作，另一方面也是启示未来剧场建筑的案例。

2022年落成的台北表演艺术中心，由荷兰大都会建筑事务所（OMA）设计，处于士林夜市边上，可能出于独特的外形和夜市的联想，民间戏称它为"皮蛋豆腐"。在分析这个具有争议性的建筑前，我们先看下这个建筑的发展起由[1]。

背景

2008年，台北市政府举办了台北表演艺术中心国际设计竞赛，为台北打造一个国际级的专业展演场地。台北表演艺术中心基地位于台北市士林区承德路、剑潭地铁站旁。设计的主体空间为三座表演厅，包括一座1,500席的大剧院、两座800席的戏剧厅。台北表演艺术中心提供表演爱好者最好的设施，具有教育功能，提高台北地区的文艺生活质量，引领当地剧院与国际级剧院接轨，吸引国际剧团来演出，成为具有前瞻性的21世纪剧院。竞赛的评委包括国内外的著名建筑师、大学教授，可以看出，台北市决心打造一个与众不同的歌剧院[2]。

选址

台北表演艺术中心的位置处于台湾文化建筑群：北边是台北故宫博物院、台湾戏曲中心、台北市立天文科学教育馆等，南边是台北市立美术馆、台北当代艺术馆等，这些重要的文化建筑被淡水地铁线贯穿。基地附近是繁华的士林夜市与具有人文历史的圆山区，所以多样性的生活与文化汇聚于此。这样兼具矛盾与张力、紧凑与放松的基地给建筑师带来很大的挑战与考验——如何设计出一个国际水平的表演艺术中心？

从烂尾楼到地标建筑的艰苦过程

从2008年国际竞标到2010年施工开始，台北表演艺术中心本来计划于2015年完工，可是最后却在2022年7月开幕，过程曲折。这个让世界期待的文化建筑到底遇到了怎样困难呢？

首先当然是设计的复杂度与高质量的建设要求。悬挑的球体表演厅加上特殊材料，使得经费从早期的45亿台币增至最后的67亿台币，这个天价的建筑当然被台北市议员所质疑。其次就是施工方的破产。由于承包商理成营造工程股份有限公司以低价获得建设工程，后来因为工程超预算关系宣布破产。施工中途被迫停止，市政府不得不到处寻找施工单位，但是一直没找到愿意继续承包的单位。后来，台北市政府决定以分包方式续建，才让工程得以顺利完工。台北表演艺术中心开幕后，多种小事故也不断发生，包括扶梯工程厂商假造施工日志、擅改零件规格、未依工法施工，甚至连电梯防火门验证也过期……种种施工上的"修补"都是因为赶工期的原因。

大都会剧场机器

由雷姆·库哈斯领军的OMA赢得了台北表演艺术中心的设计竞赛。中标方案公布时，引起很多的讨论。从外形来看像一个外星基地，突出的形状与周边环境形成极大的反差。从比例来看，建筑和周边矮小的建筑不算协调，但又产生视觉的冲击力。当然，OMA不是为了抢眼球才这样设计的。OMA的建筑一直都是以研究与逻辑推论为根本，如他们在葡萄牙波尔图（Porto）的音乐厅，单一巨大的外形也和周边的建筑形成冲突。但如果看设计概念，如OMA是如何把剧院部分与城市联结、与人的流动路线设计结合的，就可以了解这个建筑是概念演绎出来的结果。

OMA台北表演艺术中心的方案中有几个重要概念，突破了对于剧院建筑的常规思考。

（1）集中与多边组合的剧场排列

一般的剧场都会把多个剧场平行排列，但是OMA的设计却反其道而行。他们把三个舞台剧场的设备区背对背，中间插入一个立方体。所有的剧场设备集中可方便资源共享、空间与服务配置。三个剧场的观众席从立方体往外突出，悬空在基地上。三个剧场的形状不一：方形、球形与梯形，它们提供三合一的可能性，如其中两个可以根据需要组合成为超级大的剧院。同时因为剧场悬空，建筑的占地面积变小，同时释放大量面积作为广场，给居民使用，成为士林区的城市客厅，容纳四面八方的人潮，形成一种非正式与舒心的公共空间（图13.2）。

（2）广场的多样性空间

OMA对于剧院的定位，并不是只服务于看表演的人，而是更希望让更多老百姓可以使用。原本方案计划把夜市摆放在建筑的首层，可惜后来没有实现。首层与广场常年举行很多活动与表演，演变成一种自发性与非正式的民间场所（图13.3）。

（3）参观者回路

除了非看剧人士可以使用，OMA的设计还加入了打开后台的可能性。通过依附在剧院周边的路径，可以从路径的风景窗参观剧院后台设备的运作与局部剧场的风景（图13.4）。这种独一无二的体验提高了表演中心的公共性。

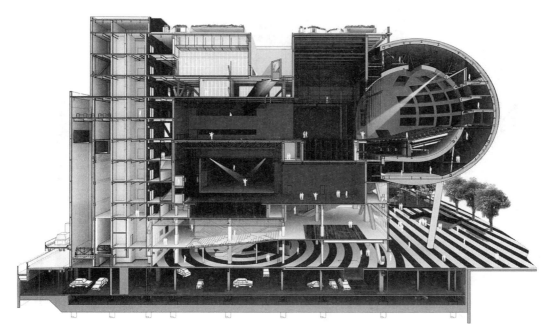

图13.2 台北表演艺术中心的剖面透视图
图片来源：OMA

图13.3 台北表演艺术中心及底层的临街空间

（4）核心服务空间

在三个剧院的中间，OMA设计了一个玻璃盒子，这个盒子内包含了许多的服务空间：售票、餐厅、临时展览等。曲面玻璃立面在外形上与三个外挂的剧院形成反差，在室内的使用上，同时模糊了室外杂乱的风景，给建筑内部一个相对安静的状态。这样的设计语言也是把剧院（封闭）和公共空间（开放）作一个明确的界线与表达。

群众的声音

在每个实验建筑背后，都会有很多不同的评论或声音，台北表演艺术中心也不例外。

当然，大家最能感受到的就是外形。从建筑类型学看，OMA创造了剧院建筑新的排列组合。有人批评，外形虽惊艳，但尺度错误、视角不佳或声音效果不理想等；入口从大厅往上的动线，虽使人可以漫步体验剧院

图13.4　参观回路，让公众和剧场相互交流

的空间，并把公共街道与艺术空间相结合，但有人会觉得路径过长、不便，或不符合剧院该有的严肃性；剧院大厅打造了亲民的形象，但有人会认为，如此高级别的设施竟然毫无恢宏的气势。

除了以上的批评之声，最多人有意见的可能是参观回路。参观回路是台北表演艺术中心的特色之一，从这条从大门外贯穿整栋建筑的通道，可看得到剧场在日常运作中的状态。透过几处特别选择的地点，可以经由观景窗一窥剧院内部情况，可能是工作人员在搭台、团队在排练，可能是休息中的舞台正在调灯，或是漆黑一片等，甚至还能在路途中与表演者不期而遇。不同时候到访，看到的实际情况都会不同，而借由沿途设置的标识牌，参观的民众可以自在走访，从中发现一些剧场的小秘密。在开放参观初期，台北表演艺术中心需要收费。我们能理解运营方的压力，但公共建筑不正是要鼓励市民参与吗？尽管后来变成短期免费，但关于公众参观回路的定位是运营方需要深入考虑的事情[3]。

13.4　持份者的想象和态度

笔者调查了市政府、建筑师和本地民众对这一建筑的预想和态度。

13.4.1　市政府

台北市政府在台北表演艺术中心启动之初就对其进行了一系列想象。除了增加台北的文化基础设施外，台北市领导还希望能够与北京、上海和香港等城市的知名剧院相竞争①。在2012年的奠基仪式上，马英九宣布台北表演艺术中心将成为"中华文化发展的先锋"[4]。此外，台北文化事务部相关人员在台北市议会为该项目进行了辩护，认为台北表演艺术中心将使游客急剧增长，以及同时激发对其他景点的旅游需求；同时，也强调了如台北表演艺术中心这样的标志性文化旗舰项目如何吸引大众前来旅游："……就像悉尼歌剧院一样，花了十年的时间才建成，但却带来了无数的游客，西班牙毕尔巴鄂古根海姆博物馆也是如此……"

市政府具有试图利用台北表演艺术中心，将台北建立为一个能充分吸引游客、具有竞争

---

① 来自2019年3月的政府官员访谈。

力的文化大都市的激进想象[5]。由著名建筑师设计的标志性建筑可以吸引公众，并塑造精英文化生活的图像和新的城市形象。这与分析标志性建筑文献中的典型评估一致[6-8]。鉴于不断变化的政治和经济环境，我们需要重新塑造城市品牌，并将旅游业作为新的城市收入来源。因此，台北表演艺术中心与其他的全球标志性建筑项目一样[9]，描绘了城市变革的形象，以及政府试图以此为基础建立新的文化生活想象。

13.4.2　建筑师

虽然市政府对台北表演艺术中心的想象主要集中在将其作为全球标志性的建筑，但建筑师的叙述却与其不同。雷姆·库哈斯在台湾建筑师公会的演讲中说，OMA设想新剧院和当地夜市"共存"，吸引全球旅游者，同时也通过夜市融入当地的文化和生活。雷姆·库哈斯称赞现有的夜市区域："这是一个种类繁多、选择丰富、组织严密的奇观，几乎为任何人提供了他们认为有吸引力的东西。这个场地的能量和魅力比我们以前经历过的都要高。它不仅已经被成千上万的人占据，而且显然也被所有阶层、所有民族、当地人和游客占据，因此这个地方在有新建筑之前就已经为人

所知。"[10]

雷姆·库哈斯精心设计了一个新的想象来解决地标建筑的"问题"。他认为，市场经济对建筑产生了强大的影响，因为客户越来越多地来自私人领域。

"这使得建筑更具竞争力、更具表现力、更加古怪，并且它被引入了标志性的时代。所以这就是我们目前工作的氛围，也是我们OMA所贡献的氛围，因为我不想虚伪。但当我们作出贡献时，我们正在尝试研究公共建筑，并尝试定义21世纪的公共建筑是什么以及可以是什么。"[10]

为了区分公共委托和私人委托的建筑，雷姆·库哈斯试图重新建立建筑师的想象——一个与人民保持一致的公共的专业人士角色。因此，他对"雕塑"标志性物品持批评态度，并强调了新剧院对公众的开放性及其与当地非正式文化的融合，其目的是创建一个"公共"的标志[11]，使其成为具有仪式感的一部分，并增加当地居民的自豪感。除了夜市之外，设计的许多部分都在努力实现这一目标。例如，最大限度地减少建筑物占地面积的高架剧场，为地面活动提供更多空间，以及穿过建筑物的公共环路（图13.5）。

图13.5　建筑师的设想
图片来源：OMA

因此，OMA创建了一个标志性的剧院，该剧院被称为"智能的标志性建筑"，以响应市政府的设想。此外，吸收本地现有和全球新文化的想象，与OMA的设计语言密切相关，即由城市力量驱动建筑，引发一种"拥堵文化"[①]，并为社会生活不同层面之间发生偶然相遇创造机会。OMA采取的反对精英文化旗舰项目发展的立场表明，建筑不仅具有执行或维持社会秩序的功能[11]，而且还可以表达对社会秩序进行的批判性反思。然而，尽管建筑师有意与当地文化相联系，但问题是：该项目是否会被当地人接受[12]。在确定了OMA对此设计的设想后，笔者通过下面的访谈摘录，调查了建筑师如何与政策制定者和公众协商他们的设想。笔者强调了这一特殊的争议，因为市场直接体现了OMA对"拥堵文化"的想象以及不同社会群体之间的联系。

在2008年的建筑设计竞赛期间，占据台北表演艺术中心场地的临时夜市成为建筑师的灵感来源，因为它呈现了当地的文化生活。OMA向台北市市长重申了其设计目标，试图防止"夜市的绅士化"，这在当时得到了台北市政府和文化事务部的认同[②]。

在随后的一次会议中，台湾剧院"专家"质疑夜市的功能和必要性，并表达了人们可能将食物带入剧院的担忧。此外，台北文化事务部提出了一些反对OMA夜市设计的论据：该地点只是暂时划为夜市；北边新建的室内市场将遭受台北表演艺术中心所兼顾的"夜市"的

不公平竞争；管理市场的复杂性；动物和垃圾问题等[③]。台北文化事务部为此推荐了工艺品市场，而不是夜市。在随后几个月的讨论中，OMA试图保留夜市的设计，担心迎合游客和精英阶层需求而不符合当地人需求的工艺品市场会导致可怕的绅士化[④]。

设计团队关心如何节约成本以控制预算上限，并建议从设计中拆除市场的屋顶，然后设置底层作为摊贩建立摊位的临时或可移动的功能。尽管他们无法将夜市纳入实体建筑设计的一部分，OMA仍试图将夜市的元素纳入景观设计中，以期待夜市的回归[⑤]。然而，台北文化事务部仍然坚定反对夜市的立场："台北文化事务部已经决定该计划中不会有夜市。请不要再展示任何拼贴画或照片来说明有夜市的可能性。"[⑥]

建筑师对剧院与夜市共存的想象与台北对全球标志性项目的想象发生了冲突。虽然建筑师欣赏现有市场的乡土气息，但台北市政府却设想将拥有许多无证街头摊贩的士林市场区域正规化管理，以发展城市旅游[13]。因此，政府官员不能认可非法商贩，也不能容忍在其官方文件中提及街头摊贩。一位市政府工作人员回忆道："政府非常担心我们没有对国际项目产生'正确'的印象。他们不能接受人们不得不对夜市小贩毕恭毕敬。"

在卡斯特里迪司（Castoriadis）的框架内进行分析，上述叙述包含一系列相互冲突的激进想象，说明了政策制定者和建筑师如何设想通

---

① 即congested culture，是雷姆·库哈斯的原话，译为"拥堵文化"。
② 源自文化事务部和OMA 2009年09月18日的会议纪要。
③ 源自文化事务部和OMA 2009年10月06日的会议纪要。
④ 与库哈斯和OMA内部讨论的个人笔记。
⑤ 库哈斯于2010年04月05日的内部会议记录。
⑥ 源自文化事务部和OMA 2010年05月07日的会议纪要。

过新剧院来表达他们对夜市的不同解释[14]。然而，尽管OMA充当了当地文化生活的守护者，但摊贩们拒绝了夜市的设想，正如下一节所述。

13.4.3 本地民众

2008～2009年设计竞赛期间，由于似乎没有公众参与过程，因此无法找到对OMA关于夜市设计看法的书面记录。然而，公众以几种正式和非正式的方式参与了这一过程。例如，一位建筑师回忆说，士林地区的市场商贩曾非正式地与民政局就夜市发生了争论："使用临时市场的场地后将不得不搬到新地点的当地夜市摊贩听说台北表演艺术中心下将有另一个夜市后，本地夜市摊贩威胁要退出，因为他们担心竞争太激烈，因为台北表演艺术中心下的夜市更具可达性。政客们太担心（这些商贩）……并让OMA将台北表演艺术中心的夜市区移除。"

这个访谈摘录强调了两个有趣的发现。

首先，这是一个非常完美的例子来展示城市谈判中当地民众的隐含力量。台北不同的市场协会和区议员之间有着密切的联系。在这种情况下，由摊贩组成的游说团成功规避了台北表演艺术中心下设夜市功能的可能性。然而，由于此类抗议活动没有正式记录，这一事实表明夜市摊贩并未正式参与到决策过程中。

其次是对当地个别摊贩的运作明显缺乏了解[15]。在市政府和OMA的想象中，摊贩不被视为该地区的个体居民，而是被视为"标准机构"[16]，他们可以被简单地重新安置或替换，且造成的干扰最小。台北文化事务部在仍然支持夜市的情况下澄清说："虽然不可能让相同的租户回到现场，但他们将是同一类型的租户。"

本地摊贩不支持OMA在台北表演艺术中心下建立夜市的想法毫不奇怪；因为他们自己的生意很可能不会于台北表演艺术中心下的夜市进行，这会导致竞争的加剧。

对于台北表演艺术中心等这类全球性项目，在现场有限参与的情况下进行远程设计的情况并不少见[12]。该项目最初是一项开放且无偿的设计竞赛，因此前期没有足够的资金支持设计团队进行深入的场地研究，特别是在早期的设计和决策阶段。此外，市政府也没有促进或期望公众的参与[17]，这导致了设计团队对当地社区网络的抽象理解，甚至是对当地需求的误解或忽视。

此外，市政府始终表现出对当地居民参与的不感兴趣。另一个访谈摘录显示了士林区议员对剧院在夜市区并置的批评，虽然夜市里可以吃臭豆腐、喝奶茶，穿无袖上衣、沙滩短裤和人字拖，但市政府认为这些统统不能带入剧场。

虽然这个批评主要针对市政府将台北表演艺术中心选址于夜市区域，但它也显示了OMA所倡导的不同社会阶层之间偶然相遇的"拥堵文化"。从市政府的答复来看，显然他们不支持OMA的设想。虽然OMA不同意市政府的观点，但当时他们的主要目标是促进项目的启动。

在台北表演艺术中心开幕前不久，笔者进行了一系列采访，以了解当地民众的意见。大多数当地受访者对参观剧院没什么兴趣①。

这并不奇怪，因为对这座城市的想象中从

---

① 2022年1月对日间市场供应商的焦点小组访谈。

未包括士林人，只是将该地区称为旅游胜地。这座建筑同时体现了当地政府的野心以及当地人对这种野心的拒绝。建筑师虽然试图将公众纳入他们的叙述中，但却并不了解士林人的需求，因此无法代表他们进行适当的调解。

正如一位评论者所说，像台北表演艺术中心这样的文化设施旨在超越邻近的士林地区，为台北市乃至台湾地区提供服务。随着台北表演艺术中心接近完成，该项目在传统媒体和社交媒体上频频受到批评。然而，考虑到本章研究的范围是不可能对台北市或台湾地区广大公众的普遍看法进行全面分析的，因为本章研究的重点是OMA在精英文化与当地文化并置的谈判中所扮演的角色，因此本项目的当地立场被认为是本章最相关的。

13.5　总结：大隐于市的剧场机器

回看历史，剧场本来是属于民众参与的艺术空间，但是随着时代的发展，剧场变成少数精英人士的活动场所，使剧场在大多数人的日常生活中失去位置。近代的剧场设计多以"黑盒子"包起内部的功能，并运用传统守旧的管理方法。

围绕台北表演艺术中心的三种城市想象，在卡斯特里迪司的框架内[16]，想象是解释审美符号产生的基础，通过这些符号可以来理解世界。建筑，尤其是旗舰项目建筑，是将新兴的想象象征化、制度化为空间中存在的物理表现。此外，建筑不仅代表现有的城市想象，而且还可以构成新的、激进的想象[11]。因此，建筑是由权力结构产生的，但也生产了这些结构并使这些结构合法化[18]。

在最近的学术争论中，强者的想象常常被

放在显著的位置。笔者的这项研究结果表明建筑不应被解读为市政府单一的激进想象，而应是城市中不同利益相关者的一系列想象之间相互博弈、协商的结果。通过揭示建筑师参与的谈判过程（包括主动参与和被动参与），为旗舰项目建筑周围的城市进程提供了更细致的视角，并强调了建筑师在这一过程的结果中所扮演的角色的局限性。

笔者分析了三个主要的利益相关者对台北表演艺术中心的城市想象：首先，市政府设想建造一座高端标志性文化建筑，以帮助建立新的城市形象；其次，建筑师希望打造一个所有人都能接触到的公共文化标志；最后，本地民众的观点与该项目有些疏远，因此与城市和建筑师的想象发生了冲突。笔者关注了将当地夜市融入剧院设计的争议，并反映了利益相关者的不同立场。尽管如此，通过分析建筑师在公共空间方面的立场，我们可以得出一些结论。

考虑到OMA的形象，台北表演艺术中心下的夜市可以被理解为对自上而下实施的僵化现代主义社会乌托邦批评的回应。对于OMA来说，市场是创造城市"拥堵文化"的一个机会，让"所有阶层、所有国籍、当地人和游客"的不同城市用户有机会相遇[10]。此外，雷姆·库哈斯批评了建筑越来越多地由私人委托建造的趋势。对雷姆·库哈斯来说，台北表演艺术中心由公共部门投资兴建，是一个重新定义如何嵌入并融入当地日常生活的公共建筑的机会。这也强化了该项目对其位置的特殊性，即保持原本夜市的拥挤和草根性。

然而，建筑师的这种想象与城市的想象相冲突。台北市政府并不希望剧院代表夜市，也拒绝了OMA对夜市摊贩的描绘。OMA误解了市政府对该建筑的本地品牌意图。对于政府来说，公共建筑不仅是一种公共服务，它也是构建和确认其政治权力的一种方式[18]，甚至是地方的品牌战略[19]。在标志性建筑中嵌入公共性，令人感到随意亲切。

尽管如此，本地民众的意见从未被询问过。就像雷姆·库哈斯批评的现代主义建筑一样，这个项目是自上而下构思的，甚至是来自国外的。在这种情况下，正如许多其他标志性建筑的案例一样，公众没有参与决策过程。OMA在世界各地的办事处进行无偿投标的竞争体系不允许他们进行密集的实地调研工作或与当地人员的合作。这样不符合客户的利益，甚至可以说也不符合建筑师的利益，相反，对社区的想象进行了再解释，公众被简化为标准化的机构。

士林夜市商贩对于台北表演艺术中心的回应主要表现为对该建筑的批评或漠不关心，部分原因是对市政府不满的表达，部分原因则是该项目几乎没有给他们提供任何价值，他们也无视这座建筑。由于该建筑2022年才开放，本地民众的看法未来可能会发生变化。然而，就目前而言，对当地信息缺乏了解意味着该项目未能成功地按照建筑师的预期来承载公共生活。

在这个大背景下，OMA设计的台北表演艺术中心试图从剧院的建筑类型出发，通过布局的方式与悬空的空间，打造一个具有包容性的表演中心。OMA更是在传统与创新、精英与大众、艺术与平常这些矛盾中提出有创意的提案，希望能够大量吸引公众进入剧场，将剧场还给市民生活。相信台北市获得的不是一个张扬的地标作品，而是推动城市活力但大隐于市的剧场机器。

（本章描述的工作，部分获得香港特别行政区研究资助局支持，项目编号：CUHK 24611822）

■ 参考文献

[1] OMA. 台北表演艺术中心 中国台北[J]. 世界建筑导报，2022，37（3）：68-72.

[2] 关于北艺[EB/OL]. [2024-05-29]. https://tpac.org.taipei/about.

[3] LA VIE. 台北表演艺术中心参观回路免费开放！穿过建筑一窥神秘剧场后台[EB/OL].（2022-09-21）[2024-05-29]. https://www.wowlavie.com/article/ae2201492.

[4] MO Y C. Work begins on Koolhaas arts center in Shihlin area[N]. Taipei Times, 2012-02-17.

[5] KONG L. Cultural icons and urban development in Asia: economic imperative，national identity, and global city status[J]. Political Geography, 2007, 26: 383-404.

[6] SKLAIR L. The icon project: architecture, cities and capitalist globalization[M]. Oxford: Oxford University Press, 2017.

[7] SORKIN M. Brand aid[EB/OL]. [2024-05-29]. https://www.harvarddesignmagazine.org/articles/brand-aid/.

[8] JONES P. The sociology of architecture: constructing identities[M]. Liverpool: Liverpool University Press, 2011.

[9] TSENG D C. In my wrecked hut well content-notes on a decade of competition[J]. Syracuse Architecture, 2015.

[10] KOOLHAAS R. 'OMA*AMO; What can Architecture do?'[R]. Taipei: Architectural Institute of Taiwan, 2009.

[11] KAIKA M. Autistic architecture: the fall of the icon and the rise of the serial object of architecture[J]. Environment and Planning D-Society & Space. 2011, 29: 968-992.

[12] FAULCONBRIDGE J R. The regulation of design in global architecture firms: embedding and emplacing buildings[J]. Urban Studies, 2009, 46: 2537-2554.

[13] CHIU C. Rethinking decentralized managerialism in the Taipei Shilin Night Market[J]. Management Research and Practice, 2014, 6: 66-87.

[14] CASTORIADIS C. The imaginary institution of society[M], Cambridge, UK: Polity Press, 1987.

[15] CHIU C. Informal management, interactive performance: street vendors and police in a Taipei night market[J]. International Development Planning Review. 2013, 35: 335-352.

[16] IMRIE R. Architects' conceptions of the human body[J]. Environment and Planning D: Society and Space. 2003, 21: 47-65.

[17] GOUDSMIT. Global spectacle，situated images: the case of a cultural flagship building in Taipei [D]. Hong Kong: City University of Hong Kong, 2019.

[18]　MINKENBERG M. Power and architecture: the construction of capitals, the politics of space and the space of politics[M]. 1 ed. United States: Berghahn Books, 2014.

[19]　EVANS G. Hard-branding the cultural city: from Prado to Prada[J]. International journal of urban and regional research. 2003, 27: 417-440.

第14章

澳门的剧院建筑

■ 朱宏宇

在清光绪年以前，澳门一直是广东省香山县的一部分。从地理位置上看，澳门位于珠江三角洲最南端，即广州以南香山岛的一个小岛，后由西江堆积的泥沙与陆地之间冲积成的沙堤相连，逐渐形成一个面积狭小的陆连岛地区，包括澳门半岛及凼仔、路环两岛。其中澳门半岛三面环海，开埠初期，欧洲早期的旅行家将其描述为仅仅1里格①长、50步宽的面积[1]。在中国也是一个小的地域概念，仅指东、西望洋山之间，南北二湾相对的一个区间[2]。然而，正如清末商衍鎏之诗"两洋咫尺判东西，放眼环球九万通"所述，澳门这个小渔村，在16世纪中叶，随着葡萄牙人的到来开始进入了全球的视野，进而成为亚洲重要的国际化城市之一[3]。在三四百年前的地图上，如1607年拉丁文的亚洲图及1652年法文的中华帝国图，都可以见到"澳门"。

在鸦片战争之前，澳门是我国国内唯一允许西方人定居的半岛，也是西方人能近距离观察中国并与中国进行贸易的聚落，是中国古代

及近代最重要的中西文化交流的枢纽。其中，澳门历史城区保存了澳门400多年中西文化交流的历史精髓，见证了中国文化与西方文化的碰撞与对话。它是中国现存年代最远、规模最大、保存最完整和最集中，以西式建筑为主，中西式建筑互相辉映的历史城区；是西方宗教文化在中国和远东地区传播历史的重要见证；更是400多年来中西文化交流互补、多元共存的结晶。而在其中也诞生了澳门的第一座西式剧院——伯多禄五世剧院（Teatro de Pedro V），是澳门19世纪中叶建成的重要世俗性建筑之一。

14.1　伯多禄五世剧院

14.1.1　伯多禄五世剧院的区位与环境特征

伯多禄五世剧院，又名岗顶剧院、马蛟戏院、岗顶戏院，现为联合国教科文组织

---

① 里格为陆地及海洋古老的测量单位，相当于3英里（约4.8km）。

《世界遗产名录》"澳门历史城区"的重要历史建筑之一，是澳门表演艺术发展最悠久的见证物之一①，始建于1858年（咸丰八年）[4-6]，位于今岗顶前地（Largo de Sto. Agostinto）（图14.1）。

岗顶前地是澳门近代城市发展格局中葡萄牙人重要的核心区域之一，隶属于澳门城市最初的三大教区之一——风顺堂教区。风顺堂（又称圣老楞佐教堂，Igreja de S.Lourenço）和圣安东尼教堂（又称花王堂，Igreja de Santo António），是葡萄牙人在澳门最早的两个永久性用地。风顺堂始建于1558年，是澳门最早的三座教堂之一。葡萄牙人来到东方传教，以航海为主，船载茶叶、瓷器、檀香、丝绸等，牟取贸易利益。但因为海上风险不定，祈求航海平安成为他们重要的宗教活动。圣老楞佐是葡

萄牙人的航海守护神，选择位于可以看到南湾及外港的山上最合适不过。同时，由于葡萄牙人最初登陆澳门是在妈阁庙附近，这一带是中国人居住的地区，葡萄牙人可以在这里完成最初同中国人的贸易交往，因此在妈阁庙附近、靠近亚婆井前地一带，修建了风顺堂，并建立起最初的定居点[7-9]（图14.2中的C区）。因此，岗顶、泥流和妈阁三座山成为澳门最早的教区之一，即风顺堂教区。这里是澳门的胜景之一，三座山在大海的怀抱之中构成美丽的景观（图14.3）。

1586年，奥斯定会在位于风顺堂西北约235m、海拔约24.5m的高地上（历史上称之为磨盘山的地方）修建了圣奥斯定教堂及修道院（原恩宠圣母修道院，又称龙嵩庙、飞来寺），联系两座教堂的龙嵩正街是构成澳门城

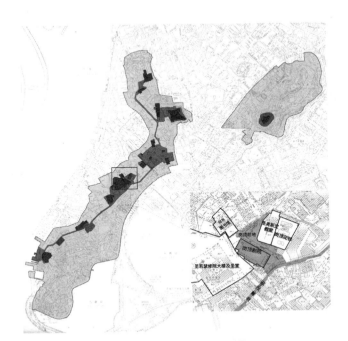

图14.1　澳门历史城区平面图与岗顶前地平面图
图片来源：澳门特别行政区政府文化局

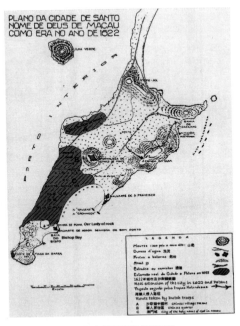

图14.2　澳门半岛地图/埃雷迪亚
（约1615~1622年）
图片来源：澳门港城古地图展

市最初模式的骨架——"直街"的重要组成部分。"直街"的理念来自《圣经》的记载，在葡萄牙的城市中，"直街"的走向左右了城市的基本空间布局和结构。这条街不一定是直的，但却是最为重要的街道。澳门"直接的范围可能是从现在的龙嵩正街开始，经过议事厅前地，穿过营地大街一带，至关前街及位于葡萄牙语称普拉亚佩克纳（Praia Pequena）一带的码头"[10]。16世纪中后叶修建的风顺堂和圣奥斯定教堂都是比较简陋的"草棚板屋之室"，历史上经过多次的重建，都是在19世纪中后叶［风顺堂1844年重建[11]（图14.4）、圣奥斯定教堂1875年重建］方才奠定现在之教堂

规模。从建设时间而言，它们与伯多禄五世剧院的建设时期都较为接近。从更大的城市区域范围来看，19世纪后半叶是澳门城市建筑发展的黄金时代，也是澳门由古代城镇模式转变为现代城市模式的重要阶段。1864年，《王国城镇修葺总规划》引申到澳门，规范了城市建筑的发展方向，如街道宽度及建筑物之间的比例等[11]。城市中的建筑物，无论是采用中式或西式风格，皆如雨后春笋般大量增加。这时期新建的建筑物，大多数原貌都能保留至今天（图14.5）。

伯多禄五世剧院西侧为澳门另一座著名的耶稣会修院与教堂，建筑群始建于1622年[12]。

图14.3　澳门城图（1637年），芒狄绘（图中23为圣奥斯定教堂，24为风顺堂）
图片来源：薛凤旋. 澳门五百年：一个特殊中国城市的兴起与发展［M］. 香港：三联书店（香港）有限公司，2012：38.

图14.4　风顺堂历史照片（约1869年）
图片来源：澳门档案馆

图14.5　澳门半岛鸟瞰图（1869年）
图片来源：薛凤旋. 澳门五百年：一个特殊中国城市的兴起与发展［M］. 香港：三联书店（香港）有限公司，2012：38.

1728年成立的圣若瑟修院及1758年建成的圣若瑟圣堂（Igreja e Seminário de S.José），是具有明显巴洛克建筑艺术特征的教堂[13]（图14.6）。南侧现为何东图书馆（Biblioteca Sir Robert Ho Tung），该建筑原为1855年建成的官也夫人（Carolina Antónia da Cunha）别墅，是一幢南欧式花园宅邸[14]。东侧为1918年落成的岗顶花邨（Vila Flôr），现为耶稣会会院。当时商业学校的校长阿尔杜·巴士度（Arthur António da Silva Basto）向澳门租用了面积达3557m²的土地，并由马修·利马（Mateus Antonio de Lima）工程师负责设计修

筑一座葡萄牙式的花园大宅（图14.7）。阿尔杜·巴士度病逝之后，耶稣会于1937年购入，将其改为耶稣会会院至今[15]。

从始于16世纪中叶风顺堂和圣奥斯定教堂的建立，到18世纪圣若瑟修院及其圣堂三大教堂的建设，再到19世纪中后叶伯多禄五世剧院、官也夫人别墅以及岗顶花邨等世俗性建筑的建设完成，岗顶前地成为澳门为数不多的集宗教、文化艺术和居住为一体的葡萄牙人的聚落中心（图14.8）。保持至今的圣若瑟修院及其圣堂、风顺堂、圣奥斯定教堂、伯多禄五世剧院、官也夫人别墅，以及岗顶花邨（20世纪

图14.6 圣若瑟圣堂历史照片（约1900年）
图片来源：澳门档案馆馆藏档案

图14.7 岗顶花邨历史照片（20世纪50年代）
图片来源：陈泽成，龙发枝. 澳门历史建筑备忘录1［M］.
澳门：遗产学会，2019：21.

图14.8 从风顺堂鸟瞰岗顶前地及其周边建筑群

初）都带有鲜明的、与欧洲大陆同步的时代特征。而在其中，伯多禄五世剧院是唯一在建设之初即作为公共建筑而建设的世俗性建筑，其建设年代在1857～1858年之间，与闻名遐迩的巴黎歌剧院几近同步。

18世纪是欧洲剧院建筑蓬勃发展的时期，这一时期的宫廷剧院包括具有巴洛克后期风格和洛可可风格的一些最精美的艺术作品。在18世纪下半叶，公共剧院开始成为一个广为流行的机构，登上了"开明的"形式的最高峰。由维克托·路易斯（Victor Louis）设计的法国波尔多大剧院（Bordeaux Theater）和法国喜剧院（Théâtre Français）代表了法国乃至欧洲剧院设计的极高水平[16]。1790年，英国建筑师乔治·桑德斯出版了最早的剧院设计指南《剧院论》（*A Treatise on Theatres*）[17]。彼时的欧洲，无论剧院建设的实践与理论，还是剧院的使用都已万事俱备。

14.1.2　伯多禄五世剧院的建设过程

戏剧、歌剧、音乐是启蒙时期欧洲大陆休闲娱乐活动的重要部分，因新兴的财富及共同繁荣而发展起来。从官方到民间，随着音乐和戏剧社会价值的增加，人们也意识到这些艺术的商业潜能。17世纪中期开始，欧洲大多数的城市甚至许多小型市镇都纷纷建造起公共剧院及歌剧院。音乐及戏剧在室内上演，需要更新、更大、更完备的功能和空间与之匹配，这促进了巴黎首批剧院的建设。18世纪，越来越多的剧院作品呼吁绚丽的舞台效果，包括快速变换的布景、穿越舞台的车辆和雷鸣般的掌声[17]。1792～1793年，葡萄牙人在里斯本的希亚多区建造了圣卡洛斯国立剧院（Teatro Nacional de São Carlos），是新古典主义风格在里斯本最面面俱到的代表作品，建筑师是

曾在博洛尼亚求学的若泽·达科斯塔·席尔瓦（José da Costa e Silva）。他依赖了意大利的范本，特别是米兰的斯卡拉歌剧院（Nuovo Regio Ducal Teatro alla Scala）和那不勒斯的圣卡洛剧院（Teatro di San Carlo）；1842～1846年，由福尔图纳托·洛迪（Fortunato Lourdes）建造的里斯本玛丽亚二世国家剧院（D. Maria II National Theatre）落成[18-19]。尽管在澳门本地的文献中并未提及，但是以葡萄牙人为主的欧洲各国人员的来访与人员流动势必带来文明的传播。

汤开建先生曾将澳门西洋歌舞戏剧的发展分为三个阶段[20]：一是早期16～17世纪，自耶稣会的西方歌舞戏剧传入澳门，西方宗教戏剧几乎垄断澳门所有舞台，辅以当地葡萄牙人的街道戏剧表演；二是在乾隆二十五年（1760年），清政府颁布澳门"住冬"政策，使澳门成为欧洲各国来华外商的居留地[21]，以英国人为首的大量欧洲人的到来，促进了西方歌舞戏剧在澳门的繁荣；三是鸦片战争后，英国人的撤离并没有降低澳门葡萄牙人及土生葡萄牙人对西方歌舞持续的热情。澳门最早的剧场都是临时找块地方搭个台子而成的，但至少在1851年以前，澳门已经有了剧院：施白蒂的《澳门编年史：十九世纪》称，"1851年10月8日，在原'音乐剧院'上演抒情剧"[5]，"1853年10月8日，喜剧《守财奴》和《窘迫的人》在澳门旧音乐堂上演"[5]。除此以外，20世纪50年代前的澳门剧院还应该有"葡英剧院"[22-23]。

1857年（清咸丰七年）3月7日，为了在澳门建造一个固定剧院，澳门市民中一些本地土绅及戏剧爱好者召开了会议，决定组织公司。该剧院不单专为爱好者举行音乐戏剧表演所用，亦可在合理情况下，作为到访澳门的

职业艺术工作者表演及会议中心或俱乐部之用，也可让会员能利用该地方作为阅读、娱乐及闲谈之所。会议推举费雷拉·门德斯（João Ferreira Mendes）上校、格尔马诺·马葵士（Pedro Germano Marques，又译彼得罗·吉玛努·马基士）[24]、索萨·阿尔文（Francisco Justiniano de Sousa Alvim）、科埃略·山度士（João Damasceno Coelho dos Santos）、贝尔南多·古拉尔特（José Bernardo Goularte）、若瑟·冯塞卡（José Maria da Fonseca）等人组成一个委员会，组织一次公共募捐，以集资兴建一所剧院[5,24]。

委员会最初的构想是将剧院建在圣拉法尔医院（白马行医院大楼内），但被否决。1857年3月下旬，委员会又向政府申请嘉思栏兵营附近的一块土地，也遭到政府的拒绝。政府批复的是圣多明我会修院旧址附近的土地，但委员会对该地并不满意，便再次向政府提出新的申请，终于在4月2日获得圣奥斯定教堂前的一处地皮。并于1858年3月在澳门、香港进行有关手续的签署，并发起筹款活动，一年之间便筹得捐款达2,000银元，遂开始了剧院的建设[5,24]。

1858年（清咸丰八年）3月，伯多禄五世剧院在岗顶前地建成。澳门的名医（高级解剖师）佩雷拉·克雷斯伯（António Luís Pereira Crespo）、格尔马诺·马葵士、索萨·阿尔文在剧院建设中作出了突出努力。剧院的设计、施工等均由澳门土生葡萄牙人格尔马诺·马葵士主持。格尔马诺·马葵士是澳门土生马葵士家族第四代，长期在澳门政府任职，在议事公局做文书达五十年，喜爱音乐、美术及欧洲文学。他本人既不是建筑设计师，亦非工程师，但他却以非凡的想象力和艺术造诣设计并领导了伯多禄五世剧院工程。据称，剧院落成

后，澳门土生人为了表彰格尔马诺·马葵士主持剧院设计的功绩，提出以他的名字命名此剧院，但遭到当时澳门权贵的反对，因为格尔马诺·马葵士不过是一名普通公务员，于是遂以当时在位的葡萄牙国王之名命名——伯多禄五世剧院[4,5,24,25]。

剧院建成后，即成为澳门上演话剧、音乐会、歌剧的首选场地。但剧院的演奏者们或出于传统，或出于怀旧，或为吸引听众考虑，仍会在街头空地、花园等场所上演一些民众喜闻乐见的节目[4]。

1867年10月1日，澳门遭遇飓风袭击，受损严重，南湾一带的大树被刮倒，城墙被毁，各处炮台以及一些公共建筑物，如圣奥斯定教堂、伯多禄五世剧院等均受到损坏[4]。1873年9月30日，修缮后的伯多禄五世剧院重新开放。这次重修主要是增建了由塞尔卡尔男爵小梅洛先生（Anónio Alexandrino de Melo'Cercal）设计的剧院前壁。塞尔卡尔男爵小梅洛先生是澳门富商、大物业主及著名建筑师，为澳门土生梅洛家族的第四代，早年在瑞士的耶稣会学校读书，后又分别在法国和罗马学习绘画和制图，返回澳门后，主要从事工程设计。他在澳门设计的建筑包括澳督府、圣珊泽宫、伯仁爵综合医院、圣味基坟场及教堂、摩尔人兵营、陆军俱乐部以及伯多禄五世剧院的重建。他极具语言天赋，除中文外，他还精通法文、英文、意大利文和西班牙文。1863年9月10日，他被授予第二世塞尔卡尔男爵头衔，1867年2月13日被授予王室贵族头衔；曾经担任意大利、巴西、比利时驻澳门领事及法国驻澳门副领事，还曾任澳门政府委员会委员、地区代理法官、公共工程技术委员会委员、仁慈堂主席和陆军中校[26]。

重建之后的伯多禄五世剧院协会领导集团

遂由塞尔卡尔男爵小梅洛先生、若奥·斯卡尼西亚（João Eduardo Scarnichia）、特谢拉·吉马良斯（José Maria Teixeira Guimarães）、卡洛斯·罗查（Carlos Vicente da Rocha）、内维斯·苏萨（Joaquim das Neves e Sousa）五人组成，他们支付4,000澳元以承担此次重建工作。之后的《澳门及东帝汶宪报》（A Gazeta de Macau e Timor）刊登了关于伯多禄五世剧院的一段消息：经完全重修的剧院更显典雅，这项工程得以完成，借由当时辛勤工作的委员会成员之功劳，在他们的努力下，终于能草拟一份合理、适用而适宜的章程[24]。1879年8月28日，澳门政府颁布第99号训令，批准《澳门俱乐部（Club de Macau）章程》，该俱乐部设于伯多禄五世剧院内[4]。

在1917年1月19日，大西洋海外汇理银行以年利7厘借予伯多禄五世剧院1,000元澳门币；同年6月20日，澳门教育促进会以年利7厘计算借该院1,000澳元，作为支付露天广场围

墙的建设费。该墙基最高为2.5m，而最矮为1.5m[24]；1918年，剧院门面重修，由当时的若瑟·方济各·施利华建筑师负责，保留了原来的设计风格[27]。

1936年4月13日，澳门俱乐部主席恩里克·诺拉斯科·席尔瓦（Henrique Nolasco da Silva）建议剧院业权人多建一个大厅、一间酒吧、一间餐厅及一个屋顶花园，建筑商人冯权（Fong-iong）预以7,200澳元造价进行该项工程。各业权人同意支付4,000元，而余款则由俱乐部负责[24]。1989年，剧院再次重修，1993年10月重新开放[27]。

通过对比香港大学建筑系绘制的伯多禄五世剧院（20世纪50年代）的实测图、《澳门历史城区建筑测绘图集》中剧院的实测图，以及现场的踏勘，可以推测出这期间重修建筑的外立面变化不大，应以原样修缮为主（图14.9）；建筑的平面除了观众席与舞台之间增加了下层的乐池以外，基本没有变化

图14.9　伯多禄五世剧院立面对比图：上图为20世纪50年代测绘图；下图为2010年出版测绘图
图片来源：WONG S K. Macao architecture an integrate of Chinese and Portuguese influences[J]. Review of Culture, 1998(36/37): 263-328.（上）；澳门特别行政区政府文化局（下）

（图14.10）。变化最大的是屋顶桁架的结构部
分完全更换，原应为木桁架，更换之后为金属
桁架（图14.11）。

刘先觉、陈泽成先生编著的《澳门建筑
文化遗产》一书中，又出现了另外一张剧院的
平面图（图14.10下图），其中反映出建筑的门
厅、前厅和观众厅基本没有变化，但是两侧以
及舞台后方都有所改变，比较明显的是侧立面
的入口从中央调整到右侧一券洞；在后台用房
之后进一步增加了辅助性的功能用房，取消了
院落空间（后经请教，该图纸应为未实施过的
一套设计图纸）。

14.1.3　伯多禄五世剧院的建筑特征与形制考源

特别需要说明的是，尽管通过编年史的
考据可以比较清楚地梳理出伯多禄五世剧院的
建设过程，但是迄今为止尚未找到彼时的建筑
设计图纸、图画、历史照片，以及具体的文字
性描述等相关历史信息。因此，本章对建筑特
征的辨识与剖析是基于建筑现状的各项物理
特征。

剧院建筑主体长41.5m、宽22m。由于受
到用地条件和周边既有建筑物的影响，剧院的
长轴只能沿着东南—西北向布置。因此，面向
岗顶前地的是剧院的侧立面，而非主入口空
间。剧院主入口面向东南的戏院斜巷，为了

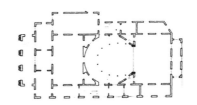

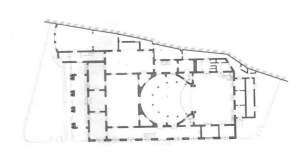

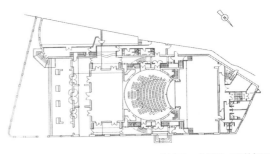

图14.10　伯多禄五世剧院平面对比图：上图为20世纪50年代测绘图；中图为2010年出版测绘图；下图为《澳门建筑文化遗产》中平面图

图片来源：WONG S K. Macao architecture an integrate of Chinese and Portuguese influences[J]. Review of Culture, 1998(36/37): 263-328.（上）；澳门特别行政区政府文化局（中）；刘先觉，陈泽成. 澳门建筑文化遗产[M]. 南京：东南大学出版社，2005：175.（下）

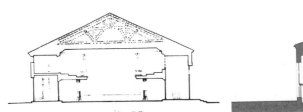

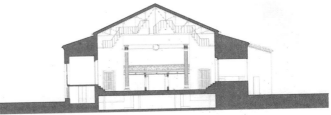

图14.11　伯多禄五世剧院剖面对比图：上图为20世纪50年代测绘图；下图为2010年出版测绘图

图片来源：WONG S K. Macao architecture an integrate of Chinese and Portuguese influences[J]. Review of Culture, 1998(36/37): 263-328.（左）；澳门特别行政区政府文化局（右）

化解剧院与陡峭的戏院斜巷之间的高差（最大处约6m），主入口前设置了近梯形的院落空间，院内有一棵1887年种植的大榕树[5]，与入口门廊相映成趣（图14.12）。主入口由一个三开间的入口门廊组成，经门廊进入门厅后就是一个宽敞的无柱前厅，前厅宽约14.6m，深约9m，长宽比接近黄金分割比，厅内高垂的古老水晶吊灯增添了神奇又浓厚的艺术气氛。观众厅近圆形，观众席呈蚬壳形排列，共设置有276个座位，舒适又宽敞，二楼设置月牙形的观众席，观众席与舞台之间设置下层的乐池。舞台部分台口宽约7m（约合观众厅宽度的1/2），舞台含侧台部分总宽度约14.6m，满足侧台组织表演候场和布景更换等需求；舞台纵深约11.4m，满足多层幕布的布置需求，舞台三周均有面向后台各类辅助用房的出入口，便于演出的需求；舞台后设置后台相关的附属用房。建筑主体空间由入口门廊—门厅—前厅—观众厅—乐池—舞台—后台作纵向布局（图14.13）。

通过对比伯多禄五世剧院建造之前欧洲诸多剧院的平面布局，不难发现，伯多禄五世剧院的平面设计与欧洲既有剧院建筑的布局方式近似，具备了完善的"入口门廊—门厅—前厅—观众厅—乐池—舞台—后台"纵向布局的功能空间秩序，同时这一系列平面空间具有严谨的模数关系。伯多禄五世剧院的建设时期正值欧洲建筑发展的新古典主义时期，虽然时值19世纪，西方社会早已经历过工业革命，一系列新材料、新技术的出现已经带来了诸如伦敦世博会上"水晶宫"等新建筑的出现，但是古典建筑的生命力仍然旺盛，其中能够让其保持强大生命力和持续稳定性的即是对客观美的追求，而其中，"比例"是最重要的控制性因素。伯多禄五世剧院的新古典主义风格不仅体现在

图14.12　伯多禄五世剧院现场照片

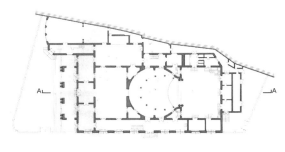

图14.13　伯多禄五世剧院平面图、A-A剖面图
图片来源：澳门特别行政区政府文化局

给人直接视觉感受的立面设计上，而且通过对沿中轴纵向布局的主体功能空间的尺度分析，其平面空间的构成同样具有清晰的模数和法线关系（图14.14）——其中观众厅和舞台空间是由两个"圆"交错构成的；以圆的直径为模数1，前厅空间呈长方形布局，其宽长比为0.616（9m/14.6m），接近黄金分割比；入口门厅中央部分宽度约为模数1的2/5，同样成黄金分割比例，深度为模数1的0.247；入口门廊由柱廊分割为三等分的空间，每部分的宽长比也同样成黄金分割比。

伯多禄五世剧院所采用的圆形观众厅与欧洲众多剧院采用的马蹄和圆形一脉相承，尤其采用圆形更接近"圆形神庙"的理念[16]。剧院最初的设计者格尔马诺·马葵士并不是建筑

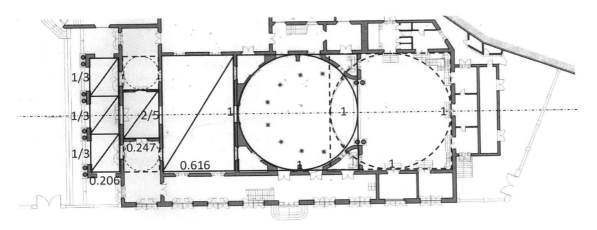

图14.14　剧院平面空间尺度与几何关系分析
图片来源：笔者自绘，底图来自澳门特别行政区政府文化局

设计师或工程师，我们无法判定他是否了解当时欧洲既有的专业技术知识，但无论是出于偶然还是上述剧院所采用的圆形平面，在当时都获得了巨大的成功。同时也暗示了在这一时期，澳门的国际化程度已经使其掌握了欧洲成熟剧院的基本空间构成，以及观众厅形式的蓝本取决于已在意大利、法国、英国，进而在葡萄牙里斯本（圣卡洛斯剧院）经过检验的视线和声学要求。

除此之外，要特别指出的是剧院中前厅空间在当时卓越的先进性，除了波尔多大剧院以外，在法国18世纪建造的大部分剧院建筑中并没有宽敞的前厅空间。直至19世纪60年代以后，在晚于伯多禄五世剧院建设的巴黎沙特莱剧院以及著名的巴黎歌剧院，前厅才成为歌剧院中不可或缺的重要空间，它一方面代表了剧院建筑中"社交"功能的进一步提升以及重要性，另一方面强化了剧院"体现人类最原始的本能，在节庆时围着营火，交流思想、见解和梦想，相互倾听并彼此欣赏。这种演出并不仅局限于舞台上，戏剧活动包含所有的际遇和行为，观众本身就是演员"[18]。简而言之，这个前厅就是每个观众的"舞台"。伯多禄五世

剧院落成后，便举办了一场载入编年史的活动——"1865年2月4日，澳门定居的英国人卡罗尔（R. Carroll）在伯多禄五世剧院举办了一场规模空前的盛大舞会，并备有丰富精美的晚餐。大约50名淑女、200名骑士到场献舞"[4]。

除了前厅空间，伯多禄五世剧院的其他配套附属设施也很完善。在前厅与观众厅的右侧有一个约3m宽、26m长的休息长廊，廊侧有拱券落地大窗；左侧布置有酒吧和餐厅，其后的不规则空间可作为其辅助性用房，非常合理。不仅从一个侧面反映了当时葡萄牙人的生活方式，这也是其功能至今还在延续使用、为澳门文化艺术活动提供一个优雅而极具特色的表演场地的原因吧。

剧院由于其特殊的地理位置，因此只有两个主要的建筑立面：一个是1873年增建的由塞尔卡尔男爵小梅洛先生设计的剧院主入口门廊；另一个是面向岗顶前地展开的侧立面。两者之间的建设时间间隔有15年之久，其设计者及其建筑专业背景也不同，因此，两个立面宏观上的处理手法不同，但又通过拱券、色彩、线脚等语言统一为一个整体，丝毫没有突兀之感，展现出很高的建筑艺术水平（图14.15）。

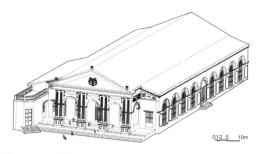

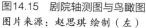

图14.15　剧院轴测图与鸟瞰图
图片来源：赵思琪 绘制（左）

1873年建成的主入口门廊具有鲜明的文艺复兴晚期建筑大师帕拉第奥开创的建筑语言与手法主义相结合的艺术特征，是将希腊式门廊、罗马式拱券以及文艺复兴手法主义相结合的一次探索和尝试。山花及立柱装饰简约古朴，凸显建筑的雄伟、挺拔。所谓希腊式门廊是由古典柱式的柱廊和三角形山花两部分组成，用于古希腊和古罗马时期神庙建筑的入口空间。首先将希腊式门廊拉下神坛的是帕拉第奥，这是对文艺复兴人文主义最好的响应。在他设计的多个乡间别墅中主入口都采用了希腊式门廊，如著名的圆厅别墅。拱券，是古罗马在西欧开创的结构形式。古希腊的古典柱式系统，在古罗马时期继承并发展，并创造性地与拱券结构相结合，发展出了券柱式。但是，在古罗马时期并没有出现过券柱式与三角形山花相结合的做法，如罗马大角斗场和凯旋门等建筑。同样，也是帕拉第奥首先作了有益的尝试。他在1542年建成的位于维琴察贝亚德西亚（Bertesina，Vicenza）的加佐第别墅（Villa Gazzotti）的入口门廊中，首次将希腊式门廊与罗马券柱式融合为一体，建立了一种新的古典建筑语言[28]。其后，17世纪法国古典主义的代表人物弗朗索瓦·布隆代尔（François Blondel）在其出版的《建筑学教程》（Cours Darchitecture）中也有所表述[29]。以上内容应该在"塞尔卡尔男爵小梅洛先生于19世纪中叶在法国和罗马学习绘画和制图"中有所涉猎。

伯多禄五世剧院的入口门廊在总体关系上与加佐第别墅相似，不同的是其采用了双爱奥尼柱式的组合方式，赋予建筑更强的动态感，这是文艺复兴时期手法主义采用的建筑语言。

柱式采用双爱奥尼柱式，柱径与柱身高度的比例约为1：10（从古罗马开始，古典柱式中爱奥尼柱式的柱径与柱身高度的比例一般应为1：9），略显纤细。柱础，柱身的凹槽、收分和卷杀，柱头的涡卷，以及盾形装饰样式均较为规范。柱式檐部的额枋和檐壁做法不规范，处理过于简单。山花的中央有宝瓶，周边环以植物枝叶的纹样装饰。

现有的侧立面呈对称式布局（图14.16），为等分的九开间连续拱券落地窗（门）构成，是文艺复兴之后欧洲常见的民用建筑（非重要建筑的）的立面处理手法。其中，中央拱券设置为门，两侧各为四扇落地券窗。券窗间无古典柱式，券脚处有突出的线脚，以及窗间墙上四角内凹有长方形线脚装饰，加强了立面的韵律感和结构感。每个券窗上方有半圆形拱券（中央有拱心石样式）的窗楣装饰，窗分为上下两部分，其中上部为半圆形玻璃窗，窗肋由

图14.16 剧院的侧（东北）立面图
图片来源：澳门特别行政区政府文化局

中心向外呈发散式；下部为双层窗，外部为木制百叶窗，内部为玻璃窗，是澳门地区应对炎热气候有效组织通风和遮阳的通用做法，比较多见。中央的门采用了新艺术运动常用的植物卷曲纹样铁艺手法（应该是后期改建所采用的门的方式）。檐部与坡屋顶相交处，有突出的多层西式线脚作为檐部，因而没有中式的瓦当收口，为西式屋面的做法。

从现状来看，无论是正立面还是侧立面，均以大面积的粉绿色涂料墙面为主，辅以白色的装饰线脚和图案装饰，使其浑然一体，辅以红色的瓦屋面。但从笔者偶然所得的照片来看，历史上剧院外立面的色彩至少曾经是具有较强的葡萄牙建筑特征的黄色，具体何时因何原因开始采用现存的粉绿色还尚未可考，需作进一步的研究。

20世纪50年代，香港大学建筑系对伯多禄五世剧院进行了测绘，从测绘图中可以看出，剧院的屋顶结构为木制三角桁架结构，跨度约为14.6m。与1844年重建的圣老楞佐教堂（跨度约14.8m）和1875年重建的圣奥斯定教堂（跨度约15m）基本一致，说明当时澳门处理和建造这一跨度所采用的桁架结构体系技术是比较成熟的。笔者请结构工程师对当时木桁架的形式进行了初步的评价（图14.17）：①荷载主要通过桁架最外面的三角形的边杆件传递拉力、压力；②桁架内部杆件布置不连续、不相交，相对而言所承担的内力比例较小，工作效率不高；③桁架布置不连续汇交，部分杆件存在较大的弯矩，桁架从理想的受轴向力为主

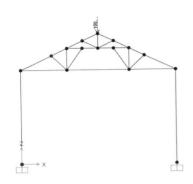

①载入示意图
（屋架中部加集中力100kN）

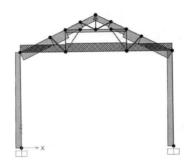

②杆件轴力示意
（其中▨代表压力、▧代表拉力，色带的宽度代表力的大小）

③杆件弯矩示意图
（其中▨代表压力、▧代表拉力，色带的宽度代表力的大小）

图14.17 木桁架结构受力分析图
图片来源：吴兵 提供

的结构体系变成了部分构件受弯为主的结构体系，不甚合理。据此，我们可以一窥当时澳门的结构技术更多的是出于对传统木桁架形式的转译，而非已经开始进入欧洲的静力学体系。

从现场的观测以及最新的测绘图可以看出，目前剧院的屋顶采用的是锻铁的三角形普拉特桁架（Triangular Pratt truss）[30]。舞台部分的上方需要安装马道以及幕布等所需的必要设计，舞台前部上方采用吊顶或拱腹作为回响板，并在乐池上方采用吊顶，从而将声音从舞台推向整个观众厅。可以看到桁架中央部分的两根斜压杆上方都增加了拉杆，结构清晰合理，应为1989~1993年重新修缮时作出的改变。

值得注意的是，1755年里斯本大地震后随之而来的火灾和海啸几乎将整个里斯本付之一炬。1758年，耶稣会在澳门建造的圣若瑟圣堂首次在澳门本土采用砖石建造穹顶

（图14.18），这在远东地区都是罕见的，除了穹顶在教堂形制上的要求，是否也有对火灾防范的考虑？随着18世纪末到19世纪锻铁桁架在欧洲的普及，又因"几次火灾使澳门遭到更加严重的毁坏：女修道院圣嘉辣教堂的火灾、1825年圣保禄教堂的火灾、1834年烧毁几片中国人街区的火灾。1835年，又一场大火烧毁了圣保禄教堂，只剩下现在作为本市标志的教堂前壁"[11]。对比同时期可以看到，法国的沙特尔大教堂和圣但尼修道院分别在1837年和1843~1845年建造了铸铁桁架，替代了原来的木屋架[17]。鸦片战争后，澳门的管治权逐渐为葡萄牙人所掌握，对灾害危机的应急管理成为城市管理的一个重要方面，而近代澳门城市灾害危机以风灾和火灾最具杀伤力和破坏力[31]。但从伯多禄五世剧院初建，到1867年遭遇飓风袭击损毁后的重建，直至20世纪50年代香港大学建筑系现场实测的情况来看，至20世纪50年代之前，伯多禄五世剧院的屋顶结构

图14.18　圣若瑟圣堂室内穹顶
图片来源：澳门档案馆馆藏档案

是三角形木桁架，这应与当时澳门本地的营造技艺和建造实际情况密不可分；还有一种可能是塞尔卡尔男爵小梅洛先生于19世纪中叶在法国和罗马学习绘画和制图的过程中，侧重的是对欧洲古典建筑的学习，而对当时工程学的成果并未掌握，或者新技术在当时的澳门难以落地。

伯多禄五世剧院是澳门地区，也是中国第一座西式剧院，而其建成也标志着澳门社会经济在经历了一段长时间的萧条后开始复苏，市民对生活质量有了更高的追求。这座以葡萄牙人使用为主的世俗建筑进一步见证了澳门是近代西方文化东渐的桥头堡：从建筑的平面布局到剧院空间，从外立面的构成与建筑语言，都与当时欧洲剧院建筑的建设发展，以及西方古典建筑的发展之间几乎同步，语言纯粹、秩序井然、技术先进，具有鲜明的时代特征，代表了当时通过人的流动和交流，以葡萄牙为代表的欧洲戏剧文化以及建筑艺术和技术在澳门形成的认知，在多重维度上持续不断地互惠交流，也代表了因此产生的文化在时间和空间上的相互滋养，以及由此而形成的物质和非物质文化遗产。

14.2 澳门文化中心

澳门长期共存和具有自身动力的多元文化，在历史上保持着独特性和自身风格习惯的同时，也给澳门带来了独一无二的文化生活。世纪之交，澳门回归祖国，迈入了新的历史发展时期。1999年3月，在澳门半岛新填海区及外港区建设完成了一座国际级文化殿堂——澳门文化中心（图14.19），其在城市规划、建筑形象以及功能设施方面都反映出政治和文化的双重意义。澳门文化中心的建造"源于一个政治决定，是为实现过渡期重大战略目标而实施的系列计划和项目之一"[32]，同时也是自贾梅士博物馆（现东方基金会花园）关闭以来，澳门市民期盼已久的文化事业项目。建成之后

图14.19 澳门文化中心鸟瞰图（1999年）
图片来源：GABINETE DO CENTRO CULTURAL DE MACAU. Centro Cultural de Macau: uma realidade técnica dirigida à cultura: aspectos técnicos e de gestão da execução do empreendimento[M]. Macau: Gabinete do Centro Cultural de Macau, 1999.

的澳门文化中心经常举行大型的展览、会议和演出。2023年7月，澳门文化中心的扩建工程——黑盒剧场开幕，进一步扩展了澳门文化中心的表演空间。

14.2.1　序幕

　　澳门文化中心的选址位于澳门半岛新填海区及外港区孙逸仙大马路的西北地块。该区域的发展源于20世纪80年代。为了创造新的城市扩展区并试图重组澳门半岛的城市结构，政府当局在1982～1983年为城市发展研究展开了一系列公开竞赛。对于外港新填海区，政府当局选择了由港务集团（P&T集团）领导，欧瑞管理顾问有限公司、曼斯菲尔德公司、德勤·哈

金斯和塞尔公司组成的技术顾问小组。建筑师则是来自葡萄牙的阿尔瓦罗·西扎（Alvaro Joaquim de Melo Siza Viena）和费尔南多·塔沃拉（Fernando Tavora）。最初计划于1984年完成。所有随后的计划修订都是港务集团与建筑师阿尔瓦罗·西扎和费尔南多·塔沃拉合作完成的（图14.20）[33]。经过长时间的研究，规划在"大原则明确，几何结构严谨"的原则下，提出了土地用途的高度灵活性、明确的发展步骤以及实际可行性。1991年4月18日，澳门政府第68/91/M号训令核准的《外港新填海区都市规划章程》明确了以下内容：144m×72m城市网格、道路网络的层次安排、城市街区各地块的覆盖率和容积率比率，控制

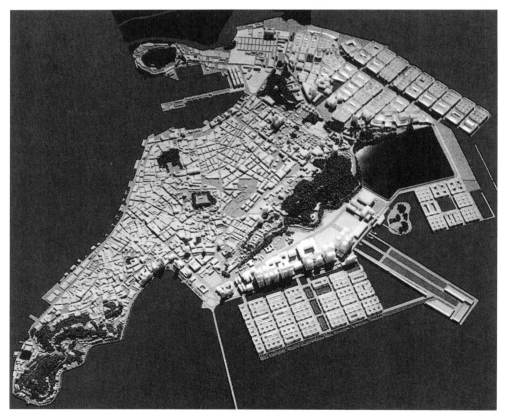

图14.20　阿尔瓦罗·西扎规划方案模型的鸟瞰图（1984年）
图片来源：PRESCOTT, JOHN A. *Macaensis momentum: a fragment of architecture: a moment in the history of the development of Macau*[M]. Macau: Hewell Publications, 1993: 52.

建筑高度和边界，以确保开放空间和建筑体积之间的协调一致和视觉统一；提出了将填海区域与半岛物理分离的建议，以促进扩展区质量，并创建一些公共开放区域，通过它们的数量和多样性特征，赋予该计划基本的公民和谐维度[33]，如位于中央区域南北展开的宋玉生公园、澳门文化中心的选址则是填海区东部城市公园用地的南端①。

　　澳门文化中心的占地面积约15,000m²，选址之初，用地北面为规划中的城市公园和东方酒店，东面靠近港澳码头水域以及立交桥（现为孙逸仙大马路），南面、西面为新建马路（现分别为孙逸仙大马路和冼星海大马路）和规划建筑高度为80m的方格网街区。1994年，澳门举行国际设计竞赛，项目的投标分两阶段进行：甄选及最后竞投。第二阶段的投标规程为预审工作，该程序是由作为策划机关的土地工务运输司（DSSOPT）所负责。第二阶段是以第一阶段的设计内容为基础，如就有关的投标活动而提出建议，以及与工程有更直接关系的机关的更详细分析[32]。经过甄选，最终确定O.BS建筑师事务所（O.BS architects）的方案成为实施方案。毫无疑问，这个方案对城市环境、功能需求、建筑的标志性以及气候条件等因素都作出了综合的考虑和响应，其设计的维度超越了一个建筑单体的设计，是与周边环境紧密融合的一次城市设计。

14.2.2　城市舞台

　　建筑师敏锐地感受到基地周边的海湾（自然环境）、方盒子的建筑群像、规划中的公园，以及直至远处的东望洋山带给基地的独特环境

特质，结合澳门文化中心博物馆和会议功能两大功能需求，将其分而治之，在两个功能建筑之间置入了一个"城市客厅"：一个位于二层、高于城市道路的露天广场，南边连通海面和城市公园（图14.21）。广场面海一侧为了与自然对话，设置了一个缓缓向下倾斜的流水坡面，将人们的视线延伸向海面，潺潺流水既充满生机又波澜不惊，同时也回避了孙逸仙大马路的喧嚣；广场的端头延伸出一个跨越孙逸仙大马路的天桥，一直到达海边，终结在一片高墙之中，让人们可以在高处凭栏观海（图14.22）。向北，露天广场与城市公园之间通过宽阔的大台阶连成一个整体（图14.23）；城市中的人们，可以从公园通过庄重的大台阶，或从面向大海的一侧通过高架人行道和坡道，或从面向街道的一侧通过主入口楼梯到达这里，展开各种各样的活动，露天广场是市民的舞台、文化的展场；随着城市的发展和周边环境的不断变化，这个露天广场的作用愈加突出：随着2004年底澳门回归贺礼陈列馆的建设完成，城市公园与露天广场之间的轴线关系得到进一步强化。向

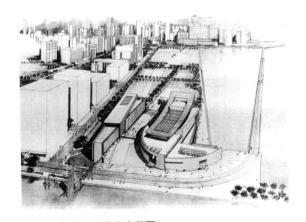

图14.21　澳门文化中心草图

（a）从露天广场看天桥　　　（b）从西侧入口广场看天桥　　　（c）天桥终于海中的高墙

图14.22　天桥（1999年）

图片来源：《澳门文化中心图则》

图14.23　建筑北侧照片

南，露天广场与南侧海边2009年底建设完成的澳门科学馆之间形成视觉通廊，跨越孙逸仙大马路的天桥为两个重要文化设施提供了平滑、顺畅的便捷联系，露天广场成为更大区域范围内多个城市文化设施的中心所在（图14.24）。

会议大楼和博物馆大楼在地下室和地面层是一个整体，广场之上则鲜明地分为两个建筑。建筑师通过分离并采用不同的建筑体量，创造出一种象征澳门两种文化的二元性。两栋建筑都有明显的轴线关系，其中沿线性展开的长约120m的博物馆大楼，与冼星海大马路以及外港新填海区的方格网平行布置。东侧的会议大楼则平行于现东侧的孙逸仙大马路（当时还是水上的立交桥）布置，因此其长轴相对

于博物馆作了一个10°的扭转偏移。这种几何关系赋予整个设计一种新的动态构图，产生了更复杂、更有趣的形态和空间，与场所的几何关系直接相关，并以半圆形的外轮廓面向南面和东面展开，形成较为完整的城市接口（图14.25）。两条轴线之间的关系，也让中间的露天广场呈梯形，聚焦于近处的海湾，开敞于远处的东望洋山，在更大的尺度上实现城市空间的完整性。很遗憾的是，由于后期城市建设的发展，澳门文化中心与远处东望洋山的视线几乎完全被遮蔽掉了。

14.2.3　文化综合体

设计方案通过分离博物馆和剧院，创造不同的建筑元素和空间布局，强调其文化特性。西面的博物馆平行街道布置，构成澳门文化中心面向街道的主要入口。人们可以顺着楼梯和自动扶梯到达露天广场。街道、广场、中庭之间处于不同高度，一方面是为了将中心的公共区域置于街道和平行交通活动流线之上，以便有最好的视野俯瞰海面和花园；另一方面是为了防止两个地下室的建设使工程过于昂贵。功能布局清晰：地面层作为储存区、工作车间和商店；一层（位于广场的标高）作为接待区、博物馆商店、咖啡店和露台；二层为临时展览

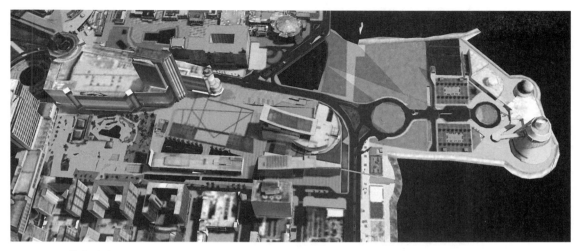

图14.24　三维鸟瞰地图

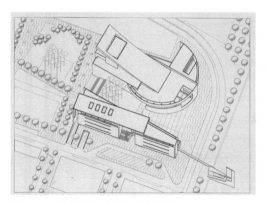

图14.25　澳门文化中心方案的轴测图
图片来源：ANTÓNIO B S, IRENE Ó. Centro
Cultural de Macau[M]. Macau: Centro Cultural de
Macau, 2000: 11.

图14.26　建筑北侧照片

区；三层的部分区域为卡门斯博物馆预留；四层的部分区域为城市博物馆预留。展览部分的北面设置了贯穿5层的通高空间，缓缓的坡道穿插其间，形成强烈的视觉感受（图14.26）。

　　会议大楼主要包括大、小两个会议厅及其附属建筑。观众可以通过位于二层的露天广场进入两层通高的中央大厅，大、小两个会议厅分别位于大厅的南、北两侧，均采用对称式布局，其中心线位于同一垂直于大厅的轴线，这样的布局方式显然对结构设计是一种非常科学、合理的选择（图14.27）。大、小会议厅与

门厅上部有一个80m×30m的立体钢结构翼形斜屋顶，它是大礼堂舞台格子顶棚的托架，更是澳门文化中心的标志——一个巨大的、富有表现力的、由不同厚度的弯曲板组成的钢屋顶，它向河流倾斜，部分覆盖了建筑。这个舒展而又轻盈的巨大屋顶，好似书法在空中划过的诗意一笔，在填海区巨大的方盒子体量中脱颖而出，形成了独特的文化气质（图14.28）。更为巧妙的是，这个巨大的屋顶和半圆形外墙减少了可能来自风、海浪、雨等自然产生的声音，以及周围交通产生的噪声，反之，澳门文

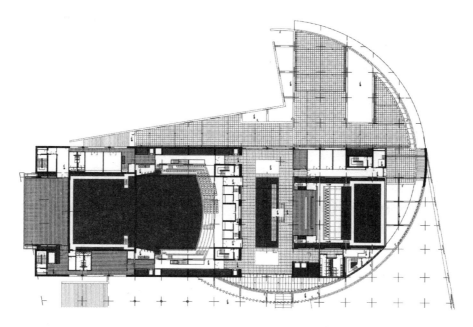

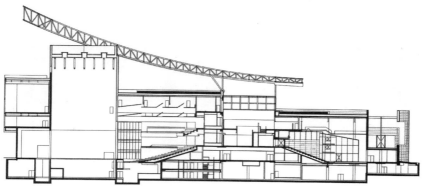

图14.27　会议大楼平面图（上）、剖面图（下）
图片来源：ANTÓNIO B S, IRENE Ó. Centro Cultural de Macau[M]. Macau: Centro Cultural de Macau, 2000: 11.

图14.28　翼形斜屋顶
图片来源：O.BS建筑师事务所

化中心的设备也是一个噪声源，需要降低，以免干扰邻近的建筑物和公园。

　　大礼堂是一个兼顾歌剧、音乐会、芭蕾舞、会议、戏剧等多种用途的空间。大会议厅包括会议与演出的双重功能，长60m（观众厅和舞台各占30m）、宽40m。其中观众厅的长度约为30m、宽度40m，设有主观众席区、侧观众席区以及上层楼座区，共1,223个座位（图14.29）。其中主观众席区设于建筑的一、二层标高之间，其主入口由位于露台广场标高的大厅进入，大厅中也有通往上层楼座区观众席的楼梯。主观众席区与舞台之间设有乐池。乐池设有与舞台保持同一水平的活动平板，在不需要乐队演出的情况下，可以作为扩大观众席之用，因此，在主观众席底下乐池的滑动平台上设有两排补充座位，便于在会议以及各类演出之间进行灵活的转换。舞台与后台部分总的深度为30m，其中中央舞台深20m、宽24m，舞台设置5层幕布，其上方设有格子顶棚，其标高为32.5m，其下27m标高处设有假格子顶棚钢结构；舞台两侧对称布置边台，边台深20m，宽度各8m；舞台后方还有10m深、20m宽的后台，可满足大型表演候场、换场以及轮场的需要，边台和后台的净高均为9m。在舞台乐池的后面和每个角落，设有附属于舞台和最高两层的升降机，以便从地下室搬运设备和乐器。地面层设有舞台支撑服务，如侧舞台车间、歌剧舞台、舞台入口、化妆间、更衣室、办公室、中央秘书处和各个部门（音乐、戏剧、芭蕾舞、电影等）[32]。

　　同时，考虑到大礼堂的多功能性及其特殊声学特性，如何创建一个具有理想声学条件的多功能空间也是设计的重点：作为一个理想的歌剧场所需要满足1.6s的混响时间，因此为了对音乐会进行的适应性改造，将涉及在舞

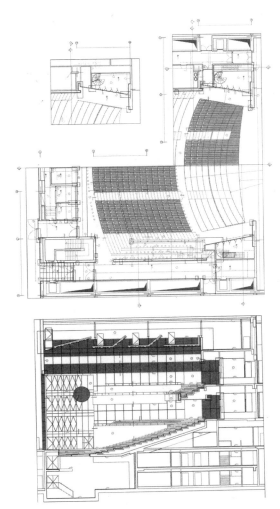

图14.29　大礼堂观众厅平面图（上）、剖面图（下）
图片来源：ANTÓNIO B S, IRENE Ó. Centro Cultural de Macau[M]. Macau: Centro Cultural de Macau, 2000: 11.

台区域使用的电动声音壳进行声音校正，而戏剧和会议（语音）可使用定向声音系统来创造理想的聆听条件。大厅70%的顶棚和侧墙由胶合板面板制成，而剩余的30%和大厅的后墙由带有矿物棉的穿孔板和胶合板制成。地板铺设了12mm厚的地毯，椅子无论是否有人坐在上面，都能提供类似的吸声效果。二楼舞台周围区域设置了乐队和合唱团排练室，室内净高为9m。通过在墙壁上使用突出于墙面的木制面板来调整混响时间，并在侧墙上使用锐利的浮

雕来控制空间较大而产生的回声，还会使用厚重的窗帘（600g/m²）作为调整系统来适应变化的演奏人数，以此提供最佳的音效和观众体验[32,34]。

2017年8月的台风破坏了斜翼形屋顶的最高部分；2023年7月，在1994年方案中并未考虑的扩建工程"黑盒"项目完工。在大礼堂的东侧出现了一个建筑体量近似于位于舞台后上方排练室的方盒子，而这一方盒子也采用了近似大礼堂北立面下方（后台部分）采用石材、上方（排练室）采用玻璃幕墙的做法。建筑从尺度、材料上都巧妙地融合为一个整体（图14.30），可见建筑师的含蓄与机敏。建筑在岁月中填了内容、改了容颜，但却如缓缓流淌的水流，既生机勃勃又岁月静好地与澳门这座城市、与市民的生活融为一体，书写并创造着这座城市新的历史。

致谢

本章在伯多禄五世剧院的撰写过程中，得到了深圳大学建筑设计研究院总工程师吴兵结构工程师的指导，他根据20世纪50年代香港大学建筑系所绘制伯多禄五世剧院实测图中剖面图所展现的木屋架形式进行了评估。

本章澳门文化中心的撰写得到了O.BS建筑师事务所建筑师安东尼奥·布鲁诺·苏亚雷斯和艾琳·奥夫妇的无私帮助和支持。2023年12月9、10日，安东尼奥·布鲁诺和艾琳·奥接受了笔者的采访，其中谈到了一些内容是在以往的出版物中未曾提及的，在此作以说明：一是露天广场与远处东望洋山之间的关系在设计之初是重要考虑的因素，后面因为大型建筑的建设，将这一空间序列打破了；二是斜翼形屋面的产生，并不是建筑师一开始在纸上画好的，建筑师多次专注于观察建筑模型，突然产生的灵感，如文中所言"在空中划过的诗意一笔"；三是贝聿铭先生曾表达这座建筑是他最喜欢的现代建筑之一，所以将澳门科学馆的地址选在其对面；四是大礼堂的规模更适合1,000座位，由于业主方要求增加座位，所以现在座位稍微有些窄了；五是在最初的设计中并没有考虑扩建与未来的发展，新近完成的扩建工程"黑盒"也经历了一个辗转的过程；当探讨它们之间的关系时，安东尼奥·布鲁诺非常感性地谈到，博物馆是父亲，会议中心是母亲，"黑盒"是小孩；最后，也是留给我印象最深的，两位建筑师对场地作出的准确响应，多次强调了"感受场地"（feel the site），也恰恰是他们对场地精巧地解读与响应，才产生了这个融于城市中的文化综合体。

图14.30　建筑东侧1999年（左图）与2023年（右图）对比
图片来源：ANTÓNIO B S, IRENE Ó. Centro Cultural de Macau[M]. Macau: Centro Cultural de Macau, 2000: 11.（左）

■ 参考文献

[1]　汤普逊. 中世纪经济社会史（下册）[M]. 北京：商务印书馆，1961.

[2]　汤开建. 澳门开埠初期史研究[M]. 北京：中华书局，1999.

[3]　薛凤旋. 澳门五百年：一个特殊中国城市的兴起与发展[M]. 香港：三联书店（香港）有限公司，澳门大学，香港浸会大学当代中国研究所，2012.

[4]　吴志良，汤开建，金国平. 澳门编年史：第四卷清后期（1845—1911）[M]. 广州：广东人民出版社，2008.

[5]　施白蒂. 澳门编年史：十九世纪[M]. 姚京明，译. 澳门：澳门基金会，2000.

[6]　MANUEL T. Topnímia de Macau Vol.1[M]. Macau: Instituto Cultural, 1997.

[7]　潘日明. 殊途同归——澳门的文化交融[M]. 苏勤，译. 澳门：澳门文化司署，1992.

[8]　郭永亮. 澳门香港之早期关系[M]. 台北："中央"研究院近代史所，1990.

[9]　李鹏翥. 澳门古今[M]. 香港：三联书店（香港）有限公司，2001.

[10]　金国平. 中葡关系史地考证[M]. 澳门：澳门基金会，2000.

[11]　科斯塔. "澳门建筑史"（澳门）[J]. 文化杂志，1998（35）：3-44.

[12]　吴志良，汤开建，金国平. 澳门编年史：第二卷清前期（1677—1759）[M]. 广州：广东人民出版社，2008.

[13]　朱宏宇. 澳门圣若瑟修院、圣堂巴洛克艺术特征研究[J]. 文化杂志，2015（95）：109-128.

[14]　陈泽成，龙发枝. 澳门历史建筑备忘录2[M]. 澳门：遗产学会，2021.

[15]　陈泽成，龙发枝. 澳门历史建筑备忘录1[M]. 澳门：遗产学会，2019.

[16]　约翰·萨默森. 十八世纪建筑[M]. 殷凌云，译. 杭州：浙江人民美术出版社，2018.

[17]　比尔·阿迪斯. 世界建筑3000年：设计、工程及建造[M]. 程玉玲，译. 北京：中国画报出版社，2019.

[18]　王瑞珠. 世界建筑史新古典主义卷（上）（中）（下）[M]. 北京：中国建筑工业出版社，2013.

[19]　若泽·曼努埃尔·费尔南德斯. 葡萄牙建筑[M]. 陈用仪，译. 北京：中国文联出版社，1998：89-61.

[20]　汤开建. 天朝异化之角：16—19世纪西洋文明在澳门（下卷）[M]. 广州：暨南大学出版社，2016.

[21]　马士. 东印度公司对华贸易编年史（一六三五-一八三四）年（第四、五卷）[M]. 区宗华，等译. 广州：中山大学出版社，1991.

[22]　JORGE F. Famílias Macauenses Vol.1[M]. Macau: Fundação Oriente: Instituto Cultural, 1996.

[23]　MANUEL T. Galeria de Macaenses Illustrês do Sêc.[M]. Macau: Imprensa Nacional, 1942.

[24]　CHAU K M. Teatro D. Pedro V.[M]. 澳门：东方基金会，1993.

[25]　金丰居士. 72岁土生葡裔一举成名，小人物与葡皇并列[N]. 新报，2006-1-5.

[26]   JORGE F. Famílias Macauenses Vol.2[M]. Macau: Albergue SCM: Bambu-Sociedade e Artes Limitada, 2017.

[27]   刘先觉，陈泽成. 澳门建筑文化遗产[M]. 南京：东南大学出版社，2005.

[28]   克里斯托夫·乌尔默. 生·为帕拉第奥[M]. 王静仁，译. 南京：江苏凤凰科技出版社，1999.

[29]   VERONICA B. Architecture theory: from the Renaissance to the Present[M]. Cologne: Taschen Bibliotheca Universalis, 2002.

[30]   EDWARD A. Form and forces: design efficient, expressive structures[M]. Cambridge: John Wiley & Sons, Inc., 2010.

[31]   陈伟明. 管而不控：澳门城市管理研究（1840~1911）[M]. 北京：社会科学文献出版社，2014.

[32]   GABINETE DO CENTRO CULTURAL DE MACAU. Centro Cultural de Macau: uma realidade técnica dirigida à cultura: aspectos técnicos e de gestão da execução do empreendimento[M]. Macau: Gabinete do Centro Cultural de Macau, 1999.

[33]   PRESCOTT, JOHN A.Macaensis Momentum: a fragment of architecture: a moment in the history of the development of Macau[M]. Macau: Hewell Publications, 1993.

[34]   ANTÓNIO B S, IRENE Ó. Centro Cultural de Macau[M]. Macau: Centro Cultural de Macau, 2000.

第15章

香港观演空间演变

■ 薛求理　邱　越

香港位于中国南部。从1841年到1997年的150年港英统治期间，管治层与民众、从行政到基层的努力使得香港独具特色。除了价值观和生活方式外，这个城市有自己的社会、政治和经济体系。1841～1945年，香港在第一个百年的发展过程中奠定了城市的框架。第二次世界大战后的五十年里，香港从一个防御前哨基地转变为一个国际金融中心。今天城市中所见的建筑主要是在20世纪70年代后形成并完善的。自1978年改革开放以来，中国香港一直是经济成功的典范，其经验和资源影响了内地的改革[1-3]。

香港在20世纪50年代和60年代忙于安置难民和发展本地工业。"亚洲四小龙"——中国香港、中国台湾、韩国和新加坡，在20世纪70年代到90年代崛起，表现在其令人瞩目的建设热潮中。从1946年战后以来的近十年里，香港建筑受到政府政策、当地社会、技术力量，以及本地、外籍建筑师和建筑商各种力量的塑造[4]。

20世纪90年代，中国香港人均国内/地区生产总值（GDP）一度超过英国。1997年，香港人均GDP为2.7万美元，而内地只有781美元。2009年，北京和上海GDP总量首次超过香港；2017年后，深圳和广州等其他内地大城市也稳步赶超①。在过去的30年里，香港的经济发展有赖于内地的开放政策，其发展速度无法与国内许多城市相提并论[7]。

在这个相对缓慢的增长期间，香港的文化演艺建筑主要呈现两类问题：①公共设施如何激发、建立和滋养人们的生活？②文化建筑如何帮助城市定义其自身？为回答这些问题，本章尝试调查演艺建筑在香港身份转变的几个阶段中所起的作用，希望能呈现出香港的发展情况。

在介绍香港文化建筑之前，不妨看看美国建筑师理查德·达特纳对公共建筑建设目标的建议。第一要具有纪念性，规模不必过量也不能不足；第二，要有保护和增强公共生活的作用；第三，要有可持续性，要体现节约原

---

① 1993～1998年，香港人均GDP高于英国[5-6]。

则，必须树立特殊的榜样，具有高效、长久和节能的特点；第四，要有环境适应性，公共建筑在放入自然环境时，要尊重自然景观；第五，要有包容性和可达性，公共建筑应该包含能为人民服务的必要功能，方便到达，并提供一个所有人都被接纳、受重视和受欢迎的空间；第六，包容社会的多元文化需要；第七，必须具有教育性。如同丘吉尔所说，我们塑造了建筑，建筑也塑造了我们[8]。以上七点围绕一个核心问题展开，即如何使公共建筑变得更具公民意识。下文将运用这七个原则对香港的文化演艺建筑进行解读并预测其发展方向。

15.1　香港大会堂

香港大会堂是备受瞩目的一个案例。19世纪末以来，在欧洲大陆和英国城市中，市政厅或大会堂是一种常见的公共建筑类型，通常能让市民有自豪感，并满足市民的需求，如各种证照登记、市民服务和图书馆。然而，在开埠的前100年里，香港没有一个像样的大会堂，小规模的演出通常在电影院、私人会所或宗族会馆中进行。在为香港进行初步规划时，阿伯克龙比爵士（Patrick Abercrombie）敏锐地指出了缺乏大会堂和公共设施这一问题[9]。建造大会堂的提议出现在20世纪50年代初。香港大会堂委员会成立于1950年，代表55个民间组织的声音。1954年，政府完成了位于皇后像广场前的填海工程。这块土地被指定用于建造轮渡码头和市政厅，并从英国招募了建筑师。

香港政府首先委托香港大学建筑系主任布朗教授（Gordon Brown）设计。该方案于1955年设计，后来交由两位来自工务司署（Public Work Department，PWD）的建筑师负责，分别为费雅伦（Alan Fitch）和菲利斯（Ronald Philips）。这两位英国建筑师坚定地拥护现代主义原则，将建筑作出简洁的设计风格。香港大会堂位于港岛中环，于1962年完工。

香港大会堂的低座设有可容纳1,434座的音乐厅、463座的剧院、展览厅和三间餐厅。高座设有婚姻登记处、公共图书馆、展览室。位于中心的纪念花园和神龛承载着二战的苦难记忆。音乐厅的低座和图书馆的高座分别位于两侧，两者通过花园周边的小剧场和庭院柱廊巧妙地联系在一起。建筑采用了简洁明快的设计语言，呈现出均衡的水平和垂直构图，是包豪斯建筑在香港的再现（图15.1）。

香港大会堂的建立，为总督就职典礼、欢迎英国皇室成员等重要仪式提供了场地并适当地传达纪念意义，其表演场地、图书馆、婚姻登记处和花园改善和丰富了公众生活。该建筑根据极简主义的原则建造，根据功能设定而没有消耗额外的材料。"少即是多"是20世纪60年代经济形势紧缩时的可持续理念。香港大会堂位于中环核心地带，最初与皇后码头和爱丁堡广场轮渡码头对齐，方便来自维多利亚港的游客。它是多功能的，欢迎所有年龄段的人使用，在音乐、文化和文学方面对公众起到教育作用。

20世纪50年代中期构思香港大会堂时，中环周边建筑以古典复兴和装饰艺术风格为主，分别包括1905年落成的最高法院、1897年落成的香港会、1936年建成的汇丰银行总部以及1951年建成的中国银行，其他商业办公楼的设计语言都是折中的。香港大会堂的设计并没有采用皇室建筑的范式，而是遵循了一种不对称、开放而轻松的美学。来自英国的年轻设计

（a）香港现代主义建筑的典范

（b）从汇丰银行看大会堂

图15.1　香港大会堂（1962年）
图片来源：钟华楠 提供

师勇敢地追随当时的新潮流，如"十次小组"（Team X），20世纪50年代的粗野主义和"热带现代主义"运动[10]。他们试图创作一个对香港市民来说既朴素又亲密的建筑①。

15.2　沙田及其他区的大会堂

　　1962年香港大会堂落成时，香港正处于工业化阶段。尽管人们工资不高，但更多人找到了工作。1967年，香港街头发生骚乱暴动。政府逐渐明白，应该提供更多的住房和活动场所，让人们有归属感。麦理浩出任香港总督时，代表政府宣布推出雄心勃勃的"十年住房计划"，为180万人提供公共住房。政府积极寻找疏散城区人口压力的途径——荃湾、沙田及屯门于20世纪60年代初发展为新市镇，并于70年代加速发展。这些新市镇被规划为自给自足的区域，提供住宅、工业、商业和文化设施。荃湾、北区、沙田和屯门各区的市中心共兴建了四个大会堂，其他区的大会堂随后建成[11]。

　　香港只有一级政府，没有区级行政。香港把控着城市规划和市民日常生活的基本供应。因此，几十座"市政大厦"几乎相同，集菜市场、室内运动场和图书馆于一栋楼[12]。同样的，各区大会堂的内容和特点均类似。它们都有一个1,200座的多功能剧院、用于文化活动租赁和展览的功能室；大会堂旁边规划有图书馆和婚姻登记处。大多数新市镇的设计和标准大体相同。

　　例如，沙田新市镇规划的人口为475,000人。沙田大会堂位于沙田市中心，于1987年落成，其1,400座的剧院可举办音乐会、歌剧和舞蹈；展览厅、娱乐厅、排练室、音乐室、书法室可供出租；总建筑面积约为15,600m²，建筑设计遵循现代主义原则并强调功能。

　　与香港大会堂一样，区级大会堂是作为当地服务中心而建造的，并提供音乐厅、图书馆、表演场地、婚姻登记处和饭店等文化便利设施。所有的大会堂都位于交通路口或区中心，工作日和周末的客流量很大。21世纪，中国内地的大剧院大多以宏伟的姿态占据十几公

————————————————
① 《明报》于2007年5月10日报道了香港大会堂的设计意图。

顷的大地块，而香港的大会堂只是人行天桥网络中不起眼的一部分。人们可以从地铁或家中直接去到大会堂，不会被繁忙的交通困扰，也不用带伞。人们在晚上和周末去看表演，孩子们来参加各种校外艺术课程，老人在平台上进行舞蹈练习[13]。建筑设计朴实无华，却无微不至地服务于当地市民的日常生活。表15.1显示，大会堂平均每天举行两场表演，每年接待观众30万人次。在2020～2022年新冠疫情的影响下，所有演艺场地的演出数量骤减，但依然排除万难地安排了节目，如每组观众间隔开两个座位，观众到访数量普遍不及过往的1/10，但线上节目的增加也吸引了许多浏览次数。在疫情期间，香港大会堂和其他公共建筑被用作家居检疫控制中心以及社区检测和疫苗中心，以配合政府和民众的需求。

随着沙田大会堂的筹备，作为大型公共交通发展项目的新城市广场也进入规划。地铁站周边的购物中心、写字楼和高层住宅楼都是由以新鸿基地产发展有限公司（简称新鸿

2013～2021年香港各大会堂演出数量及上座人数　　　　表15.1

文化演艺场所	规模	2013～2014年	2014～2015年	2015～2016年	2016～2017年	2017～2018年	2018～2019年	2019～2020年	2020～2021年	2021～2022年
香港大会堂	演出数量（场）	573	554	628	579	608	621	426	113	382
音乐厅及剧院	上座人数（千人）	355	336	373	352	362	349	231	29	188
荃湾大会堂	演出数量（场）	720	733	756	807	684	699	448	66	351
礼堂及文化活动厅	上座人数（千人）	282	284	297	308	287	279	157	8	97
屯门大会堂	演出数量（场）	1,009	1,062	977	873	959	810	570	101	174
礼堂及文化活动厅	上座人数（千人）	366	382	352	301	342	306	192	16	48
北区大会堂	演出数量（场）	245	225	286	250	369	347	250	73	280
礼堂	上座人数（千人）	58	56	66	57	75	69	51	7	40
沙田大会堂	演出数量（场）	640	608	624	699	630	631	441	160	465
礼堂及文化活动厅	上座人数（千人）	352	329	302	359	331	312	192	32	154

资料来源：各大会堂的历年年报

基）、恒基兆业地产有限公司（简称恒基兆业）为主体的私营企业开发，总建筑面积超过20万m²。公共部门和私营部门合作建设了新市镇的核心区。高层建筑的裙楼连接购物中心、市政厅和公共图书馆。新市镇核心区的所有高楼和低层都通过相同的深红色面砖外立面整合在一起。沙田大会堂和核心区做到了高效的人车分流[14]，行人可以从地铁站步行600m或更远，就能穿过购物中心和大会堂，到达城门河边的沙田中央公园并回家。人们沿着上层行走，车辆则在地面街道行驶①。

虽然政府在20世纪80年代的财政比60年代宽裕，但香港对公共设施的需求正处于急剧增加的时期。1987年沙田和屯门的两个大会堂落成时，香港正处于鼎盛时期——地铁开始运行，更多人涌入新市镇，沙田已有超过60万人聚集，核心区及其他文化建筑加强了其中心的功能。区大会堂是新市镇建设的标准配置，它们在适度的预算内建造，并为当地居民提供许多功能和便利性，很接近理查德·达特纳建议的七项原则（图15.2、图15.3）。

（a）从购物中心看

（b）平台上的大会堂、地面层和沙田中央公园、城门河相连，外墙为翻修前的深红色面砖

图15.2　沙田大会堂

（a）荃湾大会堂

（b）　荃湾大会堂门厅，所有的会堂建筑门厅均采用了错层设计

图15.3　市政厅通常处于人行路网中

① 以公共交通为导向的发展和行人便利出行是香港城市建筑的特点，沙田市中心就是其中一个典型例子[15-16]。

（c）沙田大会堂礼堂内部　　　　　　　　（d）屯门大会堂和屯门图书馆的共享平台

图15.3　市政厅通常处于人行路网中（续）

15.3　公私机构中的演艺空间

在受殖民统治时期，很多与民间有关的事务并不由政府主导，而是民间团体自下而上发起的，20世纪70年代和80年代的表演艺术空间就是一个例子。

20世纪70年代初，意识到文化场地的缺乏，建筑师何弢和朋友们合伙成立了香港艺术中心，后来得到总督麦理浩爵士的支持。政府在湾仔海滨拨地，但预算只有500万港元①。香港艺术中心位于街角，紧靠老建筑，两侧呈45°切割，减少体积以满足场地面积要求。剧院、音乐厅、画廊和教室从地下室堆叠到五楼。在剧院的顶部，建筑师利用高差将画廊空间分割成半层，这种方法在高密度环境下十分巧妙。40年来，香港艺术中心举办了无数次高雅的本土艺术展览，其学校开设了许多视觉和表演艺术课程。塔楼内设有艺术和文化组织的办公室。在香港的文化沙漠中，闹市中的这座小塔楼喷洒着艺术之神——缪斯的雨露（图15.4）。

在筹建香港艺术中心之际，演艺学院也在积极筹备中。1981年，政府在香港艺术中心旁的湾仔拨地，由赛马会捐资建造香港演艺学院。建筑师关善明的设计获得一等奖。基地下方铺设了排入港口的污水管道，可建设的区域仅由两个三角形组成，设计师在它们之间布置了车辆落客区。进入大厅，游客可以乘扶梯到达巨大的中庭，从中庭可以到达音乐厅、大剧院、歌舞厅、录音室和实验剧场。根据项目简介，所有这些表演场所都共享门厅的面积，大中庭将它们聚集在一起，体现了空间的秩序和层次，也提供了一个社交空间。建筑师基于三角形的模块网格，设计了大小不一的表演空间，锐角用于楼梯井或存储，而功能部分是矩形的。该建筑于1985年完工，与1978年落成的由贝聿铭设计的华盛顿国家美术馆东馆有异曲同工之妙（图15.5）。

这两座机构艺术大楼是为同一片区的实验性和小型表演而建造的。如果说大会堂是为了民众的休闲而建造的，那么机构艺术大楼则

---

① 1972年500万港元的购买价值可根据以下参照判断，当时一个大学毕业生一个月可以赚700～1000港元[17]。根据太古集团资料库，1976年，太古城一套面积为585ft²（约54.3m²）的两房新单元的价格是124500港元。

（a）面向街角的主要立面

（b）沿墙的楼梯是设计的主要特征

（c）画廊

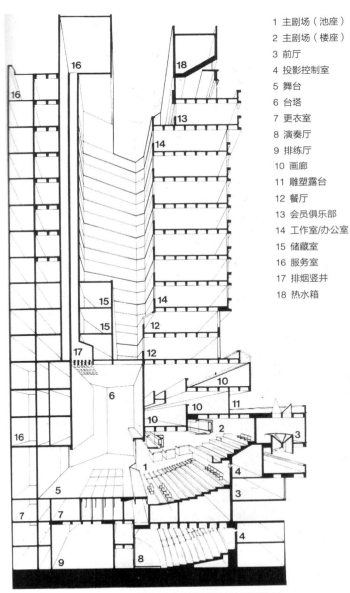

1　主剧场（池座）
2　主剧场（楼座）
3　前厅
4　投影控制室
5　舞台
6　台塔
7　更衣室
8　演奏厅
9　排练厅
10　画廊
11　雕塑露台
12　餐厅
13　会员俱乐部
14　工作室/办公室
15　储藏室
16　服务室
17　排烟竖井
18　热水箱

（d）剖面显示了高度错层设计的灵活使用

图15.4　香港艺术中心（1977年）
图片来源：何弢 提供

（a）建筑模型

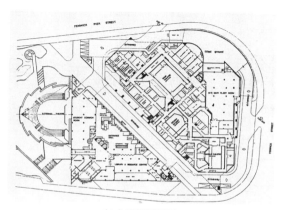

（b）底层平面图

（c）几个演艺厅共享前厅

图15.5　香港演艺学院（2021年）

更多是为了艺术和教育。它们延续了大会堂的设计语言，可作为正式表演场地的补充，设计师在高密度环境中挖掘潜力，创造简洁的建筑形式。这些建筑物在繁华的市区中提供公共空间，自身也融入了湾仔街区。演艺中心经过近30年的运营后，于2016年向关善明建筑师颁授名誉博士学位。

15.4　香港文化中心

20世纪60年代后期，政府拟将广九铁路总站迁往红磡填海区，于是有人提议在火车站站台的延伸部分建设文化综合体。1982年，红磡火车站旁建起了室内体育馆。

香港文化中心位于九龙尖沙咀，于1989年在旧广九铁路总站旧址上建设。占地11hm²的场地规定为"文化综合大楼"的用途，包括文化中心、艺术博物馆、天文馆、户外活动空间、20世纪70年代初期的中式和欧式餐厅。在市政局的文件中，兴建文化综合大楼是为了"弘扬本地文化"，更重要的是，"康乐设施的进步，提升了勤劳的香港人的生活品质"。1975年的市政局年度议会纪要中提到："香港早已加入大城市联盟，先是在商业领域，然后是工业领域。但是文化领域呢？我们没有什么值得骄傲的，也没有太多值得反思的。许多在世界大城市被视为基本设施的文娱设施在香港根本不存在。"[①]项目最初叫九龙文娱中心，定位是填补九龙半岛文娱设施的空白，后来却承载了更高端的需求。1975年，香港正经历石油危机后的经济低潮，而该项目成本预算高达

---

① 参见市政局1975年1月16日发表的年度议会纪要。

2.25亿港元。由于来自民众的呼声几乎一致地支持这项对公众来说意义重大的工作，市政局不得不下定决心，将一些小项目推迟，全力托举文化综合大楼的建设①。

香港文化中心坐落于海滨，占地5.2hm²，总建筑面积为82,231m²。中心内设有三个主要的表演厅——2,019座的音乐厅、1,734座的大剧院和可根据舞台变化并容纳303~496座的小剧场；此外还有许多辅助设施，如画廊、门厅展览区和演讲室。20世纪70年代中期，市政局与文化中心小组委员会对于空间容量的讨论持续了好几年，最终采纳了英国剧院顾问咨询公司（Theatre Projects Consultants Ltd.）的建议，主要的考虑是建一座可以不用电声的国际级音乐厅和一个多功能的剧场。20世纪80年代，一位来自德国的著名管风琴制造商在音乐厅一侧建造和安装管风琴，耗资5万港元②。

香港文化中心L形平面图的两翼由音乐厅和大剧院构成，两个中庭位于其间，附属设施沿着狭窄的走廊布置在L形边缘。虽然从远处看起来仅以L形体量主导着空间，但中庭和走廊体现了纯粹体块的直接叠加和形式表达，提供了有趣的空间体验。

香港文化中心建在九龙半岛，与隔海相望的香港岛上的香港大会堂相对应。这体现了香港政府在繁盛的20世纪80年代对公共建筑设计的雄心壮志。鞋盒式的音乐厅满足了国际交响乐团的演出要求，室外台阶可供周末下午露天演出。钟楼是从拆除的火车站里保留下来的，这是令人愉悦的设计亮点之一。

香港文化中心有一个值得注意的地方是

门厅。香港大会堂和区大会堂的门厅大约有9,000ft²，对于千余人的出入场情况，这显然是很拥挤的。有人提议将香港文化中心的门厅在地面层扩大到20,000ft²（约1,858m²），并将休息室和售票处布置在这一层。此设计包括"内门厅"和"外门厅"，"内门厅"在二楼，有紧靠礼堂的洗手间；"外门厅"在地面层，包括展览区、纪念品商店、休息室和洗手间等均向公众开放。香港文化中心位于一个受游客欢迎的区位，它欢迎所有年龄段的人来此休闲娱乐，人们从地铁、天星小轮码头和巴士总站前往中心也很方便。门厅总是在举办群众艺术展览，咖啡厅和礼品店人群熙攘，在工作日和周末为市民营造了忙碌而多样化的公民生活。

香港文化中心一直为市民和艺术团体提供高水准的演艺服务。以2017~2018年为例，中心共有739场节目，观众达627,354人次。这些数据不仅在数字上高于香港大会堂，节目规格也更高，国际知名艺术家和国内外文艺活动汇集于此。同期，香港文化中心租用空间给1,129个团体作展览或社交活动之用，有371个团体获得租金资助[19]。香港管弦乐团、香港中乐团、香港芭蕾舞团及"进念二十面体"（香港慈善艺术团体）是香港文化中心的场地伙伴，他们灵活创意地运用中心的设施和空间，与本地艺术团体和艺术家共同为观众打造艺术盛宴，在这片土地上蓬勃发展（图15.6）。

香港文化中心的纪念性经常受到质疑。尽管位于靠近海港的醒目位置，但墙体的L形体量却没有激发人们的想象力。然而，通过提供

---

① 参见市政局1975年1月14日周年大会辩论上吴培光先生等的发言；参见黄肇卓先生（MBE）在市政局1975年1月16日常年会议上的发言。《文化综合体的特别彩票？》的文章报道了筹集资金的可能性[18]。

② 参见1978年3月29日、1978年7月14日香港政府文化综合大楼及室内体育场小组委员会成员备忘录。

（a）维多利亚港的香港文化中心

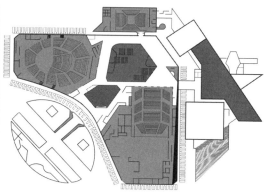

（b）平面图

（c）音乐厅

（d）向公众开放的门厅

图15.6 香港文化中心（1989年）
图片来源：臧鹏 绘制（b）

表演场地，它无疑提升和丰富了公众生活。该中心是根据实用原则建造的，建筑功能没有开窗的需求，完全封闭的围护结构导致了设计特色的缺乏，壮观的海港景色和凉爽的海风很遗憾未能纳入建筑。

20世纪80年代，中国香港被称作"亚洲四小龙"之一。汇丰银行、中国银行等商业大厦傲然耸立在香港中央商务区，象征着全球资本的到来。政府在20世纪80年代获得了更多的财政收入和储备。香港文化中心与尖沙咀的艺术博物馆一起被提议用来加强该市的经济"龙头"地位。它是在公共建筑建设如火如荼时和建筑署（Architectural Services Department，

ASD，原为PWD工务司署）刚成立时建造的。香港建筑师学会（The Hong Kong Institute of Architects，HKIA），特别是学会主席白自觉（Jon Alfred Prescott）先生，主动提出协助举办设计比赛，以使香港文化中心能与悉尼歌剧院相提并论。但业主方觉得时间太紧，无法举办设计竞赛[20-21]。文化中心的设计由ASD的一位高级官员李铭根在其退休前负责，建成以来一直受到民间团体、专业人士和建筑专业学生的批评。近年有庆祝活动时，五颜六色的激光束投射在实体墙面上，户外表演空间经常坐满观众。批评的声音渐而消退（图15.7）。

| （a）外墙激光表演 | （b）室外现场转播 |

图15.7　香港文化中心户外

15.5　西九文化区

1998年，北京举办了国家大剧院国际设计竞赛。三轮竞标引起了国际上的广泛关注，结果也引发了激烈的争论。无论最终选择哪种形式的建筑，长期以来一直被视为"封闭"的中国内地，都在这个过程中展示了对国际设计的开放，这也在很大程度上刺激了香港地区[22]。

2000年，房委会与香港建筑师学会首次在沙田水泉澳举办公屋设计比赛，反响热烈①。大约在同一时间，行政长官董建华在施政报告中提到了要为青年提供服务，政府建议拨款9亿港元在柴湾兴建青年发展中心。2000年6月，民政事务局与香港建筑师学会联合举办设计比赛，同年12月共收到60多份参赛作品。经过两轮角逐，由年轻团队设计的方案获得一等奖。由于经济危机火烧眉毛，2001年才开始的建设在2003年便停止了；于2005年恢复建设，并于2010年建成启用。

有了这些比赛的热身，西九文化区设计竞赛也随之举办。西九龙地块占地42hm²，最初是在建设西区海底隧道、国际机场和机场高速公路时从维多利亚港填海而成的。1996年，该地被指定为文化区的用途。虽然这块土地的面积只有2010年上海世博会场地的1/12，但它位于城市中心，价值可观。2001年4月，国际公开设计竞赛举行，五个方案从140个参赛作品中被选出，来自英国的福斯特建筑事务所（Foster & Partners）获得一等奖。获奖方案在建筑物和公共空间上方设计了一个"天篷"，得到当局的高度赞赏。1997年金融危机后，香港更关注其"亚洲国际都会"的形象，因"天篷"的形象在维多利亚港前会产生强烈的视觉冲击力，便被写入下一阶段的设计简报中。

有了概念后，政府于2003年9月发出深化西九文化区设计的邀请，要求投标者具备开发、销售及管理大型综合楼宇的经验，并注资300亿港元。2004年4月，政府收到了五份标书，并于同年11月确认了三个入选方案。三份图则于2004年12月～2005年3月期间向公众展示，为期15周。投标者包括长江实业集团有限

———————————

① 水泉澳项目经过数轮启动和停滞，最终于2015年落成，可容纳3,039户。数据来自笔者的调查。

公司、新鸿基、恒基兆业及信和集团等大型地产开发商，开发商请来了国际建筑师、工程师和各种顾问。每家投标商花费了1,000万港元来准备模型、展示厅、照明和宣传册等，向公众发放了长似卫生纸卷的问卷表。公众通常感到困惑，不知道如何回答问题，于是招标人和地产开发商派员工去"参观"和帮助填表，从而为公司争取这个项目（图15.8）。

人们对通过单一财团管理文化区的方法表示怀疑，入选的财团将投入巨资为城市提升文化设施，并期待通过开发商业地产收回这笔资金。人们质疑选中的公司是否优于其他公司，此外，也质疑地产开发商是否有足够的经验来管理文化设施。迫于社会压力，政府放弃了单一运营商的计划。至此，政府、财团和公众近10年的努力付诸东流。2008年，政府设立西九文化区管理局并向立法会申请拨款216亿港元，于2009年向国际设计师发出了总体规划竞赛的邀请。从2010年8月开始，福斯特建筑事务所、严迅奇建筑师事务所（Rocco Design）和大都会建筑事务所（OMA）这三家公司的总体规划作品进行了为期三个月的公众展示。

建筑师福斯特于1979年首次来到香港，他参与了香港银行和香港机场、火车站、邮轮码头的设计，他的设计注重环境和技术。福斯特建筑事务所的设计展示了"城市中的公园"的主题。根据该主题，公园将是西九龙的重点，所有车辆交通都转移到地下。2002年和2004年的设计中强调了"天篷"，但在2010年的总体规划中，"天篷"被大片的草坪和森林所取代，因为香港市区的休憩场地不足，公园赢得普通市民的喜欢。

严迅奇建筑师事务所的设计专注于行人和车辆的流线，文化带、城市带和滨海绿化带层层展开，联系紧凑，畅通无阻的道路从联合广场通向海边。市场和石板街道等当地因素融入场地之中，艺术木筏是香港渔排的隐喻，在海面上漂浮。

OMA以许多壮观的建筑而闻名，包括位于北京的中央电视台总部。在西九龙的规划中，该事务所的设计以流线和人流为中心，不断突破传统的"建筑"概念，设计了"东艺""西演"和"中城墟"三个建筑群。从视觉上看，"东艺"的条状式和网格布局仿佛是香港版的央视总部，"中城墟"则显得拥挤不堪。设计中增加了一座连接佐敦道和柯士甸道

（a）新鸿基和长江实业等财团的规划方案

（b）太古地产的规划方案，由盖里建筑事务所（Gehry Partners）主导设计

图15.8　2004～2005年的西九文化区规划

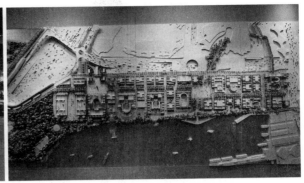

图15.9　福斯特建筑事务所赢得了西九文化区总体规划的设计竞赛

的吊桥，设计任务中并没有这个要求，而是设计扩展到了场地边界之外。不过，这座环形天桥能够加强西九文化区的庆祝气氛，也连接了文化区与旧城区。

这三个方案都考虑了内部和外部交通，并优先考虑了步行和自行车路线。然而，作品质量仍然没有达到人们的预期。这三家公司分别获得了5,000万港元（645万美元）的补偿金。福斯特建筑事务所最终中标了西九文化区总体规划。场地的西南部分是一个位于缓坡上的大型公园，大部分演艺及展览大楼均靠近广东道。车辆交通隐藏在地下，因此道路和地下室停车场可能会带来空气污染和通风问题（图15.9）。

15.6　"文化之都"的梦想

14座建筑最终定下了在西九文化区建设，它们承载了香港意欲成为"文化之都"的梦想。2013年确认了两座建筑，即温哥华的谭秉荣（Bing Thom）和香港的吕元祥建筑师

事务所共同设计中标的戏曲中心，以及瑞士的赫尔佐格和德梅隆建筑事务所（Herzog & de Meuron）、泰福毕建筑设计咨询公司（TFP Farrells）和奥雅纳工程咨询公司（Arup）香港公司联合设计的M+博物馆。西九文化区的许多高级管理人员均从海外聘用，自2008年以来一直在进行工作。在香港特区政府的慷慨支持下，从2013年开始，基建建设估算成本已升至470亿港元，是政府2008年预算的两倍[①]。目前，已建成的建筑有香港故宫文化博物馆、M+博物馆、戏曲中心、自由空间、M+展亭等。演艺建筑主要为戏曲中心和预计2025年落成的演艺综合剧场。

戏曲中心于2018年12月对外开放，该建筑延续了香港公共建筑的特点，演讲厅、"茶园"餐厅和表演厅这3层楼的大堂和走廊均开放给公众和戏曲爱好者（图15.10）。戏曲中心处于核心地段，位于西九文化区与尖沙咀片区的交界处，四面均设置有入口。流畅的外形和闪亮的表皮让建筑在城市背景中脱颖而出。开放式中庭贯穿其中，1,073座的主剧院悬浮在30m

---

① 建筑费上涨的部分原因是建筑工人短缺。年轻人不愿投身建筑业，引入劳工又被工会和一些政客禁止。2015年，钢筋工的工资约为每天2200港元。高薪给城市发展建设带来沉重负担。参见《金融时报》的报道[24]。

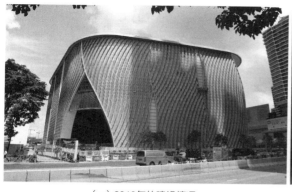

（a）2018年的建设情况

（b）大厅

（c）剧院

（d）模型

图15.10 戏曲中心
图片来源：吕元祥建筑师事务所

高空，剧场下方是巨大的公共空间，包括200座的茶馆剧场、八间排练厅和演讲厅等其他演艺设施，一并为推广戏剧文化而服务。西九文化区管理局曾于正式开幕前在11个地点举行戏曲中心巡回展览，五个月内共吸引了超过39万人次的参观，开幕前奏期间设置了54场预热活动，主剧院和茶馆剧场的平均入座率高达96%和99%。尽管开幕后受到如新冠疫情等不可抗力因素的影响，2019~2020年度依然吸引了13万人次到访[23-24]。之后在封锁政策下，管理局灵活安排活动并随时作好节目重新上演的准备，同时也组织了线上直播等活动，继续为观众提供演艺服务。

演艺综合剧场是香港首个为了舞蹈表演和戏剧制作而设置的世界级演艺设施，将会是顶级表演艺术团体的平台。西九文化区管理局于2014年5月12日委聘荷兰的联合网络工作室（United Network Studio）和香港的AD+RG建筑设计及研究所有限公司（Architecture Design and Research Group Ltd.，AD+RG）联合团队进行设计。演艺综合剧场用地紧邻M+博物馆，占地7,747m²，建筑面积约为41,000m²，主要包括一个1,450座的舞蹈剧场、一个600座的戏剧表演剧场和一个200座的小型戏剧表演剧场，以及零售、餐饮、娱乐等辅助设施。此外，为了推动舞蹈艺术的长期发展，还为一个驻区艺团办公室提供了八个舞蹈工作室和办公设施。设计以两个弯曲坡道为中心，丰富了功能使用、视线交流、观景采光的空间体验。从坡道往下走便是红色主题的大剧场，往上则导向紫色主题的中剧场和蓝色主题的小剧场，空间的颜色和氛围随之渲染。坡道和排练厅或前厅的多层次融合充分表达了"看"与"被看"的视线关系，形成了新的戏剧性空间。此外，几乎透明的建筑立面和坡道中心的两个天窗将海滨与阳光引入建筑，让公众与户外建立起丰富的视觉互动。

15.7　东九文化中心

东九文化中心的建设可追溯到2005年牛头角邨重建计划中的社区文化中心建设。在2013年的一连串咨询会议中，有36个艺术团队和机构参与，初步决定建设东九文化中心，并于2015年获得拨款。最终项目于2016年开工，并于2024年分阶段对公众开放。《西九文化区表演艺术场地市场分析报告》曾指出，仅靠西九文化区无法完全契合小型艺术团体的要求[25]。因此，东九文化中心更多的是针对地区艺术团体以及本地中小型演艺团队，其在定位、地点、规模、性质、目标观众上均与西九龙互相补充。

设计方案由严迅奇建筑师事务所完成，造型虽是源自公司的台北表演艺术中心竞赛方案，其多角度朝社区开放的姿态仍能与场地无缝契合，更有新建的行人天桥与之便捷相连，空中人行道串联起附近的住宅区和交通枢纽，形成了易于公众到达的艺术回廊，能够24小时全天候无障碍地连通社区和地铁。沿途将设有艺术商店、小型展览、社区节目等，为推广演艺活动提供多样化的开放空间。东九文化中心设置有一个1,200座的多功能演艺厅、一个550座的剧场、三个50～120座的小剧场、露天剧场、排练室和餐饮设施等（图15.11）。这些大

（a）多角度开放的造型

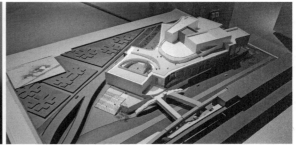

（b）空中艺术径和人行天桥与地铁、社区连通

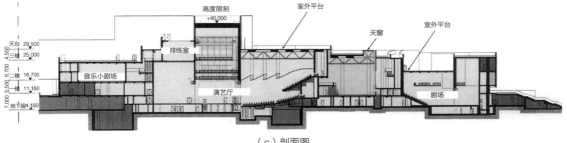

（c）剖面图

图15.11　东九文化中心
图片来源：严迅奇建筑师事务所

小不等的表演场地能适应刚起步的本地艺术团体的需要，在一定程度上提高了成功开展首场演出的概率。由于在屋邨原址建设，设计细节上也融入了牛头角下邨的元素，如咖啡厅的公屋地砖和原址影像等，与社区产生了更亲切的连接。

当演艺建筑实体还在施工建设时，线上的艺术运营和人才孵化已经开始了。东九文化中心全力推动艺术创作与高端科技的结合，2022年的"场地伙伴计划"和"驻场艺术家先导计划"两项先行计划让场地和艺术家、观众提前建立起联系，能够提高之后场地利用和演艺文化推广的效率。"创馆"实验场和艺术科技学院将成为艺术科技人才的培养基地，让艺术工作者能够一同工作、探索和学习。

15.8　结论

本章回顾了香港从20世纪50年代至今在城市中提供演艺空间的方式。本章提到的建筑见证了香港从转口港到国际大都市的转变。21世纪的中国内地城市建设的文化演艺建筑大多是为了在全球化背景下打造城市品牌，而香港提供大会堂等文化设施是为了改善居民的日常生活品质，是新市镇设施配置的一部分。立法会批准的资金有限，会审查资金的使用情况和支出方式。现代主义建筑的设计原则能以最少的投入获得最大的产出，可以很好地完成任务。这些建筑为当地民众带来了一些自豪感和归属感，但其建筑形象并不张狂。

这些建筑主要由政府建筑师设计，其中部分来自英国，设计语言十分简洁，没有多余的装饰。面向皇后码头的香港大会堂承担了接待来自英国的王室成员和人员的部分任务。即便

如此，它在建筑语言上也坚决摆脱任何英国的影响和"维多利亚时代"的符号。自20世纪50年代以来，现代主义广泛主导了英国乃至欧洲的建筑设计领域，而中国香港地区从中受益。湾仔的两座艺术机构大楼延续了对现代建筑的探索，它们巧妙地融入了香港岛纷繁的城市景观。建筑师何弢和关善明在美国和中国香港都接受过现代主义建筑教育。

进入21世纪，香港回归后面临来自亚洲和中国内地城市的激烈竞争。如果说1990年以前香港大会堂等公共建筑是按照理查德·达特纳的建议建设的，那么21世纪文化建筑的出发点就另当别论了。全国上下决心"与国际接轨"，学习并赶超西方先进国家——中国内地的文化公共建筑是为了打造城市品牌、提高文化竞争力和为更好的经济投资环境而规划的。与中国内地其他城市那些光鲜亮丽的文化建筑相比，中国香港当地建筑师设计的老式市政建筑显得平淡而过时。因此，香港重要文化建筑的设计市场不得不迅速向国际建筑师开放。西九文化区规划是香港首个公开的国际竞赛，让香港整个地区都看到了来自国际设计的创意、档次，以及明星建筑师带来的效益。

1997年回归后，香港立法会和社会围绕各种议题展开激烈辩论，这不可避免地减慢了基础设施建设的进程。西九文化区于1996年启动，时隔22年，只落成一栋建筑。政府于2008年向西九文化区注资216亿港元，在落成建筑寥寥无几的情况下，这笔拨款将于2025年用尽，西九龙将向政府申请更改土地用途比例，向土地经济开源。相反，上海世博园区的面积是西九文化区的十多倍，规划设计进行了4年，所有建筑物均在3~4年内完工。2010年世博会后，大部分地块被拍卖，新的办公、住宅、文化和体育建筑相继建成并投入运营。2015年

后，香港融入"粤港澳大湾区"的呼声高涨，港方的建设速度却慢得令人尴尬[①]。

就设计而言，在本章执笔之际，"最新"的大型演艺建筑依然是1989年落成的香港文化中心。2010年，西九文化中心的设计团队包括福斯特建筑事务所、大都会建筑事务所、严迅奇建筑师事务所、赫尔佐格和德梅隆建筑事务所、泰福毕建筑设计咨询公司、联合网络工作室、奥雅纳工程咨询公司香港公司、谭秉荣建筑事务所、吕元祥建筑师事务所等公司。他们一些"讲故事"的方法与中国内地流行的方法相似。这一轮演艺建筑最终融入中国追求城市品牌的大趋势，即建筑、至少是部分建筑应该为人民服务，与社会沟通，为城市带来名誉、自豪和收益。2010年以来，香港的艺术品交易市场日趋活跃，2020~2022年虽然新冠疫情肆虐，但香港的艺术品交易金额全球第二，仅次于纽约[26]。在与中国内地和亚洲其他城市的竞争中，让香港成为国际艺术交流中心和"文化之都"的呼声和雄心愈加强烈，因响应这种呼声，香港于2022年设立文化体育及旅游局，以推动体育运动和文化艺术产业的发展[27]。2022年后，西九龙的M+博物馆和香港故宫文化博物馆接待了大量的访客，成为香港吸引游客的标志场所。因此，人们对最新和将要落成的演艺场所充满期待。

尽管建设趋势和动力不断变化，但香港的演艺建筑始终保持着每周7天、每年52周向公众敞开大门的态度。除了坚持开放和服务民众的责任，政府对每个剧院适当拨款，确保资金落到实处[②]。在中国内地的类似场所中，这样的剧院运营方式并不多见。由此可见，香港公共建筑的首要特点，还在其开放的公共性。

个人场景（邱越）

作为多元文化交融的国际大都市，香港的演艺空间也是纷繁的，世界的与民族的、公共的与私营的、高端的与低调的、古典的与流行的都在此汇聚，在城市中可随时体验电影、舞剧、音乐剧、戏曲、演唱会等精彩纷呈的演艺节目，在容纳这些活动的空间里，最常见的是大会堂。第一次听到这个词是在香港歌手李克勤的歌曲《大会堂演奏厅》中。这是一首将古典与流行融合到极致的经典歌曲，歌名庄重肃穆，曲调凄美动人。优雅的钢琴前奏结合了肖邦的遗作《幻想即兴曲》；叠词入耳，呢喃着萧瑟冰冷雨夜里大会堂的故事。大会堂于这个城市的人们而言是鲜活的，既是高贵典雅的艺术殿堂，又是稀松平常的生活记忆。

得益于高密度的城市环境和多层级的演艺场所，香港很多观演空间尺度宜人，十分亲切。一步一步踏上略微陡峭的阶梯，在位置上坐定后不禁暗自窃喜值回票价——耀眼巨星近在眼前，舞台布景又尽收眼底。如此，表演者便能呈现更多丰富灵活的舞台形式，

---

① 粤港澳大湾区包括广州、深圳、珠海、佛山、东莞、中山、江门、惠州、肇庆共9个广东城市和香港、澳门两个特别行政区，面积5.6万km²，人口6600万。2017年，GDP达到1.7万亿美元，超过俄罗斯，与韩国相近，是中国经济最活跃的地区。随着2015年"丝绸之路经济带和21世纪海上丝绸之路"倡议的提出，中央政府提出深化港澳台合作，目标是超越世界上其他三个湾区：东京湾、纽约湾和圣弗朗西斯科湾。港珠澳大桥是连接大湾区的主要基础设施。不过，香港方面的建设明显慢于中国内地方面。相关故事均来自笔者的现场调查。

② 中国内地政府的钱用于建造大剧院，但大多数剧院都必须靠商业收入或赞助来运营。香港的剧院均由政府拨款。详见香港康乐及文化事务署年报。

观众在现场体验到的近距离互动也是远超其他场馆的。

　　除了场内的紧凑，场外的开放也给到访者极佳的体验，没有购票的市民也可畅通无阻地进入建筑一览究竟。建筑本身的多功能使得管理人员对到访者更包容，香港首间公共图书馆和美术馆便是与香港大会堂一同设置的，后续的许多观演类建筑也纳入了服务市民类或文化休闲类的功能。哪怕仅仅是路过小憩，充足干爽的冷气和创意十足的座椅也作好了迎接访客的准备。最惬意的莫过于在艺术殿堂旁享用下午茶，或是在室内轻柔舒缓的音乐里，感受午后阳光洒在精致的甜点上；又或是室外开放的帐篷下，聆听阵阵海风伴着维多利亚港海浪拍打礁石的声音。飘香的咖啡在演艺空间里更显雅致，拂去访客的疲惫，增强了观众的体验感，更激发了艺术家们交流创作的灵感。从屹立已久的大会堂到新建的东九文化中心，开放而多样的公共空间体验让香港的演艺空间散发着持久的场所生命力。

■ 参考文献

[1]　AKERS-JONES D. Feeling the stones: reminiscences by David Akers-Jones[M]. Hong Kong: Hong Kong University Press, 2004.

[2]　CARROLL J. A concise history of Hong Kong[M]. Hong Kong: Hong Kong University Press, 2007.

[3]　SHELTON B, KARAKIEWICZ J, KVAN T. The making of Hong Kong from vertical to volumetric[M]. New York: Routledge, 2011.

[4]　SIT V. Hong Kong: 150 years, development in maps[M]. Hong Kong: The Joint Publication Ltd., 2015.

[5]　世界银行. 有关数据：中国香港特别行政区，英国，中国[EB/OL]. （2023-05-10）[2023-05-10]. https://data.worldbank.org.cn/?locations=HK-GB-CN.

[6]　CEIC Insight团队. [聚焦]中国城市数据：GDP[EB/OL]. （2020-07-01）[2023-05-10]. https://info.ceicdata.com/zh-cn/china-city-level-gdp-2020-jul.

[7]　张帅. 沪京力保领先，深穗创新瞩目[N]. 大公报，2018-01-22（6）.

[8]　DATTNER R. Civil architecture: the new public infrastructure[M]. New York: McGraw-Hill Companies, 1995.

[9]　ABERCROMBIE P. Hong Kong: preliminary planning report[M]. Hong Kong: Ye Olde Printerie, 1948.

[10]　UDUKU O. Modernist architecture and 'the tropical' in West Africa: the tropical architecture movement in West Africa, 1948—1970[J]. Habitat international, 2006, 30(3): 396-411.

[11]　BRISTOW R M. Hong Kong's new towns: A selective review[M]. Oxford: Oxford University Press, 1989.

[12]　薛求理，邱越. 香港市政大厦──20世纪80年代至21世纪的发展[J]. 建筑史学刊，2022，3（4）: 143-155.

[13]　XUE C Q L, MANUEL K. The quest for better public space: a critical review of urban Hong Kong[M] //MIAO P. Public places of Asia Pacific countries: Current issues and strategies. The Netherlands: Kluwer Academic Publishers, 2001.

[14]　TAN Z, XUE C Q L. Walking as a planned activity: elevated pedestrian network and urban design regulation in Hong Kong[J]. Journal of Urban Design, 2014, 19(5): 722-744.

[15]　XUE C Q L. Hong Kong Architecture 1945—2015: from colonial to global[M]. Singapore: Springer, 2016.

[16]　LU Y, SARKAR C, XIAO Y. The effect of street-level greenery on walking behavior: evidence from Hong Kong[J]. Social Science and Medicine, 2018：208.

[17]　张文中. 我就是我——施永青的故事[M]. 香港：天地图书公司，2005.

[18]　Special lottery for cultural complex?[N]. South China Morning Post, 1975-05-30(5).

[19]　香港文化中心. 香港文化中心双年报2016-2018[R]. 香港：香港特别行政区政府康乐及文化事务署，2018.

[20]　PRESCOTT J A. Cultural complex: design contest plea[N]. South China Morning Post, 1975-06-03(1).

[21]　PRESCOTT J A. Kowloon cultural complex: architects institute's proposal[N]. South China Morning Post, 1975-06-03(10).

[22]　XUE C Q L, WANG Z, MITCHENERE B. In search of identity：the development process of the National Grand Theatre in Beijing，China[J]. The Journal of Architecture, 2010, 15: 517-535.

[23]　西九文化区管理局. 西九文化区管理局2018/2019[R]. 香港：西九文化区管理局，2019.

[24]　西九文化区管理局. 西九文化区管理局2019/2020[R]. 香港：西九文化区管理局，2020.

[25]　德勤企业管理咨询（香港）有限公司. 西九文化区表演艺术场地市场分析报告[R]. 香港：西九文化区管理局，2010.

[26]　香港特别行政区立法会秘书处资料研究组. 数据透视：香港的艺术界[R/OL]. （2022-11-07）[2023-05-09]. https://www.legco.gov.hk/research-publications/cn/2022issh27-art-sector-in-hong-kong-20221107-c.pdf.

[27]　黄茜恬. 综述：融通古今　荟萃中外——香港全方位打造中外文化艺术交流中心[EB/OL]. （2023-03-30）[2023-05-09]. http://www.news.cn/2023-03/30/c_1129481644.htm.

第16章

中国设计大剧院在海外

■ 马凯月

16.1 前言

中国建筑史大致可以分为三类内容：一为中国人本土建筑活动；二为外国人在中国的建筑活动；三为中国人在海外的建筑活动。在过去的十年中，虽然中国现代建筑历史学长期以来被国内的建筑生产观所主导，但最近的学术研究和实践领域对中国的海外建设给予了很高的关注。2021年9月，中国政府援柬埔寨体育馆项目完成，柬埔寨首相洪森同中国国务委员兼外长王毅共同出席交接仪式；2022年11月，卡塔尔世界杯上的"中国建造"备受瞩目，主体育场卢塞尔体育场的施工建设任务由中国企业完成，其标志性主体钢结构和屋顶索膜结构也出自中国建筑师之手。早在20世纪50年代初期，中国建筑师已经开展了海外建筑设计与实践，大多为援外设计；改革开放之初到20世纪末，对外援建是中国在国际舞台上重要的政治经济手段；21世纪以来，中国在海外援助的建筑有了更广的范围和更丰富的类型[1]。

据商务部数据，从新中国成立以来的70多年间，中国帮助160多个发展中国家建造了超过1,500个建筑项目，覆盖10多种建筑类型，包含体育场馆、剧场、办公楼、学校、会议中心、医院、机场等①（表16.1）。例如，在非洲毛里塔尼亚，中国从1972年至今先后无偿建设了剧场、体育场、水稻农场、青年之家、文化之家、城市供水等民生工程；在亚洲尼泊尔加德满都谷地，中国援助建设了市政厅、国际会议中心、体育场升级改造工程、九层塔震后修复工程等项目，对尼泊尔的经济发展和国家独立意义重大。中国的援建项目一般分布广阔，所在地的地理气候、人文历史、城市发展情况差异显著。项目最初是在亚洲和非洲实施，然后扩展到大洋洲和拉丁美洲；"一带一路"倡议提出之后，亚非国家重新成为援建的重心，非洲始终是主要接收国。这些项目一般由中方承担设计、施工任务，并提供设备物资、技术人员，所有经费也由中方承担（图16.1）。正是由于这样的境况，中国在其他

① 根据《中国的对外援助》2011、2014年白皮书以及笔者的统计[2]。

中国援建的建筑类型 表16.1

序号	类型	代表类别	起始年份	数量	分布国家
1	教育	中小学、大学、职业学校、研究机构	1968年	255个	77个
2	会议	人民宫、会议中心	1962年	167个	74个
3	医疗	医院、保健院	1960年	148个	61个
4	体育	体育场馆	1956年	145个	68个
5	文化	影剧院（包含文化中心）	1970年	51个	34个

注：由于数量相对较少、缺乏建筑属性或存在敏感因素，以下类别被排除——①城市规划项目；②生产项目：制造区、经济特区、工业园区、农业园区、出口加工区等；③商业项目：商场、商务酒店、商业中心、自贸区（FTZ）；④交通设施：机场、火车站等枢纽，港口、公路、铁路等交通基础设施；⑤经济基础设施：能源和通信设施、水利、矿山等；⑥具有机密性的军事项目，如国家安全中心或警察学校等；⑦住房项目。

资料来源：笔者根据官方数据①整理（766项，共涉及107个国家）

发展中国家设计建造的剧场项目有必要纳入中国现代剧场发展的过程中[3]。

从20世纪60年代至今，剧场就是中国援建的重要类型之一，中国援建剧场的时空发展，刺激着中国建筑师对亚非拉国家建筑的认知变化，也是中国建筑知识体系不断丰富和流动的过程[4]。本章重点围绕三个时期剧场项目的建筑使命、设计特征、文化价值展开论述，包含

（a）斯里兰卡班达拉奈克国际会议大厦工地合影　　　　　（b）埃及开罗国际会议中心前合影

图16.1　中国援外剧场建筑设计及工程相关人员
图片来源：张广源 提供（左）；魏敦山 提供（右）

① 官方数据来源：《中国的对外援助（2011）》白皮书，《中国的对外援助（2014）》白皮书，以及中华人民共和国外交部、中华人民共和国商务部、中华人民共和国中央人民政府官网上发布的中国援外建筑信息。

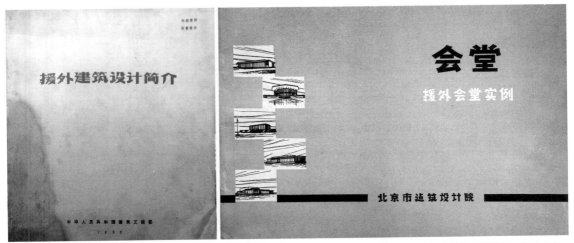

（c）《援外建筑设计简介》（1966年）书中以　　（d）《会堂援外会堂实例》（1978年）书中对五个会堂建筑进行一般性介绍
生产类项目为主

图16.1　中国援外剧场建筑设计及工程相关人员（续）
图片来源：中国建筑设计研究院有限公司（左）；北京市建筑设计院（右）

索马里国家剧场、苏丹民主共和国友谊厅、埃及开罗国际会议中心、突尼斯青年之家、孟加拉国际会议中心、泰国文化中心等（图16.2）。

16.2　中国援建剧场的开端

我国在亚非拉地区援建剧场项目始于国内建设的低迷时期，包含剧场、人民宫、文化中心、青年中心等形式，大多被综合利用及兼作会堂。20世纪60年代，很多非洲国家结束殖民主义统治、取得独立之后，一批优秀的现代主义建筑师为这些新的政权设计了一批政府办公楼、学校、医院、交通枢纽、集合住宅等。中国也免费帮助蒙古国、朝鲜、越南、老挝、柬埔寨、印度尼西亚、几内亚、加纳、斯里兰卡、巴基斯坦等建造生产建筑和少量公共建筑，以满足当地政府的现代工业化及政绩形象需求，如柬埔寨纺织厂（图16.3）及14个援助蒙古国项目（龚德顺、林乐义）[5]。20世纪六七十年代国家开展对外援建工程时期，建设

工程部北京工业建筑设计院（现今中国建筑设计研究院有限公司，简称中国院）承接了大量援外设计工作。第一个援外的剧场设计是印度尼西亚的十月二日大会堂，此项目于1964年完成设计，1965年准备动工时因印尼政变而中断；几乎是同时，陈登鳌主持越南大会堂和几内亚人民宫的设计，但越南大会堂设计未能建设，几内亚人民宫成为1949年后第一个建成并投入使用的援外会堂建筑[6]。1965年，杨芸（又称扬芸）主持设计索马里国家剧场，清华大学徐宏庄是我国舞台机械研究的先行者，主持设计其中的舞台机械。此项目虽然规模小，但至今在国际上仍享有较高评价[3]。20世纪60年代末，其他地方省市设计院也逐渐参与援建项目，如上海市民用建筑设计院设计了苏丹友谊厅，北京市建筑设计研究院设计了扎伊尔人民宫、毛里塔尼亚文化之家（国家图书馆、国家博物馆、全国科研中心）和青年之家（会议厅、招待所、青年训练和活动用房）（刘福顺等于1968年设计，1972年全部竣工）（图16.4）。这些剧场项目满足新独立国家的政治需求及文

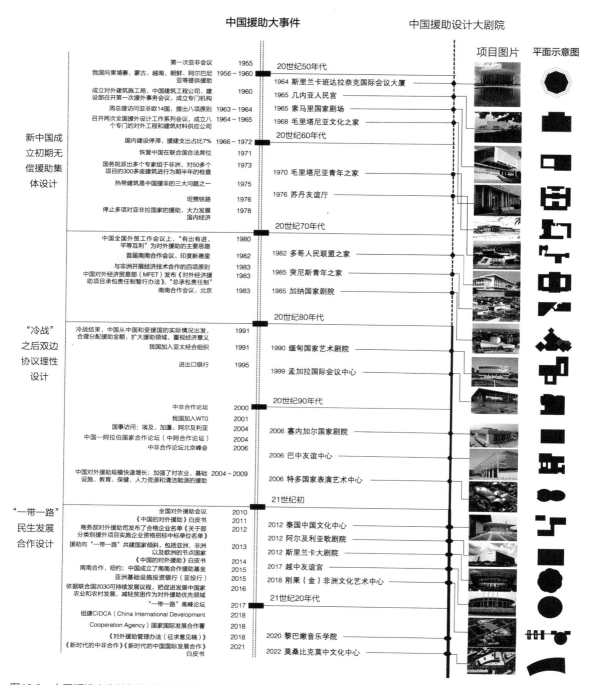

中国援助大事件　　　　　　　　　　　中国援助设计大剧院

项目图片　平面示意图

中国援助大事件		中国援助设计大剧院

第一次亚非会议　1955　　20世纪50年代
我国向柬埔寨、蒙古、越南、朝鲜、阿尔巴尼　1956～1960　　1964 斯里兰卡班达拉奈克国际会议大厦
亚等提供援助
成立对外建筑施工局，中国建筑工程公司、建　1960　　1965 几内亚人民宫
设部召开第一次援外事务会议，成立专门机构
周总理访问亚非欧14国，提出八项原则　1963～1964　　1965 索马里国家剧场
召开两次全国援外设计工作系列会议，成立八　1964～1965　　1968 毛里塔尼亚文化之家
个专门的对外工程和建筑材料供应公司
国内建设停滞，援建支出占比7%　1966～1972　　20世纪60年代
恢复中国在联合国合法席位　1971
国务院派出多个专家组去非洲，对50多个　1973　　1970 毛里塔尼亚青年之家
项目的300多座建筑进行为期半年的检查
热带建筑是中国援非的三大问题之一　1975　　1976 苏丹友谊厅
坦赞铁路　1976
停止多项对亚非拉国家的援助，大力发展　1978
国内经济　　　　20世纪70年代

中国全国外贸工作会议上，"有出有进，　1980
平等互利"为对外援助的主要思路
首届南南合作会议、印度新德里　1982　　1982 多哥人民联盟之家
与非洲开展经济技术合作的四项原则　1983
中国对外经济贸易部（MFET）发布《对外经济援　1983　　1985 突尼斯青年之家
助项目承包责任制暂行办法》，"总承包责任制"
南南合作会议、北京　1983　　1985 加纳国家剧院
　　　　20世纪80年代

冷战结束，中国从中国和受援国的实际情况出发，　1991
合理分配援助金额，扩大援助领域，重视经济意义
我国加入亚太经合组织　1991　　1990 缅甸国家艺术剧院
进出口银行　1995　　1999 孟加拉国际会议中心

中非合作论坛　2000　　20世纪90年代
我国加入WTO　2001
国事访问：埃及、加蓬、阿尔及利亚　2004　　2006 塞内加尔国家剧院
中国—阿拉伯国家合作论坛（中阿合作论坛）　2004
中非合作论坛北京峰会　2006　　2006 巴中友谊中心

中国对外援助规模快速增长；加强了对农业、基础　2004～2009　　2006 特多国家表演艺术中心
设施、教育、保健、人力资源和清洁能源的援助
　　　　21世纪初

全国对外援助会议　2010
《中国的对外援助》白皮书　2011
商务部对外援助司发布了合格企业名单《关于部　2012　　2012 泰国中国文化中心
分类别援外项目实施企业资格招标中标单位名单》　　2012 阿尔及利亚歌剧院
援助向"一带一路"共建国家倾斜，包括亚洲、非洲　2013　　2012 斯里兰卡大剧院
以及欧洲的节点国家
《中国的对外援助》白皮书　2014　　2017 越中友谊宫
南南合作，纽约；中国成立了南南合作援助基金　2015
亚洲基础设施投资银行（亚投行）　2015　　2018 刚果（金）非洲文化艺术中心
依据联合国2030可持续发展议程，把促进发展中国家　2016
农业和农村发展、减轻贫困作为对外援助优先领域
"一带一路"高峰论坛　2017　　21世纪20年代
组建CIDCA（China International Development　2018
Cooperation Agency）国家国际发展合作署　2018
《对外援助管理办法（征求意见稿）》　2018　　2020 黎巴嫩音乐学院
《新时代的中非合作》《新时代的中国国际发展合作》　2021　　2022 莫桑比克莫中文化中心
白皮书

新中国成立初期无偿援助集体设计

"冷战"之后双边协议理性设计

"一带一路"民生发展合作设计

图16.2　中国援建大事件与代表援建案例，时间线按照三个时期划分

化发展需求，对传统文化的保护和现代文化的传播发挥了标志性作用[7]。

其中，斯里兰卡班达拉奈克国际会议大厦（简称班厦，1964年考察及设计，1970年开工，1973年竣工）的设计较为独特，是中国建筑师在国外探索现代设计的典范（图16.5）。项目由中国和斯里兰卡联合建造，戴念慈建筑师将斯里兰卡传统建筑形式和构图与现代主义手法

图16.3 1960年柬埔寨纺织厂全厂西立面
图片来源：张广源 提供

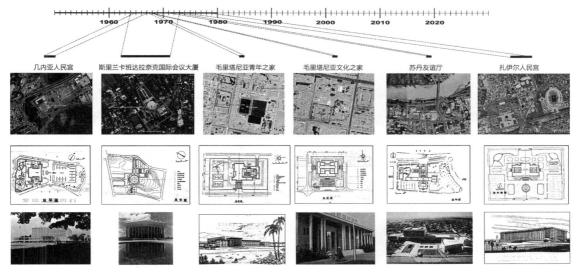

图16.4 代表援建剧院项目的设计及竣工时间线

相结合，巧妙设计了八角形平面和向上倾斜的八角形屋盖，外廊的方柱分八组设于八角形的八边，角上不设柱子，更加强了挑檐空灵的效果。在细节的推敲下，巨大会议厅的体量从视觉上显得典雅轻巧[8]。1998年，我国又捐赠斯里兰卡班达奈克纪念展览中心，占地面积4,500m²，由两个展厅、大堂、餐厅、酒廊、厨房和其他VIP设施组成[9]。

索马里国家剧场是一个规模较小、设计语言简练的援建剧场项目。但由于索马里的地缘特殊性和国家命运，此项目意外地在国际上享有一定的讨论和关注。1960年，作为亚非

图16.5 斯里兰卡班达奈克国际会议大厦
图片来源：中国建筑设计研究院有限公司

拉民族解放运动的一部分，索马里共和国宣告成立；1963年，中国与索马里展开外交活动；1965年，两国在摩加迪沙签订了《中索关于建造索马里国家剧场的协议》，无偿帮助索马里建造剧场，剧场于1967年正式落成。索马里国家剧场占地约为6,000m²，建筑面积约为4,000m²，拥有一个1,200座的室内剧场和一处可容纳300～400个座位的露天剧场。主剧场作为核心空间，整体悬挑，体量轻盈，附属空间通过一个四方合院进行组织[10]（图16.6）。1991年始，索马里处于长期无政府状态，剧场持续关闭，直至2013年9月，两国签署正式合作协议，中国无偿帮助重建索马里国家剧场，并于2014年恢复开放。一名时年68岁的老人伊卡尔说："中国政府为索马里人和摩加迪沙做了好多事。为此，我们当时还创作了一首歌，歌词里有这么一句，'是上天和毛主席给了我们国家剧场'。"至今，在国家无政府状态下，剧院持续为当地居民提供文化活动场所。

苏丹友谊厅位于政治、经济、文化中心，占地6.29hm²，总建筑面积2.47万m²，由大小国际会堂、影剧院、宴会厅与展览厅等组成，项

图16.6　索马里国家剧场
图片来源：中国建筑设计研究院有限公司

目造价2,500万元人民币，于1972年建成。1971年，上海市民用建筑设计院承担了设计项目，项目组成员包括汪定曾、郭小苓、李应圻；领导工作的成员包含曹伯慰、罗信全、钱学中等；老院长陈植是工程顾问，戴念慈也参与了方案协助。按照习惯传统，重大国家级项目一般采用对称布局等方式，设计提案包含对称和不对称两种思路。经过方案比选，最终确定不对称方案，按照总平面将整个工程扩初设计划分为五个区域：1区为中小会议楼区（邢同和）、2区为国际大会议厅（郭小苓）、3区为宴会厅区（汪定曾）、4区为美术展览区（慕泽忠）、5区为影剧院区（李应圻）[11]。总体设计轴线布局与自由布局相结合，保留原有的果树；将国际会堂与影剧院分开设置，避免了会堂兼作影剧院的缺点；北主立面临河展开，采用具有阿拉伯民族热带建筑特色的大面积遮阳板、漏花格，以及折线形拱的设计；国际会堂、宴会厅和餐厅设置外廊道和平台，以符合当地因干热而多夜间活动的生活习惯，同时丰富了立面组成。苏丹友谊厅后来被联合国认定为是国际会议场所，获全国20世纪70年代优秀工程一等奖、2009年中国建筑学会建筑创作大奖。

（1）我国的援建政策和受援国的发展需求

第一阶段是新中国成立初期的计划经济年代，基于意识形态和国家安全，中国主要对亚洲开展援助，以和平共处五项原则为基本准则[12]。在新中国成立后的前三十年里，由于经济状况不佳和政治运动的干扰，中国国内的会议建筑发展缓慢，并持续受到意识形态的影响，会议和剧场混用模式较常见。这一时期，援建的指导原则是1964年制定的对外经济技术援助的八项原则，援助模式为部委负责的整体交付模式，由对外经济联络部管理；设计由隶属建设工程部的国有设计机构，大部分由北京

建筑设计院负责，建设全部采用一刀切的"交钥匙模式"[13]。21世纪之前，中国援建项目所在国一般受西方殖民统治多年，独立以来经济发展缓慢，城市基础设施简陋，现代建筑的形式风格并未形成。20世纪80年代之前的剧场建设目的是满足第三世界国家组建独立政府的需求；政策机制影响受援国的选择，但对设计实践影响小；援建活动占国家财政支出比例较高，但仍旧遵循务实和经济原则；以满足需求为首位，设计的基本功能与国内基本相同。总体而言，建筑师承担政府使命，在国内没有足够建筑技术的经验下做出了最高水平的设计。

（2）设计语言

20世纪60年代的援外剧场设计以热带现代建筑语言为主导，在立面及室内设计融入地域文化，与国内有着相似的美学倾向。从如何用现代建筑语言表达受援国当地的建筑形式、如何在较低造价的情况下使建筑适应当地的气候环境、如何融入当地文化等方面进行积极的探索。项目一般由商务部或对外文化联络委员会派出由设计、施工和筹建专家组成的考察组（通常10人左右），赴现场收集设计资料、选定建设场地、完成设计方案[14]。其中城市的自然条件、气象特征、建筑风格、社会概况、生活习惯等方面均列为重点考察内容（来自刘福顺于1967年记录的考察稿）。设计施工、材料设备等全权由中国负责，采用中国标准，受援国较少参与设计施工过程[1]。与国内剧场相比，援建剧场在形式上更有自主发挥空间。20世纪五六十年代初是我国剧场发展史上重要的建设高峰期，扩大了先进知识储备，培养了一批剧场设计的专门人才。这一时期国内盛行多功能剧场的使用模式也影响了海外设计。但社会主义阵营与资本主义阵营的对峙，限制了我国学习西方资本主义国家

的剧场，因此受苏联影响的镜框式舞台形式成为主流[3]。援建剧场总平面及平面遵循了西方古典建筑的严谨对称形式，空间序列关系强烈（图16.4），主次分明，布局紧凑，面积利用率高，严格控制标准和造价；但是舞台设计简陋，前厅面积较小，辅助设施简单；建筑声学和结构设计体现中国当时最高水平；从地域适应性讲，重视当地气候，重视自然通风及防晒，文化适应主要体现在立面细部处理及室内装饰上，整体体现了中国的谦卑和建筑师的职责。

（3）中国建筑师对亚非拉国家建筑的认知变化

通常通过项目的实地考察和项目总结的形式展开。新中国成立以后，因政治和外交需要，海外建设项目以领事馆和援建项目为主。中国第二代建筑师对第三世界国家的逐步认知过程、关于海外建设的思考成果也出现在国内出版物上。在设计几内亚人民宫期间，以陈登鳌为核心的设计小组赴非洲进行考察。考察主要包括：一是当地的历史建筑及民居；二是现代建筑；三是当代习俗[14]。之后，整理出版《非洲热带建筑》等新中国成立后第一批关于非洲建筑的资料，围绕热带建筑设计展开策略研究。中国建筑师逐步通过外文资料及实地考察，初步认识亚非拉国家的建筑文化。

16.3 中国援建剧场的适应性发展

改革开放后，我国在接收欧美国家先进知识的同时，援助范围扩展到亚非拉整个第三世界。援建剧场在亚非地区，尤其是非洲受伊斯兰文化影响深远的阿拉伯语系地区（阿拉伯—伊斯兰文化，Islamic-Arabic Style）。受援国的伊斯兰文化得到中国建筑师的关注，并试图与

中国典型建筑元素融合，创造了一种折中设计。而其他宗教文化不显著的地区，建筑师倾向挖掘民族风格来支持设计创新。总体而言，设计愈发强调地域适应性（图16.7）。

埃及开罗国际会议展览中心（1984年上海市民用建筑设计院设计、1986年开工、1989年竣工）是我国在20世纪80年代援建北非的重要建筑之一，设计从建筑构图、形象、选材、色彩、灯光、陈设纹饰等多个方面吸取阿拉伯传统建筑语言，采用"神似"的手法提炼"传统"与"时代"的融合方法。项目位于首都开罗纳赛尔城的政治文化中心，包含一个2,500座的国际会议厅、1,250座的宴会厅以及不同规格的会议厅及其他配套设施[15]。项目的三角形平面布局与毗邻的金字塔式无名英雄纪念碑相呼应，圆形的建筑主体采用简练的埃及粗犷风格柱廊形式，乳白色的实墙面与深茶色的大片玻璃形成强烈的虚实及色彩对比（图16.8）。场地中还包含非洲第一座中国园林——开罗国际会议展览中心秀华园，之后我国又向开罗赠建了中国园，该园是中埃友谊的象征之一[16]。

突尼斯青年之家（又名芒扎青年文化体育中心，Centre Culturel et Sportif des Jeunes d'El Menzah）于1985年由北京建筑设计院中标，1990年正式投入使用，2002年完成声学升级改造设计，2017年进行升级改造，建筑面积超过5,200m²，包括500座剧场、游泳馆、舞蹈房、体操房和室外足篮球场等。这座建筑已经投入使用20余年，是突尼斯青少年最主要的活动场所之一。设计用45°斜角对体块进行"切""拉"的构图，同时将剧场区与其他活动区进行区分，试图追求更多结构与空间自由，设计语言独特[17]。此外，设计充分利用阿拉伯民族建筑与中国传统建筑所共有的空间构成，创造出新的建筑形象，如大面积白色喷涂墙面体现当地传统"白色"的地域文化、主入口则被一片代表中国传统建筑文化的单坡绿琉璃瓦屋面所彰显、以圆形阿拉伯式内院为中心、室内游泳馆、小剧场和体育用房以轴线相衔接、圆形剧场500座观众厅采用半球壳施工技术等[18]。

吉布提人民宫是1983年由湖北工业建筑设计院设计。项目坐落于城市行政中心，毗邻总统府、政府办公楼，中轴对称的布局、广场与

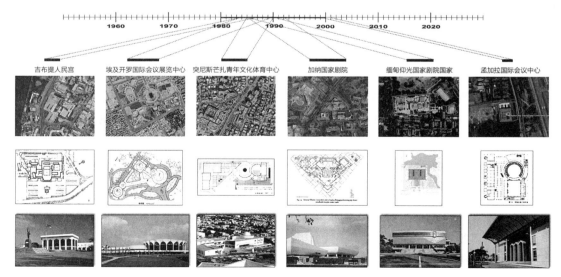

图16.7　案例选择的设计及竣工时间线

（a）1,250座宴会厅

（b）2,500座国际会议厅

图16.8　埃及开罗国际会议展览中心

纪念碑，强调政府的威严，建筑面积9,000m^2，各功能区独立设置，包含一个800座会堂、200座国际会议厅、200座宴会厅和办公楼及配套，兼具歌舞演出、电影放映、交响乐队、电视转播等功能，同时对外作为商用。由于经济条件限制，平面布局集中紧凑，功能分区之间插入不同尺度的庭院用来分隔和过渡。运用伊斯兰传统的"回廊""门廊"烘托下部立面，突出主入口，入口处扁三角折线形拱廊源于传统"葱头"造型；外立面以大片白色实墙为主，大面积蓝色玻璃铝合金窗以古铜色铸铝加小片彩色玻璃漏花来重点装饰，办公楼为8m的白色垂直遮阳板；内部空间通透，室内装修淡雅朴素[19]。

孟加拉国际会议中心是近年援外工程中的精品[20-21]。该工程地处南亚热带伊斯兰地区，采用集中式矩形平面、圆形会议大厅、深出檐、双层屋顶、开敞式中庭等现代设计手法。钢结构连续拱券门、花格等细部设计，突出了伊斯兰建筑的地方特色[20]。钢结构大挑檐使建筑外墙笼罩在阴影之中，减少热辐射，双层架空屋面及开敞式中庭便于通风、隔热，降低能耗，中庭水池及建筑四周的水系统亦降低了局部气温，调节了小气候；设蓄水池、收集屋面雨水以解决旱季缺水问题。此外，加纳追求现代化建设，加纳国家剧院（1985年）的设计

在当时较为前卫，设计组在加纳进行了半年的勘察调研，设计与当地撒哈拉沙漠以南非洲文化结合[22]。加纳国家剧院及马里国际会议中心均入选国际建筑协会主编的《20世纪世界建筑精品选》[23-24]。

（1）我国的援建政策和受援国的发展需求

市场化体制下，中国政府对援建进行合理化改革，追求有效快速及低成本。20世纪80年代后期，我国致力于国内建设，援建政策作出调整，援助的财政支出占比骤减。由中国对外经济贸易部管理，参与的设计机构逐渐由国家指定的核心机构转变为全国各省的地方设计机构，开始尝试招标和投标的模式以满足市场体制需求[24]。此时，非洲各国政局相对稳定，国际地位提高。这一时期，市场经济改革的影响主要针对施工和管理过程，设计严格控制成本[25-27]。

（2）设计语言

设计语言体现了对地域形式的认同在有限造价的基础上，综合考虑受援国的地域特色、宗教文化、经济水平等因素。建筑形象既要考虑当地的传统材料和设计元素，又要基于援建项目的性质考虑，适当融入中式建筑风格，在当地民众心中建立起特点鲜明、辨识度高、形象亲切的形象。但在招标投标的机制下，设计

单位在完成方案时缺乏对当地的实地考察。同时期国内的剧场更具现代化和多样化，引进和应用了新技术、新材料。虽然国内技术进步很大，但由于资金的限制，其对援建剧场的设计影响是有限的，援建项目大部分仍保持简单的平面结构和基本的钢筋混凝土结构。相比于国内，援建会议中心的规模较小，标准低，功能较单一；适应气候仍是关键，同时地域文化得到重视，建筑师通过立面、装饰、材料理解地域文化，以非洲粗犷文明和阿拉伯—伊斯兰文化的表达最突出，并突出国际时代特征；与上一阶段相比，一些相对较为发达的拉丁美洲、大洋洲国家开始表达自己的偏好。

（3）中国建筑师对亚非拉国家建筑认知的变化

1982年，第七次阿卡·汗建筑奖委员会主办的国际学术讨论会"阅读非洲当代的城市"在非洲塞内加尔达喀尔举行。中国建筑界代表罗小未先生，讨论非洲地区尤其是西非的城市历史、空间、建筑业务等话题，探求改善伊斯兰国家贫民建成环境的同时，尊重伊斯兰特征的建筑设计。此后，进入国际语境的中国建筑行业出现了前所未有的思想理论及实践繁荣活跃的新局面。在东西方建筑思潮的交织下，各种思想潮流和理论流派百花齐放，这也造就了中国建筑师在海外的大胆尝试，并在地域性及批判的地域主义等思潮里作出了不同程度的回应。

16.4　中国援建剧场的跨文化融合

进入新世纪，随着2000年中非合作论坛的成立和2001年加入世界贸易组织（WTO），中国进入快速发展的全球化时代，强调"国际发展合作"的双边互动，尤其是2013年以来，中国高度重视对外的建筑合作，不断加大援助建设的规模和力度，已成为国际援助体系中的重要力量。这些援助设计和对外承包工程有效地带动了外贸出口和国内相关产业的发展，缓解国内产能过剩的问题，同时也满足了20世纪以来非洲经济快速发展下对基础设施和公共建筑的需求[26]。

亚非拉热带气候环境下的援助剧场设计，佛教文化、伊斯兰文化等本土其他特色文化与中国传统建筑文化及现代设计语言的融合（图16.9）。泰国曼谷的中国文化中心（2008年设计、2012竣工）作为一种特殊类型的外交空间，是中国文化传播和中泰文化交流的重要场所，建筑师认为如何回答"中国化""泰国性"是设计面临的独特问题。项目采用中国传统的"院落式"布局，暗合中国传统园林建筑"宅""廊""院"三级空间系统的组合逻辑，由两组建筑单元错动连接成Z形体块，构成两个外部空间：一个外向型面向社会和民众的广场；一个内向型静谧的中国园林[28]。此外，设计源于对中国木构体系的再演绎：仿佛于热带丛林中造物，架构的空灵、悬挑技艺、生长逻辑，在这片温润的地脉中衍生出一股东方的豪劲[29]。泰国曼谷的中国文化中心是一个成功的中国建筑师在国外的实践案例，虽此建筑属于通常意义上的外交文化建筑，但其可以指导未来建筑师援外会议中心的项目实践（图16.10）。该中心曾经作为2020年爆火的泰国电影《天才枪手》的取景地，由此可见当地人民对建筑的接受程度较高。此项目以特定方式诠释两国的建筑需求及传统风格，将建筑作为一个能同时回应两国人民的载体，传承文化，体现建筑既现代又传统的建筑风格。

巴中友谊中心（2006～2007年设计，

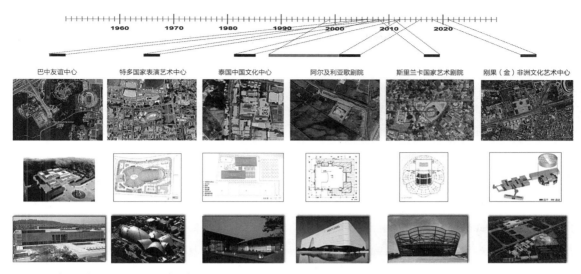

图16.9　案例选择的设计及竣工时间线

（a）外景　　　　　　　　　　　　　（b）剧场内部空间

图16.10　泰国曼谷的中国文化中心
图片来源：中科院建筑设计研究院

2008～2010年施工）作为纪念2011年中国与巴基斯坦建交六十周年的项目，由商务部组织竞标、中国中元国际工程有限（简称中元国际）公司方案中标后设计。项目毗邻中国援建的体育场、自然历史博物馆、国家纪念碑、文化遗产博物馆等重要公共建筑，是一座集会议、展览、文艺演出、学术交流、文艺演出、贸易往来等功能为一体的多样化服务综合设施，包含一个808座报告厅。设计源于对伊斯兰和中国建筑文化特征的提炼：通过以水池为中心的内部几何形庭院和套叠的园林来组织空间，立面的镂空金属装饰图案来源于伊斯兰传统纹样，整体形态意图展现中国"鼎"的意向。巴中友

谊中心的室内装修主要选用当地石材、地毯、木材以及特色的铜、织物等元素，既能展现当地特色，又能降低成本[30]。

拉丁美洲特立尼达和多巴哥西班牙港（简称特多）国家表演艺术中心是该国为迎接2009年英联邦首脑会议，由上海华东建筑设计研究院设计、上海建工集团承建，历时四年完成的。建筑主体由7个相似花瓣构成，主剧场为1240座的国家级专业剧场以及附属星级酒店作为功能主体。整体建筑造型展现了加勒比地区特有的艺术文化，总体构思"绽放在特多大地上的钢鼓乐之花"源于对"钢鼓乐"这一加勒比岛国乃至美洲的标志性乐器，以及对特

多国花查科尼亚（CHACONIA）形象的演绎，突出体现了"承载特多人民对钢鼓乐艺术的喜爱"与"展现建筑本身的标志性"这一设计要求[31]。类似的，援斯里兰卡国家艺术剧院项目的设计源于佛教文化中的莲花艺术图样；越中友谊宫的圆形母体也源于莲花形象，其造型与2014年建成的北京雁栖湖国际会展中心相似，而圆形在中国文化中寓意"团圆、团结"。中部非洲国家文化艺术中心是中非最大的剧院，由中南建筑设计院主持设计，是中非合作论坛北京峰会"八大行动"的重点项目之一。项目由文化中心和国家艺术学院两部分构成，包括一个2000座大剧院、一个800座小剧院，是中非最大城市金沙萨的新地标。设计来源于非洲传统乐器"非洲鼓"以及传统圆形"草庐"；立面细部运用了中国楚文化特色的回字纹窗花；采用中国技术标准和设计施工规范，并充分考虑当地现行强制性标准规范和习惯做法，达到双方行业的艺术认同[32]。

（1）我国的援建政策和受援国的发展需求

2000～2010年，国内剧场发展繁荣，援建剧场虽然在造型和技术方面都有突破，但水平相较国内不高。制度化援助时期，援建的类型风格、技术、制度标准是中国建筑师重点关注的因素，建筑活动的生产关系、各方利益群体更加复杂。援建方面，中非合作、南南合作、"一带一路"倡议等推动了发展中国家的合作。设计和施工全部实行招标投标制度，实施过程包括项目审批、设计、招标投标、审查和施工。商务部对外援助司发布"合格企业名单"，但新的机制缩减了参与的设计院数量，实际上导致了特定类别的援建项目有相对固定的中标者。新时代的形势是相当复杂的，相关机制和规则越来越具体，并采用多样化的财政支持方式，中国政府允许与外国企业合作。但作为优惠贷款项目，控制成本仍很重要。

中国建筑持续输出到世界各地，中国建筑专业人员通过建造与国际接轨，除了传统国有设计院之外，中元国际、悉地国际（CCDI）等设计院也占据了援建项目的一部分市场份额[33-34]。中国建筑师的海外设计实践正在从强调协助的"爱心工程"向实现价值共赢的"复合输出"转变，从"工程出口"向"投资出口"转变，中国建筑师的海外角色也极有可能从"设计靠建设开发"转向"设计靠丰富的专业价值实现复合输出"[1]，这与当前"一带一路"倡议吻合。援建的历史和现状证明了中国的建造实力、输出技术和国际合作能力，中国大型设计企业的海外业务及特殊性仍值得进一步研究和探索[35]。

（2）设计语言

热带建筑设计仍旧是重点，追求从环境和气候出发的节能与可持续发展的设计，以实用为本，但形式语言突出当地文化与中国文化的融合。首先，建筑技术进步很大，趋向于采用新结构、新材料和新技术，特别是可持续和绿色技术，但仍低于国内水平；新兴技术的应用、新旧材料及多元技术的兼容性，同时体现在空调通风、电力照明、扩声系统等设备；其次，功能更多元化，但相比国内规模较小；风格上的变化最明显的是，设计常以直接的建筑造型形式表达地域文化，这也和受援国的意见有可能决定竞标结果有关，建筑师需要做出更好的设计来满足双边需求[36]；最后，重视地域文化的同时适当表达中国建筑特征，设计常对中国元素进行抽象表达，体现在布局、内外空间、传统符号、传统器物、园林意境的转译。在"一带一路"倡议下，未来会有更多海外建筑项目将被规划建设，会有更大的规模和更高的标准[37]。

（3）中国建筑师对亚非拉国家建筑认知的变化

在中国对外援助、驻外使领馆和国内企业对外投资不断扩大和发展的今天，国内设计机构与建筑师始终参与其中，不断扩大视野，积累经验。中国政府的对外援助和经济合作力度加大，中国企业也逐渐在海外初具规模，海外设计实践的途径和方式日趋多元化，广泛的交流平台促进着对外部世界的了解，国内设计师有越来越多的机会和信息去从事海外设计实践。目前，中国参与海外建筑实践的途径有：通过国家的对外援助和外交馆舍的建设；通过国家间的战略合作以及国内、国际合作企业的海外投资；参与海外国际竞标、竞赛；等等。

16.5　总结

多元文化背景下，中国援外剧场是跨文化交流的手段之一。自西方剧场传入我国，我国一直是接受者，但通过援外设计，中国成为第三世界国家剧场设计的参与者，也开启了我国剧场交流史上的特殊阶段。相比于体育、医疗、教育建筑，剧场作为重要的文化建筑之一，其设计更有发挥空间。援外剧场项目属于"政府行为"，通过建设程序的调研、可研，两国间外交途径确定立项，设计工作主要包含项目考察、设计阶段、驻派设计代表三部分。设计属于"定额设计"，有完整的建设程序，在一定规模和投资限定下设计[26]。相比使领馆建筑，援建项目更注重实效，通过设计手段显现投资价值十分重要。在中国持续增加的对外援建剧场中，国内设计机构和建筑师对国际设计运作与亚非拉地区的建筑文化也逐步熟悉了解，项目也为居民提供活动场所和就业机会，

推动共同发展的同时促进双边文化的交流[38]。

援建剧场项目与国内项目的不同之处体现在援助项目对该国气候、经济、文化、项目类型、造价等各个方面的影响都比较敏感。设计既要满足外方对建筑功能的实际需求，又要综合考虑受援国家的施工水平、材料设备、市场情况，在低施工技术、低设备维护能力的前提下进行方案创作。因此，在海外设计过程中通常关注：①当地政治经济状态及历史背景；②当地资源与地域环境、宗教信仰和生活方式；③当地市场环境、城市环境和特色、市政基础设施条件，同时包含对当地相关部门、设计机构的交流合作；④选材及当地手工艺；⑤当地法律、技术标准；⑥设计表达方式、成本及质量的控制等[39]。

"生于中国，适应海外"是中国援外建筑的基本原则，援建剧场大体基于各国发展目标，塑造或提升了受援国的城市形象，进而吸引外资实现城市发展。同时，剧场作为典型文化建筑，提升了当地文化设施水平，持续造福当地人民和社区，产生积极的社会影响。但是，海外实践中涉及的文化问题仍旧值得讨论，如中国建筑师如何看待中国文化、如何看待海外的本土文化、中国对世界建筑的认识、海外又对中国建筑持有什么态度等。这些援建剧场项目在受援国只创造了碎片化的图景，项目落成之后缺乏反馈机制，对受援国城市发展和公民生活的可持续影响有待证实。本章从中国援建剧场入手，从政策和发展背景、设计语言及知识体系的角度，总结了援建剧场从国家外交任务、适应性发展和跨文化融合的历史进程，补充了当前中国海外设计知识体系，同时也为全球建筑流动提供了新见解。未来走出去的不再是狭义的"中国设计"，而是"中国与世界"之间更加紧密和多元的关系。

■ 参考文献

[1] XUE C Q L, DING G. Exporting Chinese architecture: history, issues and "One Belt One Road"[M]. Singapore: Springer, 2022.

[2] DING G, XUE C Q L. China's architectural aid: exporting a transformational modernism[J]. Habitat International, 2015, 47: 136-147.

[3] 卢向东. 中国现代剧场的演进——从大舞台到大剧院[M]. 北京：中国建筑工业出版社，2008.

[4] 薛求理，丁光辉，肖映博. 中国设计院：价值与挑战[J]. 世界建筑，2020（4）：125.

[5] 宋科. 知识史视角下中国1950—1970年代援外建筑的美学与政治[J]. 新建筑，2022（1）：126-132.

[6] DING G, XUE C Q L. Displaying socialist cosmopolitanism: China's architectural aid in the Global South, 1960s—70s[J]. Architectural Theory Review, 2022, 26(3): 547-577.

[7] 陈登鳌. 对我国建筑师所作国外会堂设计的几点看法[J]. 世界建筑，1987（2）：10-12.

[8] 由宝贤，等. 筑建中斯友谊之明珠："纪念班达拉奈克国际会议大厦"援建纪实[M]. 北京：中国建筑工业出版社，2012.

[9] 戴念慈. 纪念班达拉奈克国际会议大厦，科伦坡，斯里兰卡[J]. 世界建筑，2015（1）：46-51.

[10] 杨芸. 由西方现代建筑新思潮引起的联想[J]. 建筑学报，1980（1）：26-34.

[11] 上海建筑设计研究院. 建筑大师汪定曾[M]，天津：天津大学出版社，2017.

[12] ROSKAM C. Non-aligned architecture: China's designs on and in Ghana and Guinea[J]. Architectural History, 2015, 58: 261-291.

[13] XUE C Q L, DING G, CHANG W, et al.. Architecture of "Stadium diplomacy"—China-aid sport buildings in Africa[J]. Habitat International, 2019, 90: 101985.

[14] 陈登鳌. 非洲热带建筑介绍[J]. 建筑学报，1962（10）：15-20.

[15] 魏敦山. 开罗国际会议中心，开罗，埃及[J]. 世界建筑，2015（1）：52-56.

[16] 翟炼. 改革开放后中国园林跨文化传播研究[D]. 南京：东南大学，2016.

[17] 刘力. 突尼斯青年之家，突尼斯市，突尼斯[J]. 世界建筑，2015（1）：57-59.

[18] 黄祥福. 突尼斯青年之家观众厅半球壳施工技术[J]. 建筑技术，1992（4）：237-238.

[19] 郑经纬. 吉布提共和国人民宫，吉布提[J]. 世界建筑，1987（2）：18-20.

[20] 柴裴义，耿伟，叶依谦，等. 孟加拉国际会议中心创作随笔[J]. 建筑创作，1999（1）：15-20.

[21] 柴裴义. 孟加拉国际会议中心[J]. 建筑创作，2002（S1）：28-29.

[22] 程泰宁. 从加纳国家剧院创作想起的——漫议建筑创作机制与体制[J]. 新建筑，1996（1）：3-7.

[23] 程泰宁. 加纳国家大剧院，阿克拉，加纳[J]. 世界建筑，2015（1）：60-65.

[24]　范路，孙凌波. 访谈：中国建筑师的境外实践[J]. 世界建筑，2015（1）：19-33.

[25]　CHANG W, XUE C Q L. Climate, standard and symbolization: critical regional approaches in designs of China-aided stadiums[J]. Journal of Asian Architecture and Building Engineering, 2020, 19(4): 341-353.

[26]　孙宗列. 从中国中元的境外设计看国内建筑师的国际实践[J]. 世界建筑，2015（1）：38-41.

[27]　薛求理，丁光辉，常威，等. 援外建筑 中国设计院在海外的历程[J]. 时代建筑，2018（5）：42-49.

[28]　崔彤. 中国文化中心，曼谷，泰国[J]. 世界建筑，2015（1）：102-105.

[29]　崔彤，陈希，王一钧. 生长的秩序——泰国曼谷·中国文化中心设计思考[J]. 建筑学报，2013（3）：100-104，105.

[30]　张曰，雷晓明，王欢. 巴基斯坦巴中友谊中心[J]. 建筑创作，2008（3）：46-47.

[31]　李瑶. 国家现代表演艺术中心，西班牙港，特立尼达和多巴哥共和国[J]. 世界建筑，2015（1）：78-81.

[32]　唐文胜，肖君翊. 基于非洲本土文化的在地性建构策略初探——以援刚果（金）中部非洲国家文化艺术中心建筑创作实践为例[J]. 建筑技艺，2021，27（1）：114-119.

[33]　支文军. 中国建筑师在境外的当代实践[J]. 时代建筑，2010（1）：1.

[34]　江叶帆. 援外建筑本土化的设计表达[D]. 长沙：湖南大学，2013.

[35]　CHANG W, XUE C Q L. Government and its aid buildings: the governmental influence on the design and management of China-aided stadium projects after 2000[J]. Architectural Engineering and Design Management, 2021, 17(1-2): 36-49.

[36]　孙丹荣. 建筑的外交语言[D]. 北京：清华大学，2012.

[37]　常威，高一帆，郭小峰，等. 从劳力输出到设计输出——关于20世纪中国援外体育场馆的研究[J]. 城市建筑，2022，19（10）：133-138.

[38]　罗坤，苏杭. 中国建筑在非洲[J]. 时代建筑，2018（2）：58-59.

[39]　李振宇，唐可清. 从多样到多元——中国驻外外交建筑的文化价值与设计手法刍议[J]. 建筑师，2014（4）：82-89.

附录

中国各城市大剧院信息表

■ 孙 聪

省/直辖市	地级市	剧院名称	总建筑面积（m²）	建成年份	设计师/设计单位	造价（亿元）	厅数	总座位容量	位置		其他
北京	—	北京保利国际剧院（改造）	7,500	2000	TT 国际舞台设计有限公司（TT International Stage Designing Company Lid.）英国	未公开	1	1,400	老城		单体
		国家大剧院	165,000	2007	保罗·安德鲁（Paul Andreu）法国	30.67	4	5,850	老城		单体
		中国国家话剧院	21,000	2011	中国建筑设计研究院有限公司 中国	3.1	3	1,180	老城		单体
		北京天桥艺术中心	75,000	2015	中国建筑设计研究院有限公司 中国	1.2	4	3,300	老城		单体
		北京城市副中心剧院	125,300	2021	北京市建筑设计研究院股份有限公司 中国	18.84	5	5,500	新城	新区中心	集群
		中国爱乐乐团音乐厅	26,587	2021	MAD建筑事务所 中国	5.3	2	2,000	老城		单体
		北京歌剧舞剧院	25,000	2025	北京市建筑设计研究院股份有限公司 中国	5.2	2	1,510	老城		单体
上海	—	上海大剧院	62,803	1998	法国夏邦杰建筑事务所（Arte Charpentier Architectes）法国	12.00	3	2,506	老城		集群
		上海东方艺术中心	39,964	2003	保罗·安德鲁（Paul Andreu）法国	11.00	3	3,301	新区	新区中心	集群

续表

省/直辖市	地级市	剧院名称	总建筑面积（m²）	建成年份	设计师/设计单位	造价（亿元）	厅数	总座位容量	位置		其他
上海	一	上海交响乐团音乐厅	19,950	2013	矶崎新（Arata Isozaki）日本	未公开	2	1,600	老城		单体
		上海保利大剧院	56,000	2014	安藤忠雄建筑研究所 日本	7	2	1,866	新区	新区中心	集群
		上汽·上海文化广场	65,000	2016	拜尔·布林德·百奥建筑设计与城市规划事务所&华东建筑集团股份有限公司 美国，中国	11	1	2,010	老城		单体
		上音歌剧院	31,926	2019	克里斯蒂安·德·包赞巴克（Christian de Portzamparc）法国	7.59	1	1,200	老城		单体
		九棵树（上海）未来艺术中心	71,000	2019	法国何斐德建筑设计公司（Frederic Rolland Architects）法国	9.5	3	2,000	新区	景观区	单体
		上海大歌剧院	146,338	—	斯诺赫塔建筑事务所 挪威	—	3	4,200	新区	景观区	单体
		宛平剧院	29,000	2021	同济大学建筑设计研究院（集团）有限公司 中国	未公开	3	1,700	老城		单体
		交通银行前滩31演艺中心	30,000	2023	Theatre Projects 英国	未公开	2	2,900	新区	景观区	单体
		西岸大剧院	23,177	2024	SHL建筑事务所（Schmidt Hammer Lassen Achitects）丹麦	—	2	1,800	新区	景观区	集群
		松江云间会堂艺术中心	8,793	2023	邢同和，华东建筑集团股份有限公司 中国	未公开	2	1,200	新区	新区中心	集群
		北外滩友邦大剧院	14,000	2023	—	未公开	1	1,715	老城		单体

续表

省/直辖市	地级市	剧院名称	总建筑面积（m²）	建成年份	设计师/设计单位	造价（亿元）	厅数	总座位容量	位置		其他
天津	—	天津大剧院	10,1200	2012	冯·格康，玛格及合伙人建筑师事务所（gmp）德国	15.33	4	3,121	新区	新行政中心	集群
		滨海演艺中心	24,829	2017	BTA事务所加拿大	未公开	2	1,600	新区	新区中心	集群
重庆	—	重庆大剧院	10,3307	2009	冯·格康，玛格及合伙人建筑师事务所（gmp）德国	16	2	2,770	新区	新区中心	集群
		重庆国泰艺术中心	30,200	2013	崔愷，中国建筑设计研究院有限公司中国	5	3	1,500	老城		单体（多馆合一）
		重庆施光南大剧院	20,000	2015	重庆建筑设计研究院有限公司中国	3	1	1,244	新区	景观区	单体（多馆合一）
		重庆璧山文化艺术中心	39,900	2017	汤桦建筑设计事务所有限公司中国	未公开	1	1,722	新区	新区中心	单体（多馆合一）
		三峡艺术中心	35,395	2021	崔愷，中国建筑设计研究院有限公司中国	未公开	2	2,050	新区	新区中心	集群
广东	广州	星海音乐厅	18,000	1998	华南理工大学建筑设计研究院有限公司中国	2.5	3	2,060	新区	景观区	集群
		广州白云国际会议中心	320,000	2007	中信华南（集团）建筑设计院+比利时BUROII建筑事务所联合体中国，比利时	31	6	2,000	老城		单体（多馆合一）
		广州歌剧院	73,000	2011	扎哈·哈迪德建筑事务所（Zaha Hadid Architects，ZHA）英国	13.8	2	2,247	新区	新区中心	集群
		融创广州大剧院	49,751	2019	史蒂文·奇尔顿建筑师事务所（Steven Chilton Architects）英国	未公开	1	2,000	新区	景观区	单体

省/直辖市	地级市	剧院名称	总建筑面积（m²）	建成年份	设计师/设计单位	造价（亿元）	厅数	总座位容量	位置		其他
广东	广州	广州粤剧院	40,000	2023	广州市设计院集团有限公司 中国	1.5	2	1,700	新区	新区中心	集群
		龙岗文化中心大剧院	100,000	2005	不详	5.5	2	1,548	新区	新区中心	单体（多馆合一）
		深圳音乐厅	41,423	2007	矶崎新（Arata Isozaki）日本	7.76	2	2,183	新区	新行政中心	集群
		深圳保利剧院	15,000	2009	深圳市华筑工程设计有限公司 中国	未公开	1	1,500	新区	新区中心	单体
		深圳南山文体中心	78,800	2019	左博基–德莫特尔联合设计事务所（Zoboki-Demeter）匈牙利	10	2	1,750	老城		单体（多馆合一）
		宝安深圳之声（演艺中心）	20,000	2020	严迅奇建筑师事务所（Rocco Design）中国香港	未公开	2	2,100	新区	新区中心	集群
		深圳坪山新区剧院	23,542	2019	开放建筑（OPEN Architecture）中国	未公开	2	1,460	新区	新区中心	集群
		光明文化艺术中心	130,000	2020	华东建筑设计研究院有限公司 中国	18	6	1,952	新区	新区中心	单体（多馆合一）
		深圳阪雪岗艺术中心大剧院	81,955	—	URBANUS都市实践 中国	—	1	1,600	新区	新区中心	集群
		深圳歌剧院	222,000	—	让·努维尔（Jean Nouvel）法国	—	4	4,900	新区	景观区	集群
	珠海	珠海华发中演大剧院	90,945	2014	罗麦庄马（RMJM）英国	未公开	2	1,970	新区	景观区	单体（多馆合一）
		珠海大剧院	46,000	2017	陈可石，中营都市设计研究院 中国	10.8	2	2,100	新区	景观区	单体

续表

省/直辖市	地级市	剧院名称	总建筑面积（m²）	建成年份	设计师/设计单位	造价（亿元）	厅数	总座位容量	位置		其他
广东	珠海	珠海金湾市民艺术中心	99,600	2021	扎哈·哈迪德建筑事务所（Zaha Hadid Architects，ZHA）英国	14.6	2	1,700	新区	新区中心	单体（多馆合一）
	东莞	东莞玉兰大剧院	40,257	2005	卡洛斯·奥特（Carlos Ott）加拿大	6.18	2	2,000	新区	新行政中心	集群
	佛山	顺德演艺中心	32,000	2005	巴马丹拿集团（P&T Group）中国香港	3.5	2	1,986	新区	新区中心	集群
		佛山粤剧文化园	32,311	—	北京市建筑设计研究院股份有限公司 中国	—	3	1,850	老城		单体
	惠州	惠州文化艺术中心	36,000	2008	同济大学建筑设计研究院（集团）有限公司 中国	4.2	3	2,168	新区	新行政中心	集群
	中山	中山市文化艺术中心	47,368	2005	悉地国际（CCDI）中国	5	2	1,948	老城		单体
	江门	江门演艺中心	63,000	2016	广州珠江外资建筑设计院有限公司 中国	4	2	1,450	新区	景观区	单体
	梅州	嘉应歌剧院	41,300	2019	何镜堂，华南理工大学建筑设计研究院有限公司 中国	6.8	2	2,300	新区	新区中心	集群
	湛江	湛江文化艺术中心	92,000	—	HPP Architects 德国	20	2	1,950	新区	景观区	集群
	茂名	茂名影剧院	10,000	2022	不详	1.3	1	1,200	老城		单体
	阳江	阳江演艺中心	20,000	—	同济大学建筑设计研究院（集团）有限公司 中国	—	3	1,800	新区	景观区	集群
	河源	河源桃花水母大剧院	16,000	2015	不详	2	1	1,250	新区	新区中心	单体
	清远	清远艺术中心	30,000	—	上海建筑设计研究院有限公司 中国	—	1	1,400	新区	景观区	集群

续表

省/直辖市	地级市	剧院名称	总建筑面积（m²）	建成年份	设计师/设计单位	造价（亿元）	厅数	总座位容量	位置		其他
江苏	南京	江苏大剧院	270,000	2017	华东建筑设计研究院有限公司 中国	26.88	5	8,272	新区	新区中心	集群
		南京保利大剧院	20,000	2014	扎哈·哈迪德建筑事务所（Zaha Hadid Architects，ZHA） 英国	未公开	2	2,358	新区	新区中心	集群（多馆合一）
	无锡	无锡大剧院	78,000	2012	PES建筑设计事务所（PES-Architects） 芬兰	10	2	2,400	新区	景观区	单体
		无锡太湖剧院	30,000	2019	史蒂文·奇尔顿建筑师事务所（Steven Chilton Architects） 英国	未公开	1	2,000	新区	景观区	单体
	常州	常州大剧院	51,000	2009	上海建筑设计研究院有限公司 中国	4.9	2	1,926	新区	新行政中心	集群
	苏州	苏州文化艺术中心	150,000	2007	保罗·安德鲁（Paul Andreu） 法国	17	2	1,672	新区	景观区	单体
		吴中区公共文化中心（苏州保利大剧院）	143,700	2017	同济大学建筑设计研究院（集团）有限公司 中国	18.5	3	1,791	新区	新区中心	单体（多馆合一）
		苏州湾大剧院	80,000	2020	克里斯蒂安·德·包赞巴克（Christian de Portzamparc） 法国	27	2	2,200	新区	景观区	单体（多馆合一）
	南通	南通大剧院	105,000	2021	保罗·安德鲁（Paul andreu）+北京市建筑设计研究院股份有限公司 法国，中国	19	5	4,100	新区	景观区	单体
	连云港	连云港文化中心	99,000	2018	倪阳，华南理工大学建筑设计研究院有限公司 中国	9.98	3	2,550	新区	新行政中心	集群
	淮安	淮安大剧院	29,837	2015	浙江大学建筑设计研究院有限公司 中国	3.4	1	1,226	新区	新行政中心	集群

省/直辖市	地级市	剧院名称	总建筑面积（m²）	建成年份	设计师/设计单位	造价（亿元）	厅数	总座位容量	位置		其他
江苏	扬州	扬州运河大剧院	144,700	2021	同济大学建筑设计研究院（集团）有限公司 中国	18	4	3,200	新区	景观区	集群
	泰州	泰州大剧院	22,000	2009	筑原设计事务所 中国	4.3	1	1,660	新区	新行政中心	集群
	宿迁	宿豫大剧院	48,000	2016	浙江省建筑设计研究院有限公司+STI-Studio 中国，德国	未公开	2	2,148	新区	新区中心	单体
	盐城	盐城文化中心	38,704	2011	悉地国际（CCDI）中国	4	2	2,148	新区	新区中心	单体
浙江	杭州	杭州大剧院	55,000	2004	卡洛斯·奥特（Carlos Ott）加拿大	9.5	3	2,600	新区	新行政中心	集群
		杭州余杭大剧院	82,546	2019	亨宁·拉森建筑事务所（Henning Larsen Architects）丹麦	7.56	2	1,700	新区	景观区	单体
		浙江音乐学院公共场馆群	41,400	2015	gad（绿城设计）+GLA建筑设计 中国	未公开	3	2,300	新区	景观区	集群
		杭州运河大剧院	19,000	2021	浙江大学建筑设计研究院有限公司 中国	未公开	2	1,600	新区	景观区	单体
		金沙湖大剧院	44,000	2023	程泰宁，中联筑境建筑设计有限公司 中国	6	2	1,500	新区	景观区	单体
		良渚光剧院	7,245	2023	不详	未公开	4	2,000	新区	新区中心	集群
	宁波	宁波大剧院	52,000	2004	法国何斐德建筑设计公司（Frederic Rolland Architects）法国	6.2	2	2,300	新区	景观区	单体
	温州	温州大剧院	36,000	2009	卡洛斯·奥特（Carlos Ott）加拿大	6.54	3	2,239	新区	新行政中心	集群
	绍兴	绍兴大剧院	26,500	2003	华东建筑集团股份有限公司 中国	3.8	1	1,349	老城		集群

续表

省/直辖市	地级市	剧院名称	总建筑面积（m²）	建成年份	设计师/设计单位	造价（亿元）	厅数	总座位容量	位置		其他
浙江	湖州	湖州大剧院	19,120	2008	浙江大学建筑设计研究院有限公司 中国	2.5	2	1,599	新区	新行政中心	集群
	嘉兴	嘉兴大剧院	28,000	2003	浙江省建筑设计研究院有限公司 中国	1.6	2	1,956	新区	新行政中心	集群
		乌镇大剧院	21,384	2013	姚仁喜，大元联合建筑师事务所 中国台湾	5	2	1,800	新区	景观区	单体
	金华	金华大剧院	31,048	2013	广州市设计院集团有限公司 中国	3.3	2	1,695	新区	景观区	单体
	丽水	丽水大剧院	34,800	2010	浙江大学建筑设计研究院有限公司 中国	3	1	1,305	新区	新行政中心	集群
	衢州	衢州文化艺术中心	256,652	—	中国联合工程公司总部 中国	—	3	2,450	新区	新行政中心	集群（多馆合一）
	舟山	舟山普陀大剧院	26,000	2014	上海复旦规划建筑设计研究院 中国	2	3	1,774	新区	新区中心	单体
		舟山海洋文化艺术中心	50,557	2021	崔愷，中国建筑设计研究院有限公司 中国	4	2	1,700	新区	新行政中心	集群（多馆合一）
黑龙江	哈尔滨	哈尔滨大剧院	79,000	2016	MAD建筑事务所 中国	12.79	2	1,952	新区	景观区	单体
		哈尔滨音乐厅	36,109	2014	矶崎新（Arata Isozaki） 日本	6.9	2	1,600	新区	新区中心	单体
	大庆	大庆歌剧院	23,426	2007	中国建筑设计研究院有限公司 中国	2.9	1	1,450	老城		集群

续表

省/直辖市	地级市	剧院名称	总建筑面积（m²）	建成年份	设计师/设计单位	造价（亿元）	厅数	总座位容量	位置		其他
吉林	长春	长春国际会议中心	21,787	2008	吉林省建筑设计有限公司 中国	未公开	2	1,800	新区	新区中心	集群
	吉林	吉林市人民大剧院	37,000	2015	沈阳建筑大学天作建筑研究院+哈尔滨方舟建筑设计有限公司 中国	1	2	2,600	新区	景观区	集群
辽宁	沈阳	沈阳大剧院	30,000	2001	东北建筑设计研究院有限公司 中国	2.5	3	1,815	老城		单体
		沈阳文化艺术中心（盛京大剧院）	85,000	2014	德国奥尔韦伯建筑设计事务所（Auer Weber Assoziierte GmbH）+上海建筑设计研究院有限公司 德国，中国	6.3	3	3,500	老城		单体
	大连	大连开发区大剧院	28,000	2006	亚瑟·埃里克森建筑事务所（Arthur Erickson Architectural Corporation）加拿大	3.5	2	1,602	新区	新区中心	集群
		大连国际会议中心	117,650	2012	蓝天组建筑师事务所［Coop Himmelb（L）au］奥地利	未公开	2	3,592	老城		单体
	营口	鲅鱼圈保利大剧院	24,000	2012	上海都设营造建筑设计事务所有限公司 中国	未公开	2	2,400	新区	新区中心	集群
山东	济南	山东大剧院	136,000	2012	保罗·安德鲁（Paul Andreu）法国	24.75	3	3,729	新区	新区中心	集群
	青岛	青岛大剧院	87,000	2011	冯·格康，玛格及合伙人建筑师事务所（gmp）德国	13.5	3	3,258	新区	新区中心	集群
		凤凰之声大剧院	39,000	2018	宽建筑 中国	6	2	3,057	新区	景观区	单体
		青岛东方影都大剧院	24,000	2018	华凯建筑设计 中国	未公开	1	1,970	新区	景观区	单体

续表

省/直辖市	地级市	剧院名称	总建筑面积（m²）	建成年份	设计师/设计单位	造价（亿元）	厅数	总座位容量	位置		其他
山东	烟台	烟台文化中心	11,400	2009	何镜堂，华南理工大学建筑设计研究院有限公司 中国	3.5	1	1,221	老城		单体（多馆合一）
	潍坊	潍坊文化艺术中心大剧院	49,000	2018	雅诗柏设计事务所［RSP Architects Planners &Engineers （PTE）Ltd.］ 新加坡	28	2	2,552	新区	新行政中心	集群
	淄博	淄博市文化中心大剧院	63,092	2018	弗兰克·克鲁格（Frank Krueger），罗昂建筑设计咨询有限公司+淄博市建筑设计研究院有限公司 德国，中国	未公开	2	2,300	新区	新区中心	集群
	德州	德州大剧院	38,100	2013	中国建筑设计研究院有限公司 中国	未公开	3	2,250	新区	新行政中心	集群
	东营	雪莲大剧院	45,094	2014	中国建筑设计研究院有限公司 中国	9.8	2	1,800	新区	景观区	集群
	聊城	水城明珠大剧场	9,000	2003	清华大学建筑设计研究院有限公司 中国	0.8	1	3,636	老城		单体
	临沂	临沂大剧院	70,000	2013	中国建筑设计研究院有限公司 中国	8	2	2,050	新区	新行政中心	集群
	菏泽	菏泽大剧院	31,141	2009	中外建工程设计与顾问有限公司 中国	2.9	2	1,839	新区	新行政中心	集群
	日照	日照大剧院	45,000	—	崔愷，中国建筑设计研究院有限公司 中国	—	2	1,317	新区	景观区	集群

省/直辖市	地级市	剧院名称	总建筑面积（m²）	建成年份	设计师/设计单位	造价（亿元）	厅数	总座位容量	位置		其他
安徽	合肥	合肥大剧院	60,000	2009	上海秉仁建筑师事务所（DDB）+同济大学建筑设计研究院（集团）有限公司 中国	6.5	3	2,990	新区	新行政中心	单体
		肥东大剧院	47,543	2021	上海建筑设计研究院有限公司 中国	5.42	2	1,850	老城		单体（多馆合一）
	芜湖	芜湖大剧院	38,670	2014	浙江大学建筑设计研究院有限公司 中国	未公开	1	1,201	老城		单体
	马鞍山	马鞍山大剧院	25,000	2010	TMG建筑设计集团 澳大利亚	未公开	3	2,245	新区	新行政中心	集群
	淮南	淮南大剧院	24,500	2013	国投新集安徽设计研究院有限公司 中国	未公开	1	1,280	新区	新行政中心	单体
	阜阳	阜阳大剧院	56,000	—	清华大学建筑设计研究院有限公司 中国	—	2	2,047	新区	景观区	集群
	宿州	宿州大剧院	15,700	2014	上海新建设建筑设计有限公司 中国	3	2	1,400	新区	新行政中心	单体
福建	福州	福州海峡文化艺术中心	150,000	2018	PES建筑设计事务所（PES-Architects）芬兰	3.24	3	3,312	新区	景观区	单体
		福建大剧院	28,242	2007	中国建筑设计研究院有限公司 中国	3.6	2	1,820	老城		单体
		福州大学城文化艺术中心	35,600	2021	福建省合道建筑设计有限公司	3.5	1	1,200	新区	景观区	单体（多馆合一）

续表

省/直辖市	地级市	剧院名称	总建筑面积（m²）	建成年份	设计师/设计单位	造价（亿元）	厅数	总座位容量	位置		其他
福建	厦门	嘉庚大剧院	63,027	2015	同济大学建筑设计研究院（集团）有限公司 中国	7.6	1	1,443	新区	新区中心	单体
		闽南大戏院	27,361	2012	悉地国际（CCDI）中国	4.3	1	1,501	新区	景观区	集群
	泉州	泉州大剧院	52,900	2012	同济大学建筑设计研究院（集团）有限公司 中国	4.9	2	1,934	老城		单体
江西	南昌	江西艺术中心	48,720	2010	中国建筑设计研究院有限公司 中国	5	2	2,500	新区	新区中心	单体（多馆合一）
		南昌保利大剧院	81,146	2024	PES建筑设计事务所（PES-Architects）芬兰	—	2	2,062	新区	新区中心	单体
	九江	九江市文化艺术中心	27,852	2014	东南大学建筑设计研究院有限公司 中国	3	2	1,700	新区	新行政中心	集群
	赣州	赣州市文化艺术中心	84,400	2020	华南理工大学建筑设计研究院有限公司 中国	8.66	2	1,806	新区	新区中心	集群（多馆合一）
河南	郑州	河南艺术中心	75,000	2007	卡洛斯·奥特（Carlos Ott）加拿大	9.26	3	3,004	新区	新区中心	集群
		郑州大剧院	125,965	2020	清华大学建筑设计研究院有限公司 中国	20.67	4	3,430	新区	新区中心	集群
	南阳	南阳大剧院	31,000	2020	西南建筑设计研究院有限公司 中国	未公开	2	1,500	新区	新区中心	集群
湖南	长沙	梅溪湖国际文化艺术中心大剧院	48,116	2016	扎哈·哈迪德建筑事务所（Zaha Hadid Architects，ZHA）英国	28	2	2,300	新区	景观区	单体
		长沙音乐厅	28,161	2015	华南理工大学建筑设计研究院有限公司 中国	未公开	3	2,200	新区	景观区	集群

续表

省/直辖市	地级市	剧院名称	总建筑面积（m²）	建成年份	设计师/设计单位	造价（亿元）	厅数	总座位容量	位置		其他
湖南	株洲	神农大剧院	40,000	2016	卡洛斯·奥特（Carlos Ott）加拿大	6.8	2	1,737	新区	景观区	单体
	益阳	益阳大剧院	12,000	2008	湖南省建筑设计院集团股份有限公司中国	0.8	2	1,584	新区	新行政中心	集群
湖北	武汉	琴台文化艺术中心	65,650	2007	广州珠江外资建筑设计院有限公司中国	15.7	4	3,400	老城		单体
	十堰	十堰大剧院	40,919	—	不详	—	2	1,599	新区	新区中心	单体
	宜昌	宜昌大剧院	50,000	—	开放建筑（OPEN Architecture）中国	—	3	3,200	新区	景观区	单体
河北	石家庄	河北文化中心	32,059	1999	河北省建筑设计研究院有限公司中国	3.2	2	3,780	老城		单体
		石家庄大剧院	50,000	2017	河北省建筑设计研究院有限公司中国	5.3	2	1,800	新区	新区中心	单体
	唐山	唐山保利大剧院	68,000	2016	中国建筑工程设计集团有限公司中国	12	1	1,498	老城		集群
	衡水	衡水保利大剧院	21,000	2018	北京市建筑设计研究院股份有限公司中国	7.1	1	1,315	老城		单体（多馆合一）
	廊坊	廊坊大剧院	207,930	2019	冯·格康，玛格及合伙人建筑师事务所（gmp）德国	34.3	3	3,300	新区	景观区	集群
	邯郸	邯郸文化艺术中心	42,647	2012	北京市建筑设计研究院股份有限公司中国	未公开	1	1,567	老城		单体（多馆合一）
	邢台	邢台大剧院	49,000	—	斯诺赫塔建筑事务所挪威	—	5	2,600	新区	新区中心	集群

续表

省/直辖市	地级市	剧院名称	总建筑面积（m²）	建成年份	设计师/设计单位	造价（亿元）	厅数	总座位容量	位置		其他
河北	保定	保定关汉卿大剧院	41,621	2019	崔愷，中国建筑设计研究院有限公司 中国	7.2	1	1,520	新区	景观区	集群
	沧州	沧州大剧院	66,000	2009	沈阳杰克逊建筑设计有限公司 中国	6.84	2	2,000	老城		集群
山西	太原	山西大剧院	85,697	2012	法国夏邦杰建筑事务所（Arte Charpentier Architectes） 法国	7.9	3	3,256	新区	景观区	集群
	大同	大同大剧院	47,376	2019	矶崎新（Arata Isozaki） 日本	3.3	2	2,300	新区	新行政中心	集群
内蒙古	包头	包头大剧院	16,000	2013	上海江欢成建筑设计有限公司 中国	未公开	1	1,335	新区	新行政中心	集群
	鄂尔多斯	鄂尔多斯大剧院	42,688	2009	上海中房建筑设计有限公司 中国	7	2	2,124	新区	新行政中心	集群
	呼和浩特	呼和浩特保利剧院	30,627	2007	Yasui Architects & Engineers 日本	未公开	1	1,370	新区	新行政中心	集群
宁夏	银川	宁夏大剧院	48,610	2012	程泰宁，中联筑境建筑设计有限公司 中国	4.6	1	1,400	新区	新行政中心	集群
青海	西宁	青海大剧院	36,000	2012	中国建筑设计研究院有限公司 中国	5	3	2,298	新区	新区中心	集群
	玉树	玉树康巴艺术中心	20,610	2014	崔愷，中国建筑设计研究院有限公司 中国	未公开	2	1,300	老城		单体（多馆合一）

续表

省/直辖市	地级市	剧院名称	总建筑面积（m²）	建成年份	设计师/设计单位	造价（亿元）	厅数	总座位容量	位置		其他
陕西	西安	陕西大剧院	51,800	2017	上海秉仁建筑师事务所（DDB）中国	13	2	2,427	老城		集群
		西安音乐厅	18,000	2009	上海秉仁建筑师事务所（DDB）中国	未公开	3	1,586	老城		集群
	延安	延安大剧院	33,134	2016	西南建筑设计研究院有限公司中国	未公开	3	2,116	新区	新行政中心	集群
	渭南	渭南市文化艺术中心	33,942	2014	清华大学建筑设计研究院有限公司中国	3	2	1,752	新区	新行政中心	集群
	宝鸡	宝鸡大剧院	41,000	2020	天津大学建筑设计规划研究总院有限公司中国	7	2	1,768	新区	新区中心	单体
	安康	安康汉江大剧院	49,743	2020	张锦秋，西南建筑设计研究院有限公司中国	3.6	2	1,516	新区	景观区	单体
	铜川	铜川大剧院	25,088	2020	西南建筑设计研究院有限公司中国	5	2	1,726	新区	新行政中心	集群
	榆林	榆林大剧院	41,500	2023	盖斯勒（Gensler）建筑设计美国	5.17	3	1,462	老城		单体（多馆合一）
甘肃	兰州	甘肃大剧院	31,600	2011	上海建筑设计研究院有限公司中国	3.5	2	1,800	老城		集群
	张掖	张掖大剧院	43,188	2020	深圳市建筑设计研究总院有限公司中国	3.2	2	1,496	新区	新区中心	集群

续表

省/直辖市	地级市	剧院名称	总建筑面积（m²）	建成年份	设计师/设计单位	造价（亿元）	厅数	总座位容量	位置		其他
新疆	昌吉	新疆大剧院	100,000	2014	孟建民，深圳市建筑设计研究总院有限公司 中国	17.6	3	2,000	老城		单体
	乌鲁木齐	乌鲁木齐京剧院	21,464	2019	哈尔滨工业大学建筑设计研究院有限公司 中国	2.8	2	1,250	老城		单体
四川	成都	四川大剧院	59,000	2019	西南建筑设计研究院有限公司 中国	8.5	2	2,051	老城		集群
		成都城市音乐厅	80,000	2019	冯·格康，玛格及合伙人建筑师事务所（gmp） 德国	19.7	4	3,400	老城		单体
贵州	贵阳	贵阳大剧院	36,376	2006	西南建筑设计研究院有限公司 中国	4.4	2	2,213	老城		单体
	遵义	遵义大剧院	48,627	2020	同济大学建筑设计研究院（集团）有限公司 中国	8	3	2,485	新区	新行政中心	集群
云南	昆明	云南大剧院	47,010	2016	同济大学建筑设计研究院（集团）有限公司 中国	7.7	3	2,705	新区	新区中心	集群
广西	南宁	广西文化艺术中心	114,835	2018	冯·格康，玛格及合伙人建筑师事务所（gmp） 德国	29.5	3	3,600	新区	景观区	单体
	梧州	苍海文化中心	80,818	2021	北京市建筑设计研究院股份有限公司 中国	7	3	2,100	新区	景观区	单体
	桂林	桂林大剧院	19,555	2013	清华大学建筑设计研究院有限公司 中国	4.4	2	1,800	新区	新行政中心	集群

省/直辖市	地级市	剧院名称	总建筑面积（m²）	建成年份	设计师/设计单位	造价（亿元）	厅数	总座位容量	位置		其他
海南	三亚	半山半岛音乐厅	32,300	—	安藤忠雄建筑研究所 日本	—	2	1,300	新区	景观区	集群
		三亚海上艺术中心	17,000	2019	悉地国际（CCDI） 中国	未公开	1	1,000	新区	景观区	单体
	海口	海南国际会展中心	42,000	2011	李兴钢，中国建筑设计研究院有限公司 中国	未公开	2	2,800	新区	新行政中心	单体
	儋州	海南海花岛大剧院	38,000	2021	同济大学建筑设计研究院（集团）有限公司 中国	未公开	1	1,600	新区	景观区	单体
西藏	拉萨	西藏大剧院	34,000	2023	陈可石，中营都市设计研究院 中国	16.92	1	—	新区	新行政中心	单体
		西藏文化广电艺术中心	133,500	—	筑博设计股份有限公司 中国	—	3	2,600	新区	新行政中心	单体